"十四五"时期国家重点出版物出版专项规划项目

国家科学技术学术著作出版基金资助出版

北斗卫星导航系统丛书

北斗卫星导航系统星座
设计与实现

杨慧 周静 孟轶男 范丽 著

中国卫星导航系统管理办公室学术交流中心组织编审

科学出版社

北 京

内 容 简 介

本书是卫星导航工程技术领域的一本专著。本书系统介绍基于我国国情的北斗卫星导航系统星座的设计约束条件和性能评价体系，全面汇集北斗一号双星导航系统、北斗二号区域导航系统和北斗三号全球导航系统在星座设计与工程实现方面取得的研究成果，主要包括北斗卫星导航系统星座任务分析、建模仿真、组网维护、性能评估，以及备份策略等，详细论述北斗卫星导航系统倾斜地球同步轨道和中地球轨道卫星寿命末期的离轨处置原则与策略。

本书理论联系实际，有较强的工程实用性，适合从事卫星导航技术研究和设计的工程技术人员阅读，也可作为高等院校相关专业研究生的参考书。

图书在版编目（CIP）数据

北斗卫星导航系统星座设计与实现/杨慧等著. —北京：科学出版社，2024.1

（北斗卫星导航系统丛书）

"十四五"时期国家重点出版物出版专项规划项目

ISBN 978-7-03-076796-7

Ⅰ. ①北… Ⅱ. ①杨… Ⅲ. ①卫星导航–全球定位系统–星座–系统设计 Ⅳ. ①P228.4

中国国家版本馆 CIP 数据核字（2023）第 204137 号

责任编辑：姚庆爽 / 责任校对：崔向琳
责任印制：师艳茹 / 封面设计：陈 敬

科学出版社 出版
北京东黄城根北街 16 号
邮政编码：100717
http://www.sciencep.com

三河市春园印刷有限公司 印刷

科学出版社发行 各地新华书店经销

*

2024 年 1 月第 一 版 开本：720 × 1000 1/16
2024 年 1 月第一次印刷 印张：19 1/4
字数：385 000

定价：180.00 元
（如有印装质量问题，我社负责调换）

"北斗卫星导航系统丛书"序

时间和空间密不可分，是宇宙万物存在的属性。从古至今，人类不懈地探寻获得时间与位置的工具和手段，自 20 世纪 60 年代人类创造了卫星导航系统，开启了人类更精确地利用时空信息的新时代。卫星导航技术以其基础性和科学性，广泛渗透和应用到几乎所有领域，拓展信息应用疆界，提升人民生活质量。当今，卫星导航比以往任何时候都更具有鲜明的时代特征，在人类新一轮科技革命征程中的作用和价值日益彰显。

北斗卫星导航系统是我国自主建设、独立运行的卫星导航系统。2020 年 7 月 31 日，北斗三号全球卫星导航系统正式建成开通，面向全球提供卫星导航服务，标志着从 20 世纪 80 年代陈芳允先生提出"双星定位"构想以来，北斗系统"三步走"发展战略圆满完成。北斗三号系统开通两年多来，系统运行连续稳定可靠，服务性能世界一流，应用产业实现可持续发展，全面赋能千行百业、深度走进千家万户，2021 年我国卫星导航与位置服务产业总体产值约 4700 亿元，年均增长 20%以上。目前，全球已有 120 多个国家和地区使用北斗卫星导航系统，双边合作走深走实，多边合作巩固加强，实现多系统兼容共用，融入国际标准体系，"中国的北斗"真正成为"世界的北斗"。

我国立足国情国力，坚持自主创新，从"三步走"的发展道路，到独具特色的混合星座架构，再到导航、通信多种业务一体化建设，北斗从学习、追赶到比肩超越，锐意进取，为卫星导航系统更好服务全球、造福人类贡献了中国方案和中国智慧。混合星座、导航通信融合的思想已被世界上其他卫星导航系统借鉴。

在各方的努力下，"北斗卫星导航系统丛书"得以出版，可喜可贺。本套丛书突出四大特性：

一是针对性。丛书聚焦北斗三号，也回溯至北斗二号和一号，清晰展示北斗导航特色设计方案、技术体制、应用服务及工程管理。

二是权威性。丛书由北斗系统的总师团队和院士专家统筹策划、审核把关，由北斗系统研制建设的亲历者、实践者编写，代表了系统管理、核心技术的最高水准。

三是系统性。丛书纵向到底：覆盖工程管理、系统建设、推广应用等方面；横向到边：涉及总体谋划、技术创新、试验评估等领域，全方位、多角度、大纵深介绍北斗卫星导航系统。

　　四是专业性。丛书凝练北斗三号独有创新成果，多维阐述系统设计原理、深度描写关键核心技术、创新展示服务应用场景，真正做到了在专业性、前瞻性、指导性等方面的引领示范。

　　希望"北斗卫星导航系统丛书"的出版能为卫星导航事业的发展进步、卫星导航技术的创新突破、时空信息的泛在应用提供启迪与助力。同时，诚挚欢迎广大读者提出意见和建议。

中国工程院院士

北斗卫星导航系统工程总设计师

2022 年 9 月 30 日

前　　言

在 20 世纪工程技术进展中，卫星导航技术是重大的技术变革之一，卫星导航系统是关系到国防、经济、科学研究的空间基础信息工程，具有重大的战略意义和极为深远的影响。导航星座设计与实现是卫星导航系统最顶层、最核心、最重要的工作，贯穿工程研制建设的全过程。

为了实现我国卫星导航系统建设投入低、见效快、性能优的任务目标，北斗卫星导航系统在原有导航星座设计成熟的理论基础上，紧密结合中国技术水平、工程能力和经济条件等国情，创新性地设计了世界首个多轨道混合导航星座，并完成了北斗卫星导航系统星座的工程实现。由于北斗卫星导航系统星座设计的独特性，将全新的多轨道混合星座应用于卫星导航技术，必然面临理论研究、仿真分析与工程实践中亟待解决的大量问题。因此，开展相关的理论与应用研究，对于发展我国北斗卫星导航系统具有重要意义。这些问题的解决，将为我国卫星导航系统建设与应用奠定坚实的基础。

本书作者是国内在该领域率先开展理论紧密结合实际研究工作的开拓者，也是完成星座设计与部署实施的主要参与者。本书取材于作者近 20 年在该领域所取得的研究及应用成果，首先系统介绍了北斗卫星导航系统星座的设计约束条件，提出北斗卫星导航系统星座的性能评价体系；然后，全面汇集北斗一号双星导航系统、北斗二号区域导航系统和北斗三号全球导航系统在星座设计与工程实现方面取得的研究成果，主要包括北斗卫星导航系统星座任务分析、建模仿真、组网维护、性能评估及备份策略等内容；最后，为保证该轨道的持续可用及飞行器安全，详细论述了北斗卫星导航系统倾斜地球同步轨道(inclined geosynchronous orbit, IGSO)和中地球轨道(medium earth orbit, MEO)卫星寿命末期的离轨处置原则与策略。

本书的特色主要表现在三个方面。一是创新性：完成世界首个多轨道混合导航星座设计与工程实现，完善了现有星座设计理论，实现了我国卫星导航系统建设低投入、见效快、性能优的任务目标；针对北斗卫星导航系统 IGSO 和 MEO 卫星，首次提出寿命末期的离轨处置原则与策略，有效确保了星座的运行安全。二是系统性：系统介绍基于中国技术水平、工程能力与经济条件的导航星座设计多维度约束条件，全方位总结作者所在团队近年来针对北斗一号双星导航系统、北斗二号区域导航系统与北斗三号全球导航系统星座顶层设计研究与工程实现中取得的成果。三是实用性：研究成果均应用于北斗卫星导航系统工程实践并经过了在轨验证，具有较强的理论研究与工程应用价值。

本书的出版得到很多单位、广大科技人员和科学出版社很多同志的大力支持，在此致以衷心的感谢。

限于作者水平，书中不妥之处在所难免，恳请读者批评指正。

作　者

目　　录

第1章 绪 论

1.1 概 述

经过近半个世纪的发展，航天技术的应用已深入通信、导航、气象、资源、科学、军事应用和星际探测等领域，对人类社会的经济发展和社会文明的进步产生巨大而深远的影响。早期的飞行任务主要是由单颗卫星完成的，随着卫星应用领域的不断扩展和任务复杂程度的提高，越来越多的飞行任务仅靠单颗卫星已无法完成。为适应通信、导航、侦查、监视和地球观测领域的广泛需求，已经有一系列卫星星座成功部署，其中较著名的有用于通信领域的铱系统(Iridium)，用于导航领域的美国全球定位系统(global positioning system, GPS)、俄罗斯全球导航卫星系统(global navigation satellite system, GLONASS)和中国北斗卫星导航系统等。此外，还有大量的卫星星座正在研制和部署中。

卫星星座的设计与实现是星座系统最顶层、最核心、最重要的工作，是影响系统性能、规模、经费、建设周期等的首要因素，与其他系统技术之间存在相互影响、相互制约的耦合关系，贯穿工程研制建设的始终。开展星座优化设计研究等工作，不但可以实现指定覆盖区域最优的系统性能，而且能够节省系统建设成本和星座长期维持费用，对系统性能指标的合理分配、星座卫星增补、星座在轨备份策略及星座构型改进与拓展都具有十分重要的工程意义。

在 20 世纪工程技术进展中，卫星导航技术是最重大技术变革之一，对于加强国防实力和发展国民经济具有重大意义。当前，美国正积极推进 GPS 的现代化，俄罗斯重新启动 GLONASS，欧洲也在积极部署以民间和商业开发利用为主的伽利略卫星导航系统(Galileo satellite navigation system, 简称 Galileo 系统)。面对复杂的国际国内形势，中国正积极发展自己的卫星导航系统。中国已经完成了北斗一号双星导航系统、北斗二号区域导航系统的部署与运行，并在国防、经济、科学研究等领域展现出重大的战略意义，发挥了巨大的作用，中国的北斗三号全球导航系统已进入工程部署阶段，于 2019 年 12 月完成了全球系统核心星座的部署。此外，日本、印度等国都在积极发展和部署其区域导航系统。纵观卫星导航技术的发展历程，GPS 有许多值得借鉴的经验和教训，GPS 的星座方案在工程上马之后进行了两次较大的改动，到 GPS 正式建成时在轨卫星数目已达 24 颗，分布在6 个轨道面上。截至 2021 年 9 月 1 日，GPS 有 30 颗卫星在轨提供正常服务，其星座方案已不是 Walker 分布,而是基于优化实现的。

鉴于卫星星座设计研究对于发展中国北斗卫星导航系统(BeiDou navigation satellite system, BDS)的重大意义,本书对北斗卫星导航系统星座设计与实现涉及的多方面内容进行阐述,包括星座设计需求与约束、星座性能评价指标、星座构型优化、星座部署、构型维持控制、备份策略设计等星座运行全寿命周期所有相关的工作内容。星座构型设计的过程实际就是一个优化问题,对星座进行优化设计可以在满足地面覆盖要求的前提下有效地减少卫星总数目和降低卫星轨道高度,进而降低整个飞行任务的总成本。星座部署包含星座标称与发射轨道参数设计、组网与部署策略和组网卫星发射窗口设计等内容。开展星座部署研究可以为星座工程实施与实现提供技术支持。星座构型维持控制可确保星座在寿命期内向覆盖区域的用户提供高精度导航定位服务。星座备份策略可确保在故障情况下星座仍能提供一定程度的较高精度服务。

1.2　星座设计及其发展

卫星星座是指由多颗卫星共同完成特定飞行任务的系统,卫星轨道形成稳定的空间几何构型,卫星之间保持特定的时空关系。与单颗卫星相比,卫星星座具有高得多的覆盖性能,在卫星数量足够多且布局合适时,可以达到全球连续覆盖乃至全球多重连续覆盖,满足通信、导航或对地观测等任务要求。

按照轨道高度,卫星星座可分为低地球轨道(low earth orbit, LEO)星座、中地球轨道(medium earth orbit, MEO)星座、地球静止轨道(geostationary earth orbit, GEO)星座;按照地面覆盖特性,卫星星座可分为全球连续覆盖星座、全球间歇覆盖星座、区域连续覆盖星座和区域间歇覆盖星座;按照星座功能,卫星星座主要可分为通信星座、数据中继星座、导航星座、军事侦察星座、预警星座、环境监测星座、科学试验星座等。

1945 年,英国科普作家、英国星际协会 Clarke 提出,在 GEO 上等间隔地放置 3 颗通信卫星,可进行除两极地区以外的全球无线电通信[1]。Clarke 提出的 3 颗地球同步轨道星座如图 1.1 所示。这是最早、最简单的,同时也是比较实用的卫星通信星座系统设想,体现了多颗卫星组网协同工作的思想。此后逐渐有人开始系统地研究卫星星座的设计与应用问题[2-7]。

在星座设计研究的发展过程中,一直存在两大主题。

(1) 解决最小覆盖问题,即采用相同的轨道半长轴、轨道倾角和轨道偏心率,至少需要几颗卫星才能连续覆盖全球。这个主题的研究基本取得了一些比较完美的结论。

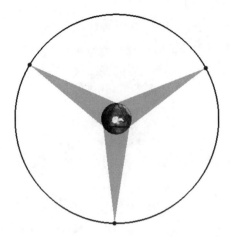

图 1.1　Clarke 提出的 3 颗地球同步轨道星座

(2) 针对不同的任务需求，寻找更为有效的星座设计方法和更具效率的算法。这个领域的研究也取得了很多重要成果，但目前星座设计还没有简单的解析公式可循。

实际上，这两个主题的研究是交织在一起的。

如果从地球上的任一点在任何时候都可以观测到星座中的卫星，或者说，星座中的卫星在任何时候都能探测到地面上的任一点，那么就说此星座实现了连续全球覆盖。如果从地球上的任一点在任何时候都可以观测到星座中的 1 颗卫星，叫做连续全球一重覆盖(或单重覆盖)；如果能同时观测到 n 颗卫星，就叫做连续全球 n 重覆盖。

卫星星座的研究始于 Vargo、Lüders、Gobetz、Ullock 和 Schoen 等的研究工作。1961 年，Gobetz 指出连续全球覆盖至少需要 6 颗卫星。1969 年，Easton 和 Brescia 得到同样的结论。但是，1970 年 Walker 在研究了更一般的卫星星座以后指出，连续全球覆盖只需要 5 颗卫星。

Walker 提出的全球覆盖最小星座如图 1.2 所示。星座卫星分布在 5 个轨道平面，倾角均为 44°，升交点间隔为 72°。若采用周期为 24h 的轨道，可保证地面仰角不小于 12°的连续全球单重覆盖。若采用周期为 12h 的轨道，可保证地面仰角不小于 7°的连续全球单重覆盖。同时，Walker 还指出连续全球 2 重覆盖至少需要 7 颗卫星，并构造了一个这样的星座。

1980 年，Ballard 对玫瑰星座进行了深入研究[8]，并在理论上解决了圆轨道星座的最小覆盖问题，提出连续全球多重覆盖定理，即保证连续全球 n 重覆盖的等周期圆轨道卫星星座，至少需要 $2n+3$ 颗卫星。

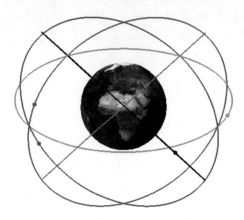

图 1.2　Walker 提出的全球覆盖最小星座

早期学者的研究主要集中在圆轨道星座上。1987 年，Draim 在对椭圆轨道星座进行研究后发现，4 颗椭圆轨道的卫星组成的星座即可提供连续全球覆盖[9]。Draim 于 1989 年进一步指出[10]，用椭圆轨道实现连续全球 n 重覆盖所需的最少卫星数目为 $2n+2$。

有学者把 Ballard 定理确定的最小覆盖星座叫做理想星座。在实际应用中，这种星座的轨道高度都比较高，通常不便使用。实际星座往往采用较低的轨道，因此实际星座的卫星数量一般要多于理想星座的卫星数量。

在星座设计方法研究中，英国皇家航空学会做出了开创性的贡献。1971 年，Walker 提出星形星座和 δ 星座，给出 8 种典型的星座[11]。1982 年，Walker 总结出一套自成体系的星座设计方法[12]。1984 年，他在更一般的理论下提出 δ 星座、σ 星座和 ω 星座。

Walker 提出的 δ 星座得到普遍的承认和广泛应用，通常称为 Walker-δ 星座。按照该体系，星座由具有相同轨道半长轴 a 和相同轨道倾角 i 的 T 个圆轨道卫星组成，P 个轨道平面按升交点均匀分布。每个轨道平面内均匀分布 S 颗卫星，相邻平面卫星之间的相对相位参数为 F。σ 星座和玫瑰星座都是 δ 星座的特例。ω 星座是在 σ 星座或玫瑰星座基础上变化产生的非均匀星座构型。

众多学者[13,14]开展了星座设计方法研究，根据不同的性能要求和技术水平，人们发展出各种不同形式的星座类型和不同的设计方法，如外接圆方法、覆盖带方法、强制法、多面体包围方法、相位法等。

20 世纪 90 年代以来，Palmerini、Lansard、Restrepo、Ma、Indrikis、Bottko、Sabol 等在星座设计方面的研究工作取得了一些进展。例如，Sabol 等研究了利用太阳同步的临界倾角轨道实现全球个人通信系统的方案。

近年来有关星座设计其他方面问题的研究也不少，例如 Glickman 研究了星座卫星的相撞概率问题；Deckett 研究了由小卫星组成的大规模星座的冗余设计问题；Boyce 研究了同高度同倾角的圆轨道星座内卫星的相对运动问题；Holdaway 等研究了利用卫星星座进行全球自然灾害监测的问题；Brousse 等研究了星座卫星推进系统的权衡问题。

很多学者都非常看好椭圆轨道星座的应用前景，并对此进行了研究。Draim 认为椭圆轨道星座比圆轨道星座更经济实用。采用临界倾角为 63.4° 的大椭圆轨道(Molniya 轨道，也称为闪电轨道)星座是一种很有实用价值的星座形式，例如计划中的 Pentriad 系统(美国)就采用这样的轨道。Pentriad 系统完全建成后将包含 3 个轨道平面，每个轨道平面有 3 颗工作卫星和 1 颗备份卫星。其目标是为北美、亚洲、欧洲及太平洋和大西洋的相应地区提供通信服务。Pentriad 北美有限公司总裁 Burnett 称，Pentriad 系统的总成本仅为采用 LEO 的 Teledesic 星座的 20%，每个通信通道的成本仅相当于 Teledesic 星座的 25%。

作为卫星星座的特殊形式，卫星群或卫星编队及地球静止轨道共位卫星群的研究也引起中外学者的广泛关注。尤其是关于地球静止轨道共位卫星群的研究近年来有大量文章发表，因为 GEO 的轨位资源是有限的，共位技术可以部分地解决大量需求与有限资源的矛盾。星座设计历史如表 1.1 所示。

表 1.1　星座设计历史

提出者	年份	轨道类型	设计方法
Lüders	1961	圆轨道、倾斜轨道、对称轨道	覆盖带法
Ullock 等	1963	圆轨道、极轨道、非对称轨道	覆盖带法
Walker	1970	星形星座	卫星组合
Walker	1977	δ 星座	卫星组合
Mozhaev	1972	圆轨道	对称组合
Emara 等	1976	圆轨道、倾斜轨道	覆盖仿真
Beste	1977	圆轨道、极轨道、非对称轨道	覆盖带法
Ballard	1980	玫瑰星座	卫星组合
Lang 等	1983	δ 星座	覆盖仿真
Rider	1986	δ 星座	覆盖带法
Draim	1986	高度较高的椭圆轨道	四面体法
Adams 等	1987	圆轨道、极轨道、非对称轨道	覆盖带法
Lang	1987	圆轨道、倾斜轨道	轨迹覆盖+卫星组合
Hanson 等	1988	圆轨道、倾斜轨道	覆盖带法
Mainguy 等	1989	地球同步椭圆轨道	分区覆盖法

续表

提出者	年份	轨道类型	设计方法
Rondinelli 等	1989	3 颗 GEO 卫星, 2 颗倾斜椭圆同步轨道卫星	分区覆盖法
Hanson 等	1990	地球同步轨道(geosynchronous orbit, GSO)	覆盖仿真
Maral 等	1990	LEO 圆轨道	分区覆盖法
Baranger 等	1991	GPS 类型	覆盖仿真
Hanson 等	1992	圆轨道, 倾斜轨道	覆盖时间网格法
Lang	1993	圆轨道, 极轨道, 非对称	覆盖仿真
Werner 等	1995	LEO-MEO	半分析法
Radzik 等	1995	Walker 与 Beste	覆盖带法
Sabol 等	1996	椭圆轨道	精化法
Ma 等	1997	回归轨道	覆盖时间网格法
Kelley 等	1997	GPS 轨道类型	模拟退火法
Pablos 等	1997	GEO+IGSO	分区覆盖法
Lansard 等	1997	近地圆轨道	基于成本的设计法
Palmade 等	1997	近地圆轨道	双 Walker 法
Boudier 等	1997	GEO+MEO	混合法
Renault	1997	GEO+IGSO	混合法
Micheau 等	1997	GEO+LEO	Walker
Perrota 等	1997	近地圆轨道	Walker
Palmerini	1997	椭圆轨道	混合法
Draim	1997	椭圆轨道+圆轨道	混合系统
Cornara 等	1997	GEO, LEO	多类型星座
Ulivieri 等	1997	近地太阳同步圆轨道	优化重访时间
Lang 等	1997	近地圆轨道	覆盖仿真
Lucarelli 等	1998	圆轨道	Hippopede

1.3　国外导航星座的发展与现状

卫星星座应用于导航定位是无线电导航技术的重大革命，也将无线电导航技术推向新的高度。卫星导航系统在军事和民用的各个领域发挥着越来越大的作用，越来越多的国家和地区投入大量的人力、物力和财力开始研究和开发自己的卫星导航系统。国外卫星导航系统的研制开始于 20 世纪 70 年代。目前，国外已经服务和正在建设中的导航星座系统有美国的 GPS 星座、俄罗斯的 GLONASS 星座和欧盟的 Galileo 系统星座。借鉴和总结国外卫星导航系统设计和建设中的经验，有助于更好地发展中国具有自主知识产权的卫星导航系统。

1. 子午仪卫星导航星座

世界上第 1 个中低轨星座是美国海军的子午仪卫星导航系统。子午仪星座由运行在轨道高度 1075km、倾角近 90°的极轨道的 6 颗卫星构成，其中 5 颗为工作卫星、1 颗为备份卫星。该系统可为用户提供二维高精度定位服务，获得的定位值的频度随纬度变化。该系统自 1960 年 4 月开始部署，1964 年 7 月完成 4 颗卫星组网，并开始交付美国海军使用。海湾战争开始时，该系统在轨卫星多达 12颗，至海湾战争结束时，该系统退出服役转为民用。

子午仪卫星导航系统每一次定位数据处理需要 10～15min，以便用于接收机处理和用户位置估算。根据用户所处位置的不同，完成一次定位需要花费 30min～2h。这样的特点使子午仪系统适用于比较慢速的船用导航，而不适用于飞机等高动态用户，而后美国发展了 GPS。

2. GPS 星座

美国 GPS 星座是第 1 个真正意义上的全球星座。该星座从 1973 年开始研制，1978 年开始发射，1993 年 12 月开始提供服务，1995 年 7 月所有卫星部署完成。

GPS 星座基于性能持续提升原则进行星座构型优化设计。GPS 初期星座按照21 颗卫星、6 个轨道面(其中 3 颗为备份卫星)为基线，围绕尤马试验场的覆盖开展设计和系统验证。为降低星座对卫星失效的敏感性，GPS 在基线星座的基础上增加 3 颗在轨备份卫星，形成 21+3 的导航卫星星座。GPS 在 BLOCK II 系列卫星的发射过程中继续优化卫星星座相位，并将轨道高度由 20221.66km 升高到20230.22km，升交点地理经度控制精度由 2°提高到 1°，同时实现了卫星轨道保持频率为一年一次。1993 年，GPS 针对在轨工作星座，基于补星后尽量降低中断服务时间的要求，对 25、26、27、31、33、36 颗卫星条件下的星座开展优化设计。在 GPS 现代化过程中，美国正在考虑设计新的星座构型，通过增加 GPS 卫星数目以更加有效地利用在轨卫星，同时提出 6 个轨道面和 3 个轨道面的两种方案，提出由 32 颗卫星构成的轨道高度 20196km、倾角为 55°的星座方案。GPS 星座构型如图 1.3 所示。

GPS 星座在卫星组网和运行阶段均考虑适当地备份以确保发射和运行稳定。GPS 星座在轨备份策略根据多种因素的量化数据计算得到备份卫星和替补卫星的部署轨道面和相位。同时，GPS 根据退役卫星对星座全球覆盖性能的影响评估结

图 1.3　GPS 星座构型

果对星座卫星站位进行动态配置。由于 GPS 多颗卫星超期服务，实际在轨卫星数目大大超出标称星座要求，　GPS 星座在维持上具有相当的灵活性，并在一定程度上节省了经费。

　　GPS 星座的长期运行策略是基于多方面因素确定的。GPS 星座基于卫星星座可靠性分析结果制定卫星发射计划，可以保证 GPS 星座组网的连续性。在基线星座部署阶段，每隔 1 个月发射 1 次，站位保持 3 个月 1 次。基线星座部署完成后，1～2 年在轨相位维持 1 次以保证卫星的在轨工作寿命。同时，GPS 星座技术状态的修改均在基线上开展，并且每次技术状态的调整目的性很强，均是解决星座在轨工作中存在的问题，采用逐步变化、渐进的方式确保将星座技术状态更改对服务的影响降至最低。GPS 星座的长期维持策略正逐渐由按计划发射方式向按需发射方式过渡。GPS 中替补卫星的部署轨道面和站位随发射时刻进行动态优化确定，以便更好地满足全球定位精度、连续性、完好性和可用性等系统性能指标要求。

　　3. GLONASS 星座

　　俄罗斯 GLONASS 星座从 20 世纪 70 年代开始研制，到 1996 年 1 月完成了 24 颗工作卫星和 1 颗备份卫星的部署。GLONASS 星座采用的是 24/3/1 的 Walker-δ 星座，卫星轨道为 8 天/17 圈的回归轨道，轨道高度 19129km、倾角 64.8°。GLONASS 星座中所有卫星重复相同星下点轨迹，这给地面测控和管理带来了很大的便利。GLONASS 星座分布如图 1.4 所示。

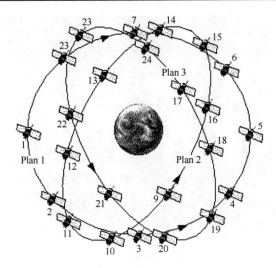

图 1.4 GLONASS 星座分布

由于卫星可靠性差、寿命短，系统备份维持成本极为高昂，甚至不能满星座运行，许多早期发射的卫星很快失效，进而使整个星座迅速退化。1996～2001 年，俄罗斯仅发射了两组共 6 颗卫星，这对于维持整个星座正常运行是不够的。2003 年 11 月，只剩 8 颗在轨工作卫星，已经不能独立组网。2008 年至今，俄罗斯对 GLONASS 进行了多次卫星补充发射，截至 2022 年 10 月，GLONASS 在轨卫星包括 26 颗 MEO 卫星，其中 22 颗 MEO 卫星正常运行，可以实现系统的稳定服务。此外，俄罗斯计划 2030 年完成 6 颗偏心率 0.072、倾角 64.8°的 IGSO 卫星的部署，以提升 GLONASS 在东半球的服务性能[15]。

4. Galileo 系统星座

2001 年 4 月，欧盟启动 Galileo 系统计划，确定用 30 颗卫星提供全球导航服务。Galileo 系统星座的设计目标是提供比 GPS 和 GLONASS 更高质量的服务。该星座正在积极部署过程中，Galileo 系统计划于 2020 年底完成部署并投入运行。Galileo 系统星座如图 1.5 所示。

为尽量避免星座部署完成后的在轨更改，正在建设中的 Galileo 系统非常重视星座的设计工作，力争在方案阶段将星座参数优化到位。Galileo 系统充分考虑在不同区域存在的不同要求，并在保证服务精度、可用性、连续性和覆盖的前提下，试图将所需的卫星数量降低。为此，Galileo 系统特别开发了星座优化工具 ELCANO，从碰撞风险、星座部署方式、星座维持与补网、故障类型、卫星发射费用、地面运作与地面维持等多个角度筛选卫星星座参数。经过多轮优化，目前全配置的 Galileo 系统由 30 颗卫星组成(包含 27 颗工作卫星和 3 颗备份卫星)，位于 3 个

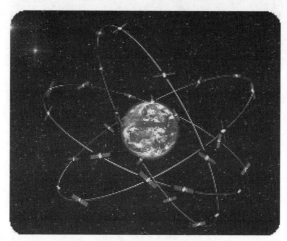

图 1.5　Galileo 系统星座

MEO 圆轨道，轨道高度为 23222km，轨道倾角为 56°。2005 年 12 月和 2008 年 4 月分别发射了 GIOVE-A 和 GIOVE-B 试验卫星。Galileo 系统星座设计充分考虑了各种情况对星座性能的影响，设计的星座具有很高的稳健性。Galileo 系统星座通过优化轨道和星座避免了对卫星的频繁机动，降低了卫星频繁执行机动对系统可用性的影响。Galileo 系统通过加强卫星可靠性和模块化设计，提高了星座连续性。

　　Galileo 系统星座在考虑系统备份时充分借鉴了 GPS 的经验，在设计阶段即详细研究了系统组网与可靠运行问题。Galileo 系统星座充分借鉴已在轨导航星座的运行经验，考虑轨道摄动产生的影响，并开展星座性能稳定性的分析和仿真工作，给出不同轨道高度和轨道面下各种摄动对卫星在轨相位差的长期影响。同时，考虑卫星寿命和故障对 Galileo 系统在轨服务的影响，开展了卫星短期和长期故障下系统可用性和连续性分析，给出了在轨备份、地面备份、短期故障、长期故障、典型运载故障对星座系统性能的影响。

　　截至 2021 年初，Galileo 系统已在轨部署了 26 颗正式组网卫星，其中 22 颗可用于导航服务，并开始提供初始服务[16]。

1.4　北斗卫星导航系统的发展

1. 北斗一号双星定位系统

　　我国早在 20 世纪 70 年代就开始了导航卫星的论证和研究工作。1983 年，陈芳允院士提出利用 2 颗地球同步定点卫星进行定位与导航的设想，指出建立 2 颗同步卫星导航系统的基本技术路线。在此基础上，中国北斗一号双星定位系统项目于 1994 年正式立项。

　　该系统是一个全天候、高精度、快速实时的区域性导航定位系统。其基本任务是为我国及周边部分地区的各类中低动态及静态用户提供快速定位、简短报文通信和授时服务。该系统由 2 颗 GEO 定位卫星，另有 1 颗轨道备份卫星、一个地面中心控制系统(简称地面中心)、若干标校机和各类用户机组成。北斗一号双星定位系统组成如图 1.6 所示。

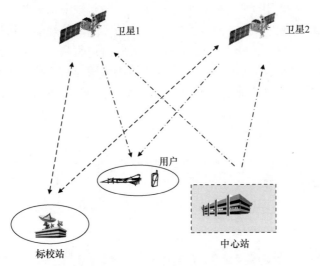

图 1.6　北斗一号双星定位系统组成

　　2000 年 10 月 31 日，第 1 颗北斗卫星定位系统实验卫星发射成功，为北斗卫星导航系统的建设奠定了基础。2000 年 12 月 21 日，第 2 颗北斗卫星导航系统试验卫星发射成功，初步构成北斗双星定位系统。2003 年 5 月 25 日，我国发射北斗一号卫星的备份卫星，它与前 2 颗北斗一号工作星组成完整的卫星导航定位系统。这是中国第 1 个卫星定位系统。至此，中国成为世界上第 3 个拥有卫星导航定位系统的国家。值得一提的是，北斗一号双星定位系统具有的双向数字报文通信功能，在抗震救灾等工作中发挥了重大作用。

　　北斗一号双星定位系统在我国卫星导航系统建设中处于起步阶段，可以说是用很少的资金投入，打破了国外卫星导航领域的垄断，填补了我国卫星导航领域的空白。

2. 北斗二号区域导航系统

　　北斗一号双星定位系统采用主动式导航定位原理，只适用于区域导航定位，而且存在用户容量有限、无冗余测距信息、定位精度不高、隐蔽性差及不适用于高动态用户等方面的局限性，尚不能满足中国国防建设和国民经济长期发展的需求，因此需要建设采用无源被动定位原理并分步提供全球服务的北斗卫星导航系统。中国在取得第一代卫星导航系统建设成果的基础上，继续发展第二代卫星导航系统。2004 年 9 月，第二代卫星导航系统——北斗二号区域导航系统建设被批准实施。

　　按照既要维护已有用户的权益，继承有源定位特色服务，又要扩大覆盖区和实现广播式定位的使用要求，中国第二代卫星导航系统继承了北斗一号被动式导航体制定位功能，同时具有三维无源定位、测速和授时等功能，可以满足地面和近地空间的各类用户全天候、全天时、高精度导航定位需求。第二代卫星导航系统第一期工程的建设目标是建成能向全球扩展的区域导航系统，在我国及周边地区和海域实现连续实时三维定位测速能力、高精度授时能力，以及部分地区的用户位置报告和双向报文通信能力。该系统是由 5 颗 GEO 卫星、5 颗 IGSO 卫星和 4 颗 MEO 卫星组成的区域混合星座，其中 GEO 和 IGSO 卫星对覆盖区域用户的导航定位性能指标实现起决定性作用，而 MEO 卫星主要对中国全球导航星座进行技术试验与验证。北斗二号区域导航星座地面轨迹如图 1.7 所示。

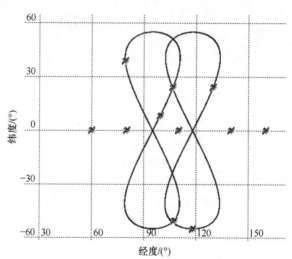

图 1.7　北斗二号区域导航星座地面轨迹

　　北斗二号区域导航系统首颗 MEO 试验卫星于 2007 年 4 月发射，整个星座于 2012 年 12 月部署完毕。该系统是国际首创导航定位、简短报文通信、差分增强三种服务融为一体，功能丰富、性能优异。同时，该系统也是国际首创 GEO、IGSO 和 MEO 三种轨道混合的星座，以最少卫星数量实现区域服务，支持边建边用、以用促建，兼顾全球拓展，工程建设效益高。北斗二号区域导航系统建成后，在中国及其周边区域的交通、林业、渔业、农业、电力等行业均发挥了必不可少的作用。

3. 北斗三号全球导航系统

按照中国第二代卫星导航系统"先区域，后全球"的总体发展思路，在发展北斗二号区域导航系统的基础上，北斗三号卫星导航系统最终要发展成全球卫星导航系统。

该系统是一个开放的全球卫星导航定位服务系统，在全球范围内提供基本的导航、定位和授时服务，在我国战略重点地区提供高性能导航、定位、授时和短报文服务。系统同时提供授权服务和公开服务，其中授权服务主要面向特殊用户，公开服务供民用用户免费使用。系统提供服务的方式是，在全球范围具备独立的导航定位授时能力，保证用户基本使用，同时可与其他导航系统兼容，满足用户全面性能要求。在我国战略重点地区，系统提供完备的导航、定位、授时和报文服务，可全面满足用户使用要求。

北斗三号导航星座是由 3 颗 GEO 卫星、3 颗 IGSO 卫星和 24 颗 MEO 卫星组成的全球混合星座，其中 MEO 卫星采用的是 Walker 24/3/1 星座构型，卫星轨道回归周期为 7 天 13 圈，轨道高度 21528km，轨道倾角 55°。2020 年 7 月 31 日，北斗三号全球导航系统完成了 3 颗 GEO 卫星、3 颗 IGSO 卫星和 24 颗 MEO 卫星的部署，系统正式建成开通，面向全球提供卫星导航服务，持续统筹推进北斗地基、星基增强系统建设，为各类用户提供更高精度、更为可靠的服务。北斗三号全球导航星座如图 1.8 所示。

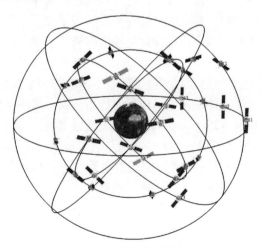

图 1.8　北斗三号全球导航星座

1.5　本书的结构安排

　　本书是作者关于北斗卫星导航系统星座研究工作的系统总结,在跟踪国内外卫星星座设计技术和进展的基础上,基于卫星轨道动力学基础、星座设计约束条件、卫星导航定位原理与星座性能评价指标等相关内容进行介绍,在此基础上结合工程实际发展情况,给出了北斗一号双星定位星座、北斗二号区域导航星座与北斗三号全球导航星座的设计与实现过程,重点针对北斗系列星座基本需求与约束、星座构型优化设计、星座组网策略、星座性能评估、星座构型保持与控制、星座备份与补网等多方面的研究成果进行介绍。

　　本书共9章。第1章为绪论,概括介绍卫星星座设计研究的意义,综述卫星星座设计的发展历程和导航星座在国内外的研究和发展状况,最后介绍了本书的主要内容。第2章是本书的理论和技术基础,首先介绍星座相关的卫星轨道动力学基础知识,然后针对星座一般设计方法进行介绍。第3章介绍星座设计约束条件,首先介绍一般星座的设计约束条件,然后以北斗卫星导航系统星座为例,给出北斗卫星导航系统星座设计特有的约束条件。第4章介绍卫星导航原理与星座性能评价指标,首先介绍卫星导航原理相关的内容,然后给出一般星座性能评价指标,最后对北斗卫星导航系统星座性能评价指标进行详细介绍。第5章介绍北斗一号双星定位星座设计与实现过程,主要包括双星导航定位原理、基本需求、双星定位性能、星座构型保持与控制,以及双星定位星座的实际在轨应用情况。第6章介绍北斗二号区域导航星座设计与工程实现情况,主要包括区域导航星座基本需求与约束、星座构型优化设计、星座组网策略、星座性能评估、星座构型保持与控制及星座备份与补网。第7章介绍即将部署完成的北斗三号全球导航星座设计与实现情况,主要包括全球导航星座基本需求与约束及星座构型优化设计、星座组网策略、星座性能评估、星座构型保持与控制、星座备份与补网。第8章介绍北斗卫星导航系统 IGSO 和 MEO 卫星离轨原则与策略,主要包括临近卫星分布与国际规则、弃置轨道稳定性北斗卫星导航系统 IGSO 卫星离轨原则与策略、北斗卫星导航系统 MEO 卫星离轨原则与策略等内容。第9章对卫星导航星座未来可能发展的技术领域和方向进行介绍与展望。

第 2 章　基 础 知 识

2.1　卫星轨道动力学基础

2.1.1　二体问题

两个天体在万有引力相互作用下的运动可以简化为两个质点在万有引力作用下的运动，这类问题称为二体问题。它是研究天体运动最简单的运动模型。由于该模型是可积的，其轨道可以作为研究天体在其他摄动力下运动的中间轨道，因此二体问题模型是研究天体运动的基础，也是航天器轨道设计等应用的基础[17-19]。下面从二体问题的运动方程出发，介绍二体问题的基本关系。

在地心第一赤道坐标系中，卫星运动方程为

$$\begin{cases} \ddot{x} = -\dfrac{\mu}{r^3} x \\ \ddot{y} = -\dfrac{\mu}{r^3} y \\ \ddot{z} = -\dfrac{\mu}{r^3} z \end{cases} \tag{2.1}$$

式中，x、y、z 为卫星坐标；r 为卫星到地心的距离；$\mu = GM$，其中 G 为万有引力常数，M 为地球质量，$G = 6.670 \times 10^{-11} \, \mathrm{m^3/(kg \cdot s^2)}$，$M = 5.977 \times 10^{24} \, \mathrm{kg}$，$\mu = 3.98600 \times 10^{14} \, \mathrm{m^3/s^2}$。

由此可得卫星运动为平面运动，即

$$Ax + By + Cz = 0 \tag{2.2}$$

式中，A、B、C 分别为积分常数。

因此，能量积分为

$$v^2 = \frac{2\mu}{r} - \frac{\mu}{a} \tag{2.3}$$

式中，a 为轨道的半长轴；v 为卫星的运行速度。

这表明，二体运动始终位于同一平面，二体问题的相对运动能量守恒。由二体问题的相对运动方程，在极坐标系下做适当变换，可得轨道积分，即

$$r = \frac{p}{1 + e\cos(\omega + f)} \tag{2.4}$$

式中，p 为半通径；e 为偏心率；ω 为近地点幅角；f 为真近点角。

积分表明二体运动轨道为圆锥曲线，即

$$p = h^2 / \mu \tag{2.5}$$

式中，h 为轨道运动的角动量。

根据偏心率 e 的不同，轨道可以分为圆轨道$(e=0)$、椭圆轨道$(0 < e < 1)$、抛物线轨道$(e=1)$和双曲线轨道$(e>1)$。

对于椭圆轨道，半通径 $p = a(1-e^2)$，轨道运动的角动量为

$$h = \sqrt{\mu p} = \sqrt{\mu a(1-e^2)} \tag{2.6}$$

开普勒第三定律给出了椭圆轨道运动平均角速度与半长轴的关系，公式表达为

$$\frac{4\pi^2}{T}a^3 = n^2 a^3 = \mu = G(m_1 + m_2) \tag{2.7}$$

式中，T 为轨道周期；n 为轨道平均角速度，$n = \sqrt{\mu/a^3}$；G 为万有引力常数，$G = 6.670\times10^{-11}\text{m}^3/(\text{kg}\cdot\text{s}^2)$；$m_1$ 和 m_2 分别为地球和卫星的质量。

椭圆轨道运动的活力公式为

$$v^2 = \mu\left(\frac{2}{r} - \frac{1}{a}\right) \tag{2.8}$$

椭圆轨道运动中$|r-a| \leqslant ae$，因此定义偏近点角E，满足以下关系：

$$r = a(1 - e\cos E) \tag{2.9}$$

进而可得椭圆运动的开普勒方程，即

$$E - e\sin E = n(t-\tau) = M \tag{2.10}$$

式中，τ 为过近地点时刻；M 为平近点角；E 为偏近点角。

已知平近点角 M，由上述方程可迭代求解偏近点角 E。椭圆轨道偏近点角 E 与真近点角 f 的关系如图 2.1 所示。

由图可知

$$\begin{aligned} r\cos f &= a(\cos E - e) \\ r\sin f &= a\sqrt{1-e^2}\sin E \end{aligned} \tag{2.11}$$

对于双曲线轨道，半通径 $p = a(1-e^2)$，相应的活力公式为

$$v^2 = \mu\left(\frac{2}{r} + \frac{1}{a}\right) \tag{2.12}$$

引入辅助量 F，满足以下关系：

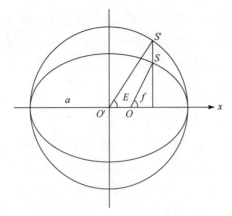

图 2.1 椭圆轨道偏近点角 E 与真近点角 f 的关系

$$r = a(e\cosh F - 1) \tag{2.13}$$

可得双曲线轨道的开普勒方程为

$$e\sinh F - F = n(t - \tau) \tag{2.14}$$

式中，辅助量 F 同样可由上述方程迭代求解。

已知轨道半长轴 a、偏心率 e、真近点角 f(或偏近点角 E、平近点角 M)即可确定轨道的形状和航天器在轨道平面内的具体位置。考虑三维空间情形，除了近地点幅角 ω 之外，还需要引入另外两个轨道根数确定轨道面的空间指向，即轨道倾角 i 和升交点赤经 Ω。轨道倾角和升交点赤经的含义如图 2.2 所示。

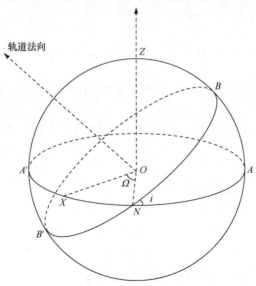

图 2.2 轨道倾角和升交点赤经的含义

图中轨道倾角 i 为轨道平面与赤道面的夹角。如果 $0° \leqslant i < 90°$，则称为顺行轨道；如果 $90° < i \leqslant 180°$，则称为逆行轨道。升交点赤经 Ω 为轨道平面由南往北与赤道面的交线相对于春分点方向的夹角。

2.1.2　卫星星下点计算方法

航天器位置点在地球表面的垂直投影称为星下点。如果把地球看成圆球体，那么星下点就是卫星和地球中心的连线与地球表面的相交点，这时星下点以地心纬度 φ 和经度 λ 表示。如果把地球看成椭球，那么星下点不在卫星与地球中心的连线上，这时星下点一般用地理纬度 φ_d 和地理经度 λ_d 表示。本书仅讲述圆球形大地情况下的星下点。

随着航天器绕地球的运动和地球本身的旋转运动，星下点也相应移动，星下点形成的轨迹称为星下点轨迹。卫星的地面轨迹对于卫星的实际应用，如通信、导航、对地观测等来说，是十分重要的。在卫星对地面覆盖、卫星轨道设计、星座设计、地面站跟踪弧段计算、天线波束设计等方面都需要进行星下点分析和计算。

在航天器轨道设计初始阶段，一般可以知道航天器与运载火箭分离(入轨)时刻 t_0 的一组轨道参数 a、e、i、ω、λ_Ω、M_0，其中 λ_Ω 为 t_0 时刻(简化起见，可设 $t_0 = 0$)升交点的地理经度。这样，在 t 时刻星下点的经纬度数据可由下列步骤求得。

(1) 求过近地点的时刻 τ。把 t_0 和 M_0 代入式(2.10)，可求得 τ。式(2.10)可写为

$$M_0 = \sqrt{\frac{\mu}{a^3}}(t_0 - \tau) = n(t_0 - \tau) \tag{2.15}$$

(2) 求 t 时刻的平近点角 M。平近点角 M 可按下式计算，即

$$M = \sqrt{\frac{\mu}{a^3}}(t - \tau) = M_0 + n(t - t_0) \tag{2.16}$$

(3) 求 t 时刻偏近点角 E。利用式(2.10)迭代计算 t 时刻的偏近点角 E，即

$$E_{i+1} = M + e\sin E_i \tag{2.17}$$

(4) 求 t 时刻的真近点角 f。用式(2.11)求得。

(5) 求 t 时刻纬度幅角 u。计算公式为

$$u = \omega + f \tag{2.18}$$

(6) 求 t 时刻的地心纬度 φ。由图 2.3(a)可知

$$\varphi = \arcsin(\sin i \sin u) \tag{2.19}$$

(7) 求 t 时刻的地心经度 λ

$$\lambda = \Delta\lambda + \lambda_\Omega - \omega_{\mathrm{e}}\left(t - t_0\right) \tag{2.20}$$

式中，ω_{e} 为地球自转角速度，$\omega_{\mathrm{e}} = 7.2921158 \times 10^{-5}\,\mathrm{rad/s} = 0.0041781°/\mathrm{s}$ ；λ_Ω 为航天器入轨点时刻(某个计算点时刻 t_0)的升交点地理经度。

$$\Delta\lambda = \arctan\left(\cos i \tan u\right) \tag{2.21}$$

　　星下点轨迹与地球自转的关系如图 2.3 所示。时间 t 的步长根据所需要的精度来确定。

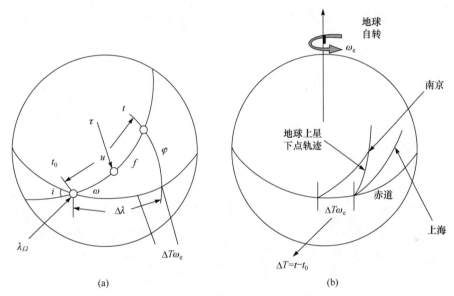

图 2.3　星下点轨迹与地球自转的关系

2.1.3　卫星覆盖性计算方法

　　绝大多数应用都是利用航天器空间覆盖特性，如对地遥感、通信广播、导航等应用。在轨道上，航天器的有效载荷对地面只能在一定可达范围(简称为视场角)内才能收集和传输信息。为了完成这类应用航天器的特殊任务，需要确定航天器在其轨道运行过程中能在地球上多大的范围内进行光学等信息收集或传输，既需要确定出对地面的覆盖范围，又需要确定出对地面的视场角。

　　1. 航天器对地面的覆盖区

　　假定地球为正球体，航天器对地垂直定向，有效载荷视场为圆锥形，其中心线对准地心，视场角(半锥角)为 β。航天器对地面的覆盖如图 2.4 所示。图中球冠

区的球面角为 $2d$，其中地心角 d 为航天器对地面的覆盖角；S 为航天器在轨位置；O 为地心；R_e 为地球半径；h 为航天器(相对地面)高度；ε 为地面最小高度角，即由于山丘或建筑的遮挡，当仰角小于 ε 时，用户看不到航天器，或接收不到航天器的信号。d 与 β 的关系由下式决定，即

$$d = \arccos(\sin\beta) - \arccos\left(\frac{R_e + h}{R_e}\sin\beta\right) \tag{2.22}$$

如规定地面最小高度角为 ε，则上式应改写为

$$d = \arccos\left(\frac{R_e\cos\varepsilon}{R_e + h}\right) - \varepsilon \tag{2.23}$$

航天器地面覆盖区的面积为 $4\pi R_e^2 \sin^2 d/2$，一个航天器在某个时刻只能覆盖全球表面积的 $\sin^2 d/2 \times 100\%$。

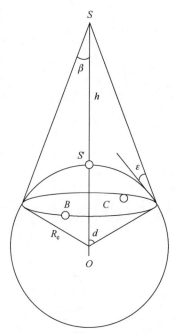

图 2.4 航天器对地面的覆盖

设航天器 S 星下点 S' 的地心经度为 λ_S、地心纬度为 φ_S，地面覆盖区内任一点 C 的地心经度为 λ_C、地心纬度为 φ_C。星下点 S 的坐标如图 2.5 所示。这样，在地心直角坐标系内，航天器 S 的坐标 (x_{1S}, y_{1S}, z_{1S}) 和地面覆盖区内任一点 C 的坐标分量 (x_{1C}, y_{1C}, z_{1C}) 分别为

$$x_{1S} = (R_e + h)\cos\lambda_S \cos\varphi_S$$
$$y_{1S} = (R_e + h)\sin\lambda_S \cos\varphi_S$$
$$z_{1S} = (R_e + h)\sin\varphi_S$$
$$x_{1C} = R_e \cos\lambda_C \cos\varphi_C \tag{2.24}$$
$$y_{1C} = R_e \sin\lambda_C \cos\varphi_C$$
$$z_{1C} = R_e \sin\varphi_C$$

航天器对地面的覆盖如图 2.6 所示。航天器 S 与其地面覆盖区内任一点 C 的距离不大于航天器 S 与其地面覆盖区(球帽)底边上任一点 B 的距离。按此条件，航天器 S 对地面的覆盖区满足下列不等式(根据球面三角形边的余弦定理)，即

$$\cos\varphi_S \cos\varphi_C \cos(\lambda_S - \lambda_C) + \sin\varphi_S \sin\varphi_C \geqslant \cos d \tag{2.25}$$

航天器 S 对地面覆盖区的边界由下列方程描述，即

$$\cos\varphi_S \cos\varphi_b \cos(\lambda_S - \lambda_b) + \sin\varphi_S \sin\varphi_b = \cos d \tag{2.26}$$

式中，λ_b 和 φ_b 为地面覆盖区底边任一点 B 的地心经度和地心纬度，记 $\Delta\lambda = \lambda_S - \lambda_b$。

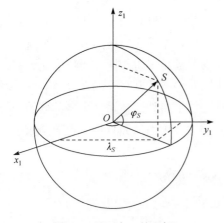

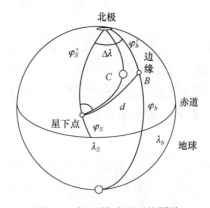

图 2.5　星下点 S 的坐标　　　　图 2.6　航天器对地面的覆盖

2. 航天器对地面的覆盖带

航天器地面覆盖区仅表示航天器在空间轨道上某一位置对地面的覆盖。航天器沿空间轨道运行对地面的覆盖情况由航天器的地面覆盖带来描述。为简便，假定轨道为圆轨道。在实际应用中，无论是对地观测航天器还是卫星星座都采用近似圆轨道(其偏心率近似等于零)。因此，此假设下的分析还是实用的。

航天器沿圆轨道运动时，各时刻的覆盖角 d 相同。航天器沿轨道运行一圈，

在垂直于星下点轨迹的两侧、地心角为 d 的范围内形成一条地面覆盖带。

航天器的地面覆盖能力用地面覆盖带的纬度范围与地面覆盖带的宽度来表征。地面覆盖带纬度的最大值和最小值决定航天器沿圆轨道运动可覆盖的纬度范围。地面覆盖带的宽度决定航天器沿圆轨道运动可覆盖星下点轨迹两侧的范围。当星下点在赤道上时，地面覆盖带的宽度可用所覆盖的地理经度范围来表示。

虽然星下点轨迹及地面覆盖带会受地球自转和轨道摄动因素的影响，但这种影响对决定地面覆盖带纬度范围和宽度的关系不大或短期效果不明显，在轨道方案设计决定卫星的地面覆盖能力时，可不考虑地球自转和轨道摄动因素。

3. 航天器环的地面覆盖带

对地观测、导航定位等应用类型的航天器常常采用回归轨道。所谓回归轨道是指星下点轨迹每隔一定时间后，又能够重复原来的轨迹。如果仅有一个采用回归轨道的航天器，那么对于地面覆盖带纬度范围内的某一地面目标，在轨道复现周期(如 D 天)内，该航天器只有很短的时间可以覆盖该地面目标。这就是说，用一个航天器对地面进行覆盖的时空性能差。如果利用多个航天器组成航天器圆环，就可以改善对地面目标覆盖的性能。

仍然假设航天器是圆轨道，使分析问题简化。在倾角为 i_0、高度为 h 的圆轨道上等间隔地放置 K 个航天器，$S_1, S_2, \cdots, S_K$，这 K 个航天器就形成了一个航天器环。环中每个航天器的高度相同，它们的地面覆盖角 d 也相同。当环中航天器的个数 $K > 180°/d$ 时，相邻航天器的地面覆盖区就会有相互重叠的部分，航天器环的覆盖角如图 2.7 所示。图中 d_r 为卫星环中相邻卫星地面覆盖区重叠部分的地心角距，称为航天器环的覆盖角。d_r 与 d 和 K 的关系可由球面直角三角形余弦公式求出，即

$$d_r = \arccos(\cos d / \cos(180° / K)) \tag{2.27}$$

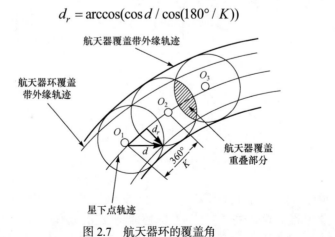

图 2.7　航天器环的覆盖角

这样，航天器环上各航天器沿同一圆轨道运行，就在星下点两侧形成了一个宽度为 d_r 的地面覆盖带。这个覆盖带称为航天器环的地面覆盖带。在不考虑地球自转和轨道摄动因素时，位于航天器环地面覆盖带内的地区在任何时刻都可为环内的 1 个航天器所覆盖，有时甚至可为两个航天器所覆盖。

航天器环地面覆盖带之外的地区称为航天器环的盲区。盲区可分为左右两块。盲区与轨道倾角 i 及卫星环的覆盖角 d_r 的关系如图 2.8 所示。当 $d_r > i$ 时，左右盲区位于南北不同的半球；当 $d_r < i$ 时，左右盲区跨越赤道；当 $d_r = i$ 时，左右盲区与赤道相切；当 $d_r < i$，$i = 90°$ 时，左右盲区跨越赤道并对称。

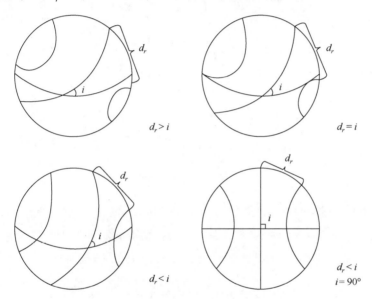

图 2.8 盲区与轨道倾角 i 及卫星环的覆盖角 d_r 的关系

4. 航天器视场角与地心角的关系

航天器覆盖地球的最大视场角 ρ 定义为航天器到地心的连线与航天器到地球边缘的切线之间的夹角。其相对应的地球球心的夹角为地心角 λ_0 (图 2.9)。假设地球是圆球(这对计算精度的影响不大)，因此航天器至地平的连线垂直于(在切点处的)地球半径。这样，可得以下方程，即

$$\sin \rho = \cos \lambda_0 = \frac{R_e}{R_e + h} \tag{2.28}$$

式中

$$\rho + \lambda_0 = 90° \tag{2.29}$$

航天器到地球相切点的距离 $D_{\max}$ 满足

$$D_{\max}^2 = (R_e + h)^2 - R_e^2 = (R_e \tan \lambda_0)^2 \tag{2.30}$$

航天器最大视场角 ρ 对地球覆盖的面积为球冠面积，视场角与地心角的关系如图 2.9 所示。图中 R_e 为地球的半径，λ_0 为覆盖区边缘与地心的连线与星下点与地心的连线之间夹角，称地心角。

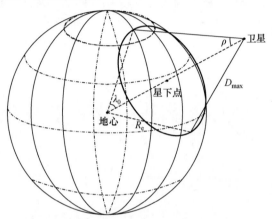

图 2.9　视场角与地心角的关系

地球表面积 S 由下式积分得到，即

$$S = 2\int_0^{\pi/2} 2\pi R_e \sin\theta R_e \mathrm{d}\theta = 4\pi R_e^2 \tag{2.31}$$

则球冠面积为

$$S_1 = \int_0^{\pi} 2\pi R_e \sin\theta R_e \mathrm{d}\theta = 2\pi R_e^2 (1 - \cos\lambda_0) = 4\pi R_e^2 \sin^2 \frac{\lambda_0}{2} \tag{2.32}$$

5. 地面站对星下点的方位角

地面站对星下点的方位角 A_z (图 2.10)可用球面三角形边的余弦公式求得。地面站是固定的，它的地理纬度 δ_T 和经度 L_T 是已知的，设星下点的纬度为 δ_S、经度为 L_S。

规定 $\Delta L = |L_S - L_T|$，即都为正值，则星下点的方位角 A_z (角度按照从北往东顺时针计算)，以及星下点到地面站的角距 λ 之间有如下关系，即

$$\cos\lambda = \sin\delta_S \sin\delta_T + \cos\delta_S \cos\delta_T \cos\Delta L, \quad \lambda < 180° \tag{2.33}$$

由此求出 λ 后，仍根据余弦定理按下式，即

$$\sin\delta_T = \cos\lambda \sin\delta_S + \sin\lambda \cos\delta_S \cos A_z \tag{2.34}$$

求得方位角 A_z，即

$$\cos A_z = (\sin \delta_T - \cos \lambda \sin \delta_S) / \sin \lambda \cos \delta_S \tag{2.35}$$

式中，$A_z < 180°$ 时，表示地面站在星下点的东面；$A_z > 180°$ 时，表示地面站在星下点的西面。

图 2.10 中球面三角形为任意球面三角形，地面站的地理纬度 $\delta_T + \delta'_T = 90°$，星下点的地理纬度 $\delta_S + \delta'_S = 90°$。

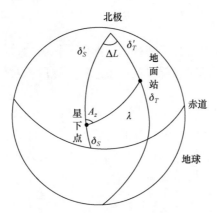

图 2.10　地面站对星下点的方位角

6. 地面点对航天器观测的仰角

航天器、星下点和地面站三点可确定一个平面。航天器与地面站的几何关系如图 2.11 所示，可用公式表示为

$$\tan \eta = \frac{\sin \rho \sin \lambda}{1 - \sin \rho \cos \lambda} \tag{2.36}$$

$$\cos \varepsilon = \frac{\sin \eta}{\sin \rho} \tag{2.37}$$

式中，ρ 为航天器的视场角；η 为航天器的星下点至地面站相对航天器的张角；λ 为星下点与地面站相对于地心的张角；ε 为地面站观测航天器的仰角，即地面站

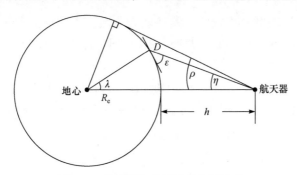

图 2.11　航天器与地面站的几何关系

与航天器的连线与当地水平面之间的夹角。

由图 2.11 可知，$\eta + \lambda + \varepsilon = 90°$，且

$$D = R_e \frac{\sin \lambda}{\sin \eta} \tag{2.38}$$

式中，D 为航天器到地面站的距离。

7. 地面站跟踪弧段

为了简化公式，假设轨道是圆轨道，即航天器做匀速运动；轨道高度是很低的。这样，航天器过顶的时间就很短，可忽略在这段相对短的时间内地球自转带来的弧段。

图 2.12 为地面站跟踪弧段示意图，体现航天器的地面轨迹与地面站跟踪范围的几何关系。一般跟踪通信天线相对于地平面的最小仰角要求是 5° 以上，低于 5° 就不能通信。图中，以地面站为中心的虚线圆表示最小仰角 $\varepsilon_{\min} = 0°$ 的范围，实线圆表示最小仰角 $\varepsilon_{\min} = 5°$ 的范围。

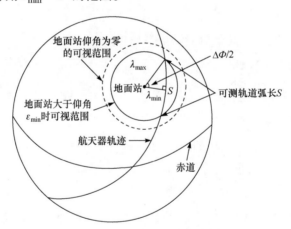

图 2.12　地面站跟踪弧段示意图

图 2.12 中实线圆和虚线圆都是在航天器轨道大圆球上的投影。两圆与地面站(点)形成两个同心锥，锥的母线长度(即地面站到航天器的距离)仍按式(2.38)计算。

给定 $\varepsilon_{\min}$ 值后，就可以用式(2.28)和式(2.38)确定最大地心角 $\lambda_{\max}$、考虑最小仰角 $\varepsilon_{\min}$ 时的航天器最大视场角 $\eta_{\max}$，以及航天器到地面站相应的最大距离 $D_{\max}$，即

$$\sin \eta_{\max} = \sin \rho \cos \varepsilon_{\min}$$
$$\lambda_{\max} = 90° - \varepsilon_{\min} - \eta_{\max} \tag{2.39}$$
$$D_{\max} = R_e \sin \lambda_{\max} / \sin \eta_{\max}$$

航天器的地面轨迹与地面站之间的距离越近，地面站对卫星的可观测时间越长，最大仰角越大；反之，航天器的地面轨迹与地面站之间的距离越远，地面站对卫星的可观测时间越短，最大仰角越小。

设轨道为圆轨道，轨道升交点经度为 L_Ω，倾角为 i，图 2.13 为卫星轨道与地面站几何关系图。

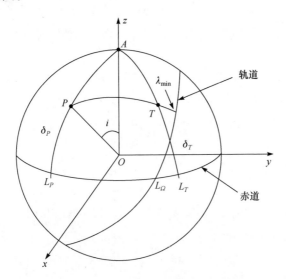

图 2.13 卫星轨道与地面站几何关系图

设 P 为轨道的极，则 P 点的经度 L_P、纬度 δ_P 分别为

$$L_P = L_\Omega - 90° $$
$$\delta_P = 90° - i \tag{2.40}$$

当轨道上的航天器通过地面站正上方时(即星下点轨迹与 T 点相交)，必须满足

$$\sin(L_T - L_\Omega) = \tan \delta_T / \tan i \tag{2.41}$$

为确定该圆轨道上的航天器穿越赤道后何时通过地面站 T 正上方，可用升交点至地面站的地心角 u 来描述，即

$$\sin u = \sin \delta_T / \sin i \tag{2.42}$$

在一般情况(即航天器不是正好通过地面站正上方)下，可以用地面站与航天器地面轨迹之间的最小地心角 $\lambda_{\min}$ 确定航天器最接近地面站(不一定过正顶)时的参数。此时，$\lambda_{\min}$ 等于 90°减去地面站与瞬时轨道极点之间的地心角。若已知轨

道极点与地面站的经纬度，则在球面三角形 APT 中，按余弦定理，$\lambda_{\min}$ 可由下式给出，即

$$\sin\lambda_{\min} = \sin\delta_P \sin\delta_T + \cos\delta_P \cos\delta_T \cos(L_P - L_T) \tag{2.43}$$

当航天器任意圈的轨迹最接近地面站时，地面站观测到的航天器的最大跟踪角速率为

$$\theta_{\max} = \frac{V_S}{D_{\min}} = \frac{2\pi(R_e + h)}{PD_{\min}} \tag{2.44}$$

式中，$D_{\min}$ 为航天器到地面站的最小距离，按式(2.38)计算；V_S 为航天器的轨道速度；P 为轨道周期。

显然，角速率是随航天器离地面站的距离而变化的，离地面站的距离越近，角速率就越大。

由图 2.12 可知，利用球面直角三角形的关系式，不难得出地面站跟踪航天器进出地面站的总方位角 $\Delta\phi$ 的大小。总的跟踪弧长(弧度)S 的相关计算公式为

$$\cos\frac{\Delta\phi}{2} = \frac{\tan\lambda_{\min}}{\tan\lambda_{\max}} \tag{2.45}$$

$$\cos\frac{S}{2} = \frac{\cos\lambda_{\max}}{\cos\lambda_{\min}} \tag{2.46}$$

同样，利用球面直角三角形的关系式，可以得出跟踪总时间 T 的计算公式，即

$$T = \left(\frac{P}{180°}\right)\arccos\left(\frac{\cos\lambda_{\max}}{\cos\lambda_{\min}}\right) \tag{2.47}$$

式中，P 为轨道周期。

2.1.4　轨道摄动

航天器在轨运行过程中，除受到地球的中心引力，还受到其他多种摄动因素的作用，虽然这些摄动项的量级相对较小(最大项量级约为 10^{-3})，但是仍然会对航天器轨道运动产生重要影响。下面具体介绍航天器在轨运行过程中需要考虑的几种主要摄动。

1. 地球非球形引力摄动

地球非球形引力摄动是影响人造地球卫星轨道的最主要摄动因素(达到 10^{-3} 量级)。利用勒让德展开，可以将地球引力势函数表示成如下形式，即

$$\Delta V = \frac{\mu}{R}\sum_{l\geqslant 2}\sum_{m=0}^{l}\left(\frac{R_e}{R}\right)^l \bar{P}_{lm}(\sin\varphi)\left(\bar{C}_{lm}\cos m\lambda_G + \bar{S}_{lm}\sin m\lambda_G\right) \tag{2.48}$$

式中，R_e 为地球赤道半径；R 为地固系下航天器的地心距离；φ 为航天器的地心纬度；$\bar{P}_{lm}$ 为归一化缔合勒让德多项式；$\bar{C}_{lm}$、$\bar{S}_{lm}$ 为与地球引力场(如 WGS84 模型)相关的一组球谐系数。

根据地球非球形引力势的表达式，可以得到对应的摄动加速度为

$$F_{\text{NSP}} = \left(\frac{\partial \Delta V}{\partial r}\right)^{\text{T}} = \left(\frac{\partial R}{\partial r}\right)^{\text{T}} \left(\frac{\partial \Delta V}{\partial R}\right)^{\text{T}} \tag{2.49}$$

式中，$(\partial R/\partial r)^{\text{T}}$ 为由地固坐标系到地心天球坐标系的坐标变换，包含岁差、章动、地球自转、极移四项；$(\partial \Delta V/\partial R)^{\text{T}}$ 为非球形引力势对地固坐标系下卫星的位置 R 求梯度。

2. 第三体引力摄动

对于绕地球运动的航天器，日、月(作为质点)引力是一种典型的第三体引力摄动，相应的摄动加速度为

$$F_{\text{TBP}} = \nabla\left(\frac{\mu^*}{r^*} \Big/ \sum_{n=2}^{\infty} \left(\frac{r}{r^*}\right)^n P_n \cos\theta\right) \tag{2.50}$$

式中，μ^* 为三体引力常数；r^* 为三体相对地心的距离；r 为航天器相对地心的距离；P_n 为 n 阶勒让德多项式；$\cos\theta$ 为三体相对地心矢量与航天器相对地心矢量的方向余弦。

对于低轨人造地球卫星而言，日、月引力摄动量级为二阶小量(月球摄动量级为 10^{-7}，太阳摄动量级为 10^{-8})，对于高轨卫星，日、月引力摄动的量级要略大些(月球摄动量级为 10^{-5}，太阳摄动量级为 10^{-6})。

3. 大气阻力摄动

航天器(特别是低轨卫星)在地球高层大气中飞行，将受大气阻力的影响，阻力加速度可写为

$$\begin{cases} F_{\text{ADP}}^{\text{R}} = -\dfrac{1}{2}\left(\dfrac{C_D S}{m}\right)\rho v v_{\text{R}} \\ F_{\text{ADP}}^{\text{T}} = -\dfrac{1}{2}\left(\dfrac{C_D S}{m}\right)\rho v v_{\text{T}} \end{cases} \tag{2.51}$$

式中，$F_{\text{ADP}}^{\text{R}}$ 和 $F_{\text{ADP}}^{\text{T}}$ 分别为阻力加速度在径向和横向的分量；C_D 是阻力系数；S/m 为卫星对阻力而言的有效面积质量比(简称面质比)；ρ 为大气密度；v 为航天器运动速度；v_{R} 为航天器径向速度分量；v_{T} 为航天器横向速度分量。

对于典型的有效面质比为10^9(归一化单位)的航天器,如果运行高度在 300km 以上,大气阻力摄动的量级不会高于10^{-6},即对中低轨卫星的运动而言,大气阻力摄动量级亦可当作二阶小量来处理。

4. 太阳光压摄动

直接作用在航天器表面的太阳辐射压(或简称光压)虽然并不大,但同样会影响卫星的运动。采用简化的柱形地影模型,太阳光压对航天器的摄动加速度可以写为

$$\begin{cases} F_{\mathrm{SRP}}^{\mathrm{R}} = vC_{\mathrm{R}}\left(\dfrac{S}{m}\right)\rho_{\Theta}\left(\dfrac{1\mathrm{AU}}{\varDelta}\right)^2\dfrac{\varDelta^{\mathrm{R}}}{\varDelta} \\[3mm] F_{\mathrm{SRP}}^{\mathrm{T}} = vC_{\mathrm{R}}\left(\dfrac{S}{m}\right)\rho_{\Theta}\left(\dfrac{1\mathrm{AU}}{\varDelta}\right)^2\dfrac{\varDelta^{\mathrm{T}}}{\varDelta} \\[3mm] F_{\mathrm{SRP}}^{\mathrm{W}} = vC_{\mathrm{R}}\left(\dfrac{S}{m}\right)\rho_{\Theta}\left(\dfrac{1\mathrm{AU}}{\varDelta}\right)^2\dfrac{\varDelta^{\mathrm{W}}}{\varDelta} \end{cases} \tag{2.52}$$

式中,$F_{\mathrm{SRP}}^{\mathrm{R}}$、$F_{\mathrm{SRP}}^{\mathrm{T}}$、$F_{\mathrm{SRP}}^{\mathrm{W}}$为光压加速度在径向、横向和法向的分量;$v$为地影因子,根据航天器的位置进行确定;$C_{\mathrm{R}}$为航天器的表面反射系数,其值在 1~2 变化;$S/m$为航天器的有效面质比;$\rho_{\Theta}$表示地球附近的太阳光压常数,$\rho_{\Theta} = 4.56\times10^{-6}\mathrm{N/m^2}$;$\varDelta$为航天器相对太阳的位置;$\varDelta^{\mathrm{R}}$、$\varDelta^{\mathrm{T}}$、$\varDelta^{\mathrm{W}}$为航天器相对太阳的位置矢量在径向、横向和法向的分量。

对于典型的有效面质比为10^{-9}(归一化单位)的航天器,光压摄动量级为10^{-7}(高轨航天器)和10^{-8}(中低轨航天器)。

2.1.5　轨道机动

航天器从初始轨道(或停泊轨道)向目标轨道的过渡是一种轨道转移,通常由轨道机动完成。轨道转移有多种形式,按变轨次数分为一次、两次或多次变轨实现,最终完成过渡。只有初始轨道和目标轨道相交时,才有可能用一次变轨完成转移。初始轨道和目标轨道可以是圆轨道、椭圆轨道,甚至是双曲线轨道。转移轨道可以是椭圆,为了节省时间也可以是双曲线。在轨道过渡中,往往是寻求能量最省的过渡形式。就轨道而言,在近地点处变轨,改变轨道半长径 a 最节省能量。对于轨道平面的改变,只依赖轨道面法向的速度增量,在纬度幅角 $u = 0°$或 180°(即升、降交点)附近改变轨道倾角 i 最节省能量,在 $u = 90°$或 270°附近改变升交点赤经 Ω 最节省能量。在具体的航天任务中,还需要综合考虑能量消耗大小、

飞行时间长短、制导精度要求高低，以及测控条件是否方便等因素，选择一种可以实现的最佳轨道机动方式。

1. 轨道转移

下面以霍曼转移为例介绍轨道机动的实现。在两个共面同心圆轨道间的轨道转移中，霍曼转移是最省能量的双脉冲机动转移方式。霍曼转移轨道如图 2.14 所示。这是一个与两圆轨道在拱线上均相切的椭圆轨道。设两个圆轨道的半径各为 r_1 和 r_2，如果考虑从低圆轨道(作为初始轨道)向高圆轨道(作为目标轨道)过渡，则霍曼转移的椭圆轨道半长轴为

$$a = \frac{1}{2}(r_1 + r_2) \tag{2.53}$$

相应地，半长轴改变量为

$$\Delta a_1 = a - r_1 = \frac{1}{2}(r_2 - r_1) \tag{2.54}$$

由此得到在切点 1 处的加速脉冲 Δv_1 为

$$\Delta v_1 = \sqrt{\mu\left(\frac{2}{r_1} - \frac{1}{a}\right)} - \sqrt{\frac{\mu}{r_1}} = \sqrt{\frac{\mu}{r_1}}\left[\left(\frac{2r_2}{r_1 + r_2}\right)^{1/2} - 1\right] \tag{2.55}$$

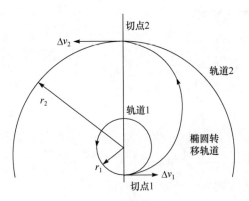

图 2.14　霍曼转移轨道

类似地，在切点 2 处第 2 次变轨的加速脉冲大小同样可根据变轨前后的圆轨道的半径算得，即

$$\Delta v_2 = \sqrt{\frac{\mu}{r_2}} - \sqrt{\mu\left(\frac{2}{r_2} - \frac{1}{a}\right)} = \sqrt{\frac{\mu}{r_2}}\left[1 - \left(\frac{2r_1}{r_1 + r_2}\right)^{1/2}\right] \tag{2.56}$$

根据同样的原理，若要从高轨向低轨过渡，则需两次减速，是上述过程的逆

向转移。霍曼转移轨道虽然节能，但是飞行时间和飞行路线较长，只适用于共面圆轨道间的转移。如果初始轨道和目标轨道均为椭圆，则还可能涉及拱线方向的改变问题；如果两轨道不共面，则还需考虑轨道面的改变问题。因此，实际任务中轨道机动的最佳选择应根据具体问题综合考虑。

　　工程中的轨道转移大部分与霍曼轨道转移是类似的，本书也列出了其他几种常见的轨道转移形式，如图 2.15 所示。

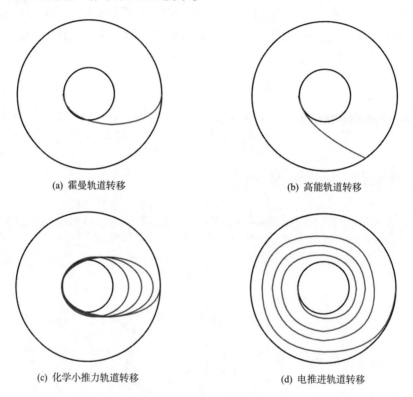

(a) 霍曼轨道转移　　　　　　　　　　　　(b) 高能轨道转移

(c) 化学小推力轨道转移　　　　　　　　　(d) 电推进轨道转移

图 2.15　不同轨道转移方式

不同轨道转移方式的对比如表 2.1 所示。

表 2.1　不同轨道转移方式的对比

转移方式	轨道类型	典型加速度/g	速度增量	典型转移时间
霍曼转移	霍曼转移轨道	1~5	式(2.55)和式(2.56)	1 个轨道周期
高能转移	椭圆或双曲线	10	>霍曼转移	<1 个轨道周期
化学小推力转移	分步霍曼转移轨道	0.02~0.5	与霍曼转移相同	6~8 轨道周期
电推进转移	螺旋线轨道	0.0001~0.001		60~120 轨道周期

由图 2.15 可知，由于高能轨道转移的远地点高度高于目标轨道，第一次机动的速度增量大于霍曼转移；由于同时改变速度大小和方向，第二次机动的速度增量仍然高于霍曼转移。这种高能轨道转移主要有两方面应用：一种是直接攻击高轨道的目标，而不是达到与之速度相同；另一种是转移时间受限，要求实现快速转移任务。

霍曼转移和高能转移都是基于速度脉冲的前提假设，即发动机推力足够大、能够短时间实现速度的改变。然而，在有些情况下，使用小推力发动机，在更长时间实现速度的改变也有其优点。图 2.15(c)给出使用小推力化学发动机的轨道转移路线，其中发动机推力在几牛甚至几百牛的范围变化。在这种情况下，较大的轨道机动可以分为多次小的轨道机动。首先，在近地点实施多批次轨道机动，以使远地点高度达到目标轨道；然后，在远地点实施一到两次轨道机动，以抬高近地点至目标轨道高度。由于运行速度较小，在远地点的点火次数比近地点少。对于使用小推力化学发动机的轨道转移，轨道转移过程可能需要花费多个轨道周期的时间，所需的速度增量与霍曼转移相同。因此，使用小推力化学发动机的轨道转移与霍曼转移一样是最省能量的，然而发动机推力较小，相应的加速度较小，对卫星本身施加的作用力也较小。

图 2.15(d)给出电推进轨道转移过程。电推进的推力远小于化学推进，因此这种方式不适合仅在近地点施加的、大的轨道机动，否则转移时间太长，地面操作人员将无法忍受。采用电推进方式进行轨道转移时，航天器最小推力发动机将在整个轨道周期连续工作，由于推力太小，采用电推进将低轨道调整为静止轨道的过程可能需要花费数月才能完成。此外，由于近地点高度和远地点高度都同时提高，在大的轨道机动中电推进的效率要明显低于霍曼转移。采用电推进完成同平面圆轨道的转移所需的速度增量约为

$$\Delta v = \sqrt{\frac{\mu}{r_2}} - \sqrt{\mu\left(\frac{2}{r_2} - \frac{1}{a}\right)} = \sqrt{\frac{\mu}{r_2}}\left[1 - \left(\frac{2r_1}{r_1 + r_2}\right)^{1/2}\right] \tag{2.57}$$

对于推力特别小的情况，轨道转移时间将更长，所需的速度增量也更大。但是，电推进比化学推进的效率更高，相应的推进剂消耗更少。

2. 平面改变与相位调整

以上介绍通过轨道转移改变轨道能量的情况。在某些情况下，可能不需要改变半长轴或者能量。主要可以分为两类：一类是改变轨道平面(改变倾角或者升交点赤经)；另一类是不改变轨道形状，但改变卫星在轨道的位置(相对于卫星原来的轨道位置向前或者向后调整)。

当任务要求的轨道平面与初始轨道平面不同时，就需要进行平面的调整。例

如，从地球到火星的转移，需要将卫星轨道平面由地球轨道面调整至火星轨道平面。与之类似，当卫星不在赤道发射，对应的倾角不等于零时，为了进入 GEO 就需要调整轨道平面。在许多轨道平面的调整任务中，轨道半长轴也需要进行调整，因此通常对轨道平面与高度进行联合调整，以减小推进剂消耗。

轨道平面改变的速度增量如图 2.16 所示。轨道平面机动就是简单的矢量相加。初始轨道的速度为 V_i，需要达到的目标轨道速度为 V_f。对应的不同轨道平面和轨道半长轴，与分别进行两次轨道机动相比，联合进行轨道平面与高度的调整将更加节省推进剂。联合改变轨道平面与高度的速度增量如图 2.17 所示。此外，调整平面所需的速度增量与卫星的速度是成比例的。由于卫星本身的运行速度较大，调整平面所需的速度增量将是非常大的，有时甚至大于轨道运行速度。因此，考虑到轨道平面调整的巨大推进剂消耗，轨道机动任务尽可能不进行轨道平面的调整。如果必须进行轨道平面调整，那么在任务分析阶段就应竭尽所能地降低轨道平面调整的速度增量。

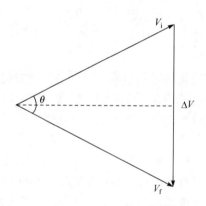

图 2.16　轨道平面改变的速度增量

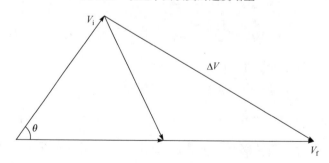

图 2.17　联合改变轨道平面与高度的速度增量

联合改变轨道平面与高度的速度增量可用下式表示，即

$$\Delta V = \sqrt{V_i^2 + V_f^2 + 2V_i V_f \cos\theta} \tag{2.58}$$

如果初始速度与目标速度相同，那么平面调整所需的速度增量可简化为

$$\Delta V = 2V_i \sin\left(\frac{\theta}{2}\right) \tag{2.59}$$

由此可知，对于联合调整平面与高度的情况，为了尽可能地降低轨道平面调整的速度增量，应在轨道速度最小的位置处实施轨道机动，即在轨道位置最高处。因此，轨道平面调整通常在远地点进行。

2.1.6 导航卫星常用轨道设计

导航定位卫星通常采用的轨道类型有 GEO、IGSO 和 MEO。其中，区域导航定位卫星常采用 GEO 和 IGSO 类型，全球导航定位卫星常采用一般倾角的 MEO 类型。

1. GEO

GEO 位于地球赤道平面内，是轨道倾角和偏心率均为零的 GSO，半长轴为 42164km。

GEO 是一种非常特殊的 GSO，独一无二，是最珍贵的轨道资源。该轨道上的卫星数目众多。放置在该轨道上的卫星运行角速度与地球的旋转速率及方向(自西向东)同步同向。在理想情况下，卫星相对于地球没有运动，因此从卫星上观察到的地球表面静止物体总是相同的。GEO 卫星可以提供大范围的地面覆盖(约40%)。在其覆盖区域内任何一点，卫星均 24h 可见。定点位置是 GEO 卫星的重要轨道参数，通常根据任务要求的覆盖区域来确定。

2. GSO

GSO 指轨道周期和地球自转周期相等的顺行轨道。卫星轨道周期与地球自转周期相同，即 23h 56min 4.09s。按照卫星偏心率和倾角的不同，GSO 存在以下 3 种典型轨道。

1) 地球同步椭圆赤道轨道

地球同步椭圆赤道轨道指存在一定偏心率且倾角为零的 GSO。偏心率引起的轨迹漂移如图 2.18 所示。偏心率引起卫星相对定点位置的偏离运动方程为

$$y = -ae\cos\omega_e(t-t_p)$$
$$x = 2ae\sin\omega_e(t-t_p) \tag{2.60}$$

式中，y 为相对定点位置的径向偏离距离；x 为相对定点位置的切向偏离距离；a 为轨道半长轴；e 为偏心率；t 为当前时间；t_p 为初始时间。

由方程可知，偏心率使卫星从定点位置移开，进入围绕定点位置的椭圆轨迹(图 2.18)，周期为 1 天。椭圆长轴沿东西方向，长度为 $4ae$；短轴沿径向方向，长

度为 $2ae$。偏心率引起卫星经度的东西方向漂移，漂移幅度为 $2e$。以偏心率为 0.001 的 GSO 为例，其引起的东西方向经度漂移量为 0.11°。

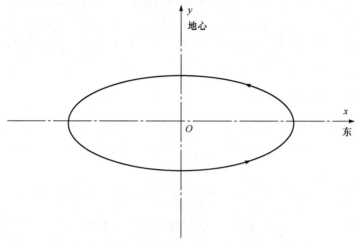

图 2.18 偏心率引起的轨迹漂移

2) 倾斜地球同步圆轨道

倾斜地球同步圆轨道指存在一定倾角且偏心率为零的地球同步圆轨道，中国和印度的区域导航星座采用这一轨道类型。倾斜同步轨道的星下点如图 2.19 所示。当卫星经过节点 N 时，其地心经度为 λ_N，从该点开始，经过时间 t 到达 S 点时，转过纬度幅角 u，节点 N 在空间固定，但格林尼治子午圈转过 $\omega_e t$，利用球面三角，可得卫星的地心经纬度为

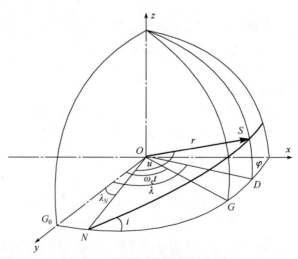

图 2.19 倾斜同步轨道的星下点

$$\lambda = \lambda_N + \arctan(\cos i \tan u) - \omega_e t$$
$$\varphi = \arcsin(\sin i \sin u) \tag{2.61}$$

由于轨道倾角的存在，卫星每天在东西、南北方向来回漂移。二者的合成运动使星下点轨迹成为一个跨南北半球的 8 字形。倾角引起的轨迹漂移如图 2.20 所示。其交叉点在赤道上，8 字形在南北方向的最大纬度等于轨道倾角。与 GEO 相比，IGSO 可以扩大覆盖纬度范围，对高纬度提供更好的覆盖。

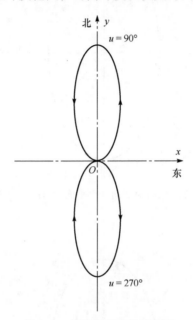

图 2.20　倾角引起的轨迹漂移

3) 倾斜地球同步椭圆轨道

倾斜地球同步椭圆轨道指偏心率和倾角均不为零的 GSO。日本导航星座的卫星采用这一轨道类型。卫星偏离定点位置的运动方程为

$$\begin{cases} z = -ae\cos\omega_e(t - t_p) \\ x = 2ae\sin\omega_e(t - t_p) \\ y = ai\sin\left[\omega_e(t - t_p) + \omega\right] \end{cases} \tag{2.62}$$

式中，y 为相对定点位置的法向偏离距离；ω 为近地点幅角；x 为相对定点位置的切向偏离距离；z 为相对定点位置的径向偏离距离。

在轨道平面 $(\Delta r, \Delta x)$，相对轨迹为椭圆形。在轨道的垂直平面，相对轨迹与近地点幅角有明显关系。在轨道切向垂直平面，相对运动轨迹如图 2.21 所示。在轨道径向垂直平面，相对运动轨迹如图 2.22 所示。轨道倾角的作用是将图的椭圆形相对轨迹扭转出轨道平面，扭转方向取决于近地点幅角。

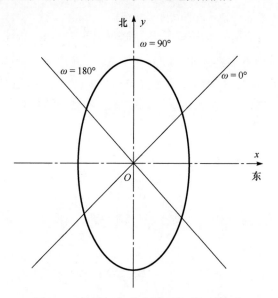

图 2.21　轨道切向垂直平面相对运动轨迹

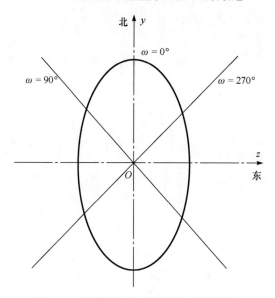

图 2.22　轨道径向垂直平面相对运动轨迹

典型的区域导航 IGSO 卫星轨道参数如表 2.2 所示。区域导航系统 IGSO 卫星的地面轨迹如图 2.23 所示。

表 2.2 典型的区域导航 IGSO 卫星轨道参数

星座系统	所属国家/地区	轨道类型	远地点高度/km①	近地点高度/km②	偏心率③	倾角/(°)④	周期⑤
BDS	中国	倾斜同步圆轨道	35786	35786	接近 0	55	1 恒星日
IRNSS	印度	倾斜同步圆轨道	35786	35786	接近 0	29	1 恒星日
QZSS	日本	倾斜同步椭圆轨道	38948	32624	0.075	40	1 恒星日

注：① 距地球表面最远的距离；② 距地球表面最近的距离；③ 近地点地心距远地点地心距之差与近地点地心距远地点地心距之和的比值；④ 轨道平面和赤道平面的夹角；⑤ 一个恒星日是 23h 56min 4.0905s。

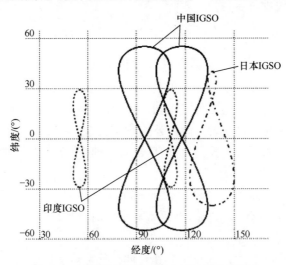

图 2.23 区域导航系统 IGSO 卫星的地面轨迹

3. MEO

典型的 MEO 卫星轨道高度为 2000～30000km，轨道周期是几个小时至几十个小时，一般应用于导航、通信和对地遥感等任务。美国的 GPS、俄罗斯的 GLONASS、欧洲的 Galileo 系统，以及中国的北斗卫星导航系统的卫星均工作在 20000km 附近的 MEO。此外，还有少部分遥感卫星项目选择 MEO 作为工作轨道。典型的全球导航 MEO 卫星轨道参数如表 2.3 所示。

表 2.3 典型的全球导航 MEO 卫星轨道参数

星座系统	所属国家/地区	轨道类型	平均轨道高度/km	偏心率	倾角/(°)	回归周期
GLONASS	俄罗斯	一般倾角 MEO	19100	0	64	8 天/17 圈
GPS	美国		20180	0	55	1 天/2 圈
BDS	中国		21528	0	55	7 天/13 圈
Galileo 系统	欧洲		23222	0	54	10 天/17 圈

与 GEO 相比，一般倾角 MEO 因具有一定的倾角，可以扩大覆盖纬度范围，实现对高纬度地区更好的覆盖性能；与 LEO 相比，一般倾角 MEO 因轨道高度较高，在相同载荷条件下可以扩大单次对地覆盖范围。因此，为了实现全球覆盖，采用一般倾角 MEO 所需的卫星数目显著少于采用 LEO 的星座。此外，MEO 高度附近运行的卫星受到的大气阻力可以忽略，轨道稳定性较好，便于精密定轨和精密星历预报，是卫星导航系统的理想高度空间，因此导航系统均选取 19000~25000km 的 MEO 星座。

2.1.7　卫星轨道控制与保持

1. 轨道控制方法

在航天工程实践中,由于各种误差的影响，实际的轨道控制过程并不是而且也没有必要基于精确的轨道动力学方程来执行。对于近圆轨道的控制所用的动力学模型可以按圆轨道进行近似，可以得到一种非常简单的形式，基于这种简化的模型可以获得非常有用的分析解。国内外的航天工程实践表明，这种分析解是十分有效的。为了证明采用分析解简化的有效性，我们需要对动力学模型简化过程产生的各项误差进行理论估计。

在实际应用中，轨道控制应该是对整条轨道的控制，因此必须采用轨道平根数来描述轨道。轨道机动的具体做法就是通过发动机产生的推力改变轨道的平根数。

在一般的轨道控制中，人们并不关心航天器在轨道上的相位变化，只关心其余 5 个参数的变化，因此只需用到 5 个轨道平根数摄动的方程。

轨道动力学方程及简化过程如下，即

$$
\begin{aligned}
\frac{\mathrm{d}a}{\mathrm{d}t} &= \frac{2}{n\sqrt{1-e^2}}\left(R\,e\sin f + T\frac{p}{r}\right) \\
\frac{\mathrm{d}i}{\mathrm{d}t} &= \frac{Wr\cos u}{na^2\sqrt{1-e^2}} \\
\frac{\mathrm{d}\Omega}{\mathrm{d}t} &= \frac{Wr\sin u}{na^2\sqrt{1-e^2}\sin i} \\
\frac{\mathrm{d}e_x}{\mathrm{d}t} &= \frac{\sqrt{1-e^2}}{na}\left\{R\sin u + T\left[\left(1+\frac{r}{p}\right)\cos u + \frac{r}{p}e_x\right]\right\} + \frac{\mathrm{d}\Omega}{\mathrm{d}t}\cos i\,e_y \\
\frac{\mathrm{d}e_y}{\mathrm{d}t} &= \frac{\sqrt{1-e^2}}{na}\left\{-R\cos u + T\left[\left(1+\frac{r}{p}\right)\sin u + \frac{r}{p}e_y\right]\right\} - \frac{\mathrm{d}\Omega}{\mathrm{d}t}\cos i\,e_x
\end{aligned}
\tag{2.63}
$$

式中，R 为径向推力；T 为横向推力；W 为法向推力。

设在发动机工作的过程中，推力为常值且姿态无误差，那么推力的三个分量也是常值。若发动机连续工作时间为 Δt，对应的工作弧段长度为 Δu，弧段中点为 u_0，则机动后轨道的变化为

$$\Delta a = \frac{2a}{V}\Delta V_T$$

$$\Delta i = \frac{1}{V}\cos u_0 \frac{\sin(\Delta u/2)}{\Delta u/2}\Delta V_W$$

$$\Delta\Omega = \frac{1}{V}\frac{\sin u_0}{\sin i}\frac{\sin(\Delta u/2)}{\Delta u/2}\Delta V_W \tag{2.64}$$

$$\Delta e_x = \frac{1}{V}(\Delta V_R \sin u_0 + 2\Delta V_T \cos u_0)\frac{\sin(\Delta u/2)}{\Delta u/2}$$

$$\Delta e_y = \frac{1}{V}(-\Delta V_R \cos u_0 + 2\Delta V_T \sin u_0)\frac{\sin(\Delta u/2)}{\Delta u/2}$$

式中，$V = na$ 为圆轨道速度；$\Delta V_R = R\Delta t, \Delta V_T = T\Delta t, \Delta V_W = W\Delta t$，分别为 3 个方向上的速度增量。

这是连续有限推力的结果，并未假定是脉冲推力。式(2.64)给出了速度增量与轨道参数变化之间的关系。可以看出，除半长轴外，其他几个参数的关系中都含有 $\sin(\Delta u/2)/\Delta u/2$，它的值小于 1，且随着发动机工作弧段的加长而变小。当工作弧段小于 30°时，这个因子的值大于 0.9886，可以近似为 1。于是方程(2.64)可以进一步简化为脉冲推力的形式，即

$$\Delta a = \frac{2a}{V}\Delta V_T$$

$$\Delta i = \frac{1}{V}\cos u_0 \Delta V_W$$

$$\Delta\Omega = \frac{1}{V}\frac{\sin u_0}{\sin i}\Delta V_W \tag{2.65}$$

$$\Delta e_x = \frac{1}{V}(\Delta V_R \sin u_0 + 2\Delta V_T \cos u_0)$$

$$\Delta e_y = \frac{1}{V}(-\Delta V_R \cos u_0 + 2\Delta V_T \sin u_0)$$

式(2.65)就是对近圆轨道进行主动控制时依据的轨道动力学模型。

若只采用径向推力 R，受到的影响为

$$\Delta e_x = \frac{\Delta V_R}{V}\sin u_0$$

$$\Delta e_y = -\frac{\Delta V_R}{V}\cos u_0 \tag{2.66}$$

若只采用横向推力 T ，受到的影响为

$$\Delta a = \frac{2a}{V}\Delta V_T$$

$$\Delta e_x = \frac{2}{V}\cos u_0 \Delta V_T \tag{2.67}$$

$$\Delta e_y = \frac{2}{V}\sin u_0 \Delta V_T$$

若只采用法向推力 W ，则 i 和 Ω 将发生变化，但不影响 a 、 e 、 ω ，即

$$\Delta i = \frac{1}{V}\cos u_0 \Delta V_W$$

$$\Delta \Omega = \frac{\sin u_0}{V \sin i}\Delta V_W \tag{2.68}$$

显然，为节省推进剂并保持升交点赤经 Ω 不变，要改变轨道倾角，脉冲速度增量应施加于赤道上空。

理论上可以对 a 、 e 、 ω 、 i 、 Ω 这5个轨道根数进行共同优化，以寻求轨道控制的最优解，但在具体的工程实践中经常是将他们分成轨道平面内和轨道平面外的两类控制来考虑。轨道倾角和升交点的变化只需用法向的推力，而平面内的 3 个轨道根数 a 、 e 、 ω 的调整只需要两个横向脉冲速度增量就可以完成。下面具体讨论平面内的机动。

将式(2.66)与式(2.67)进行比较，对于获得同样的变化 Δe_x 和 Δe_y ，采用横向速度增量比径向速度增量小一半。因此，对平面内的机动应该只采用横向速度增量。

目前导航定位卫星大多数分布在 MEO、IGSO 与 GEO 上，对于在 MEO、IGSO 上运行的卫星，受到地球非球形引力等摄动力的影响，需要进行地面轨迹保持；对于在 GEO 上运行的卫星，受到日月引力摄动和地球非球形引力摄动的影响，其定点位置会产生漂移，需要进行位置保持。

本章以地面轨迹保持与位置保持为例，对单颗卫星常用轨道的控制与维持方法进行介绍。

2. 卫星地面轨迹保持

为了使卫星的地面轨迹实现回归，即经过一个回归周期后地面轨迹回到同一地方，要求卫星运行周期(相应地要求半长轴)严格保持不变。由于地球非中心引力场摄动的影响，GEO 和 IGSO 卫星半长轴将不断变化。初始控制误差和太阳光压摄动等因素影响将使 MEO 卫星半长轴不断变化，实现轨迹完全回归是不可能的。地面轨迹保持的任务是将地面轨迹控制在以标称位置为中心的一定宽度的回归区内。这种控制可以通过半长轴的微调来实现，同时实现半长轴的保持。因此，

这种地面轨迹维持方法,同样适用于没有回归要求的 MEO 和 IGSO 卫星。

卫星地面轨迹的漂移情况及调整过程大致如下。当地面轨迹位于东边边界 $\Delta L/2$ 时,将半长轴调整为 $a = a_0 + \Delta a$ (a_0 为半长轴的标称值)。随后由于地球非球形引力摄动的影响,半长轴逐渐变小,地面轨迹向西漂移。在 $a = a_0$ 处,轨迹恰好漂移至西边边界 $-\Delta L/2$。此后半长轴继续变小,但轨迹却转而向东漂移。当 $a = a_0 - \Delta a$ 时,轨迹漂移至东边边界,这时需对半长轴再次进行调整,否则轨迹将继续向东漂移超出所允许的边界。这个过程可以用标称地面轨迹保持控制环进行描述。标称地面轨迹保持控制环示意图如图 2.24 所示。

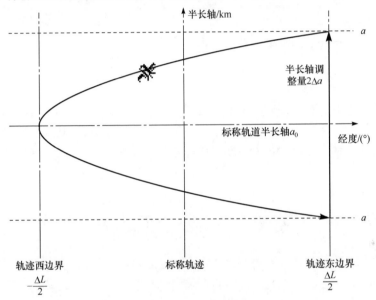

图 2.24　标称地面轨迹保持控制环示意图

在采用超调的轨迹维持策略时,设两次控制之间卫星向东漂移量与向西漂移量绝对值之和为 ΔL,则半长轴的控制量 Δa 与 ΔL 之间的关系为

$$\Delta a = \sqrt{-\frac{4a_0 \dot{a} \Delta L}{3\pi R_{\mathrm{e}}}} \tag{2.69}$$

式中,a_0 为标称半长轴;$\dot{a}$ 为半长轴变化率;ΔL 为经度漂移。

实际上,轨道测定、轨道控制,以及轨道半长轴衰减率预估均存在误差,这些误差的存在会使卫星地面轨迹相对瞄准值也存在偏差。影响地面轨迹保持精度的主要参数是半长轴误差及半长轴衰减率预估误差。

3. GEO 的位置保持

由于受到轨道摄动作用的影响,GEO 卫星不可能绝对静止于某一位置,而在东西(经度)和南北(纬度)方向存在漂移。位置保持的任务是使卫星偏离定点位置的经纬度漂移量小于任务允许的经纬度漂移范围。GEO 主要摄动作用如表 2.4 所示。

表 2.4　GEO 主要摄动作用

摄动力	影响要素	漂移速度/加速度	幅值, 周期
地球非球形引力	平经度 $\bar{\lambda}, \dot{\bar{\lambda}}$	$\ddot{\bar{\lambda}} = 0.00168° \sin(\bar{\lambda}+14.9°)$ ((°)/d²)	$\Delta\bar{\lambda}<90°$, 周期小于 818d
日月引力	倾角、升交点赤经	0.85±0.1((°)/年)	$\Delta i<15°$, 54 年升交点赤经旋转 180°
太阳光压	偏心率、近地点幅角	$1.95\times10^{-4}\frac{s}{m}$ (rad/d)	$\Delta e<0.0114\frac{s}{m}$, 1 年近地点幅角旋转 180°

注：$\frac{s}{m}$ 为卫星面积与质量的比值，单位为 m²/kg。

1) 东西位置保持

GEO 卫星在东西方向的漂移由两部分组成。一部分是地球非球形引力摄动引起的经度漂移，另一部分是太阳光压产生的偏心率摄动引起经度漂移，漂移周期为 1 天。这两部分摄动引起的经度漂移一般分别进行分析。卫星在轨实际东西位置保持时取其较大值进行控制。东西位置保持是使卫星经度不漂出下面范围，即

$$|\lambda - \lambda_s| = |\bar{\lambda} - \lambda_s + 2e\sin M| \leqslant \Delta\lambda_s \tag{2.70}$$

式中，λ 为卫星实际经度；λ_s 为标称定点经度位置；$\Delta\lambda_s$ 为精度要求；e 为偏心率；M 为平近点角。

对于地球非球形引力摄动引起的东西位置漂移,其保持方法与 2.1.7 节的卫星地面轨迹保持方法是类似的，我们通常采用经度保持控制环实施定期控制。对于加速度为常值的 GEO 卫星，其经度漂移运动轨迹为抛物线。设漂移环半宽为 $\Delta\lambda$，经度漂移加速度为 $\ddot{\lambda}$，经度漂移环控制周期为

$$T = 4\left(\sqrt{\frac{\Delta\lambda}{|\ddot{\lambda}|}}\right) \tag{2.71}$$

经度漂移环控制速度增量为

$$\Delta V_a = \frac{4}{3}a\sqrt{\Delta\lambda\ddot{\lambda}} \tag{2.72}$$

对于面质比较大的 GEO 卫星，太阳光压产生的偏心率摄动引起的经度漂移也不容忽视。修正偏心率所需的速度增量为

$$\Delta V_e = \frac{v_0}{2}\Delta e \tag{2.73}$$

式中，v_0 为 GEO 运行速度；Δe 为一年所需修正的偏心率，即

$$\Delta e = 2\Delta e_0 \pi / \arctan(\Delta e_0 / e_r) \tag{2.74}$$

式中，Δe_0 为经度保持范围所允许的偏心率偏差；e_r 为偏心率摄动圆半径。

2）南北位置保持

GEO 卫星在南北方向的漂移主要由日月引力引起。GEO 卫星倾角初值为 $0°$，如果倾角不作修正，轨道法向将逐渐偏离北极，绕着空间某一方向转动。该空间方向在北极和黄极组成平面内且与北极夹角为 $7.5°$。轨道法向绕着该方向进行圆锥转运，转运一圈的时间约为 54 年，大约 27 年后到达最大倾角 $15°$。修正倾角所需的速度增量为

$$\Delta V_i = 2v_0 \sin(\Delta i / 2) \tag{2.75}$$

式中，v_0 为 GEO 运行速度；Δi 为一年所需修正的倾角，即

$$\Delta i = 365.25\sqrt{(3.596\sin\varOmega_m)^2 + (22.74 + 2.681\cos\varOmega_m)^2} \tag{2.76}$$

式中，$\varOmega_m$ 为白道升交点黄经，可通过查询天文年历得到。

当 $\varOmega_m = 0°$ 时，一年的倾角变化最大，$\Delta i = 0.93°/$年；当 $\varOmega_m = 180°$ 时，一年的倾角变化最小，$\Delta i = 0.73°/$年。

2.2　一般星座设计方法

2.2.1　星座覆盖类型和基本构型

1. 覆盖类型

不同的航天任务对星座的覆盖要求是不同的。大多数航天任务的覆盖要求可以用覆盖区域、覆盖重数和时间分辨率来表示。当然，覆盖要求中还隐含着地面仰角的要求，也就是说，从地面一点看卫星的高度角必须大于某个最小仰角才认为该卫星可见。

按照覆盖区域的不同，可以分为全球覆盖、纬度带覆盖和区域覆盖。按照覆盖重数的不同，可以分为一重覆盖、二重覆盖、三重覆盖等。按照时间分辨率的不同，可以分为连续覆盖和间歇覆盖。间歇覆盖还可以取不同的时间分辨率，如 10 min、0.5h、4h 等，也就是说可以允许一定时间的对地覆盖间歇。

以上 3 个指标的不同组合可以形成多种不同的覆盖类型。例如，用于全球通信的星座要求连续全球一重覆盖，也就是说从地球上的任一点在任何时候都可以联络到星座中的至少 1 颗卫星；用于导航的星座要求连续全球四重覆盖。

覆盖类型不同可以考虑采用不同的星座构型。例如，全球覆盖和纬度带覆盖可以考虑采用 Walker-δ 星座，区域覆盖可以考虑采用椭圆轨道星座。

2. 星座基本构型

按照几何构型可以将常用的星座类型分为均匀对称星座、星形星座、椭圆轨道星座和混合星座。卫星编队也可以看做是一种特殊的星座构型，称为编队星座。

1) 均匀对称星座

均匀对称星座常常也称为 Walker 类星座。Walker 提出的 δ 星座、σ 星座，以及 Ballard 提出的玫瑰星座都属于均匀对称星座。其特点是，所有卫星采用高度相同、倾角相同的圆轨道，轨道平面沿赤道均匀分布，卫星在轨道平面内均匀分布，不同轨道面之间卫星的相位存在一定关系。均匀对称星座常用于要求全球覆盖或纬度带覆盖的航天任务。

2) 星形星座

星形星座是较早开始研究的一种星座。星形星座的各条轨道具有一对公共节点，相邻的同向轨道之间有相等(或近似相等)的相对夹角。出于实用性的考虑，参考面通常取为赤道面，各轨道倾角均为 90°(极轨道)。1998 年建成的全球通信系统 Iridium 就属于星形星座。

星形星座的理论分析比较方便，具有如下特点。

(1) 所有轨道都在两个节点相交。在两个节点附近卫星密集，而远离节点的区域卫星比较稀疏，因此覆盖很不均匀。

(2) 同向相邻轨道之间的卫星，在整个轨道周期内，相对位置基本不变(横向扩展和收缩除外)，对地覆盖特性较好。

(3) 反向相邻轨道之间，卫星的相对位置总在发生变化，由相反方向接近并离去，因此对地覆盖特性变化剧烈。为弥补这一缺陷，反向相邻轨道之间的夹角应小于同向相邻轨道之间的夹角。

3) 椭圆轨道星座

Draim 星座是典型的椭圆轨道星座。Draim 星座中的卫星具有相同的偏心率、轨道倾角和周期，而升交点赤经、近地点幅角和初始时刻的平近点角按一定规律分布。Draim 的研究表明，用椭圆轨道实现连续全球 n 重覆盖所需的最少卫星数目为 $2n + 2$。Draim 的连续全球覆盖最小星座如表 2.5 所示。

表 2.5 Draim 的连续全球覆盖最小星座

卫星序号	轨道周期/h	偏心率	倾角/(°)	开交点赤经/(°)	近地点幅角/(°)	平近点角/(°)
1	26.49	0.263	31.3	0	−90	0
2	26.49	0.263	31.3	−90	+90	+90
3	26.49	0.263	31.3	−180	−90	+180
4	26.49	0.263	31.3	−270	+90	+270

可以说, Draim 星座的理论价值要大于其实用价值, 目前还没有一个全球覆盖的飞行任务采用或准备采用 Draim 星座。其主要原因有二: 其一, 卫星离地面的高度随时间变化很大, 不利于卫星的设计(包括有效载荷、辐射防护等); 其二, 椭圆轨道的轨道控制难度比较大。

比较实用的椭圆轨道星座是采用临界倾角的大椭圆轨道星座。此类星座具有非对称的结构, 通常采用回归轨道, 主要应用于要求区域覆盖的航天任务,如俄罗斯的 Molniya 系统、欧洲航天局(European Space Agency, ESA)与日本国家空间开发署(National Space Development Agency of Japan, NASDA)合作的 Archimedes 系统、美国的 Pentriad 系统等。这些系统的共同特点是为北半球的主要经济区提供服务。

4) 编队星座

编队星座是一种比较特殊的星座, 由 2 颗或 2 颗以上的卫星组成并保持近距离编队飞行, 也称为卫星群或簇。卫星编队飞行不仅是为了提高对地覆盖性能, 更主要是为了编队中各颗卫星统一协调工作。与单颗卫星相比, 卫星编队的一个好处在于能够合成长得多的天线基线(虚拟天线), 而在单颗卫星上安装如此大的物理天线是不可能的。

三星时差定位系统是一种典型的编队星座。编队中的 3 颗卫星同时覆盖地面的一定区域。地面无线电发射源的信号到达 3 颗卫星的时间两两相减后形成两个独立的时差, 每个时差可以确定一个双曲面。两个时差双曲面加上地球表面总共三个面, 求解这三个面的交点即可确定无线电发射源的位置。

地球引力和磁场测量(gravity and magnetic Earth surveyor, GAMES)系统要求 2 颗卫星保持 200km 的距离协调工作, 通过激光测量 2 颗卫星之间的距离变化速率来测绘地球引力场。

5) 混合星座

混合星座是由两个或两个以上子星座构成的复合星座。子星座可以由不同类型或不同参数的基本星座构型。Elipso 系统就是一个典型的混合星座, 由 7 颗卫星组成的赤道圆轨道子星座覆盖中低纬度地带, 由 2 个轨道平面各 5 颗卫星组成的椭圆轨道子星座覆盖北半球的中高纬度地带。两个子星座相互配合就能够覆盖人类的主要活动区域, 提供通信服务。

3. Walker 类星座

这里的 Walker 类星座指几种常用的均匀对称星座, 包括δ星座、σ星座及玫瑰星座。ω星座虽然不是均匀对称星座, 但它是在σ星座或玫瑰星座基础上变化产生的, 因此也放在这里讨论。

1) δ星座

Walker 提出的δ星座得到普遍的承认和广泛应用, 通常称为 Walker-δ星座。

δ星座由具有相同轨道半长轴 a 的 T 个圆轨道卫星组成。P 个轨道平面相对于某一参考平面有相同的倾角δ，并且按升交点(相对于参考平面的升交点)均匀分布。每个轨道平面内均匀分布 S 颗卫星，满足 $T = PS$。不同轨道平面卫星的相对相位保持一定关系，使相邻轨道平面的卫星通过其升交点的时间间隔相等。

　　考虑实用性，参考平面通常取为赤道平面，因此δ等于轨道倾角 i。若无特殊说明，本书δ星座均隐含参考平面为赤道平面。

　　δ星座定义星座基本单位为 $\mathrm{PU} = 2\pi / T$，则相邻轨道平面的升交点赤经相差 $S \cdot \mathrm{PU}$；同轨道平面的相邻卫星的相位角(纬度幅角)相差 $P \cdot \mathrm{PU}$；当轨道面内的 1 颗卫星通过其升交点时，它东面相邻轨道面内最近 1 颗通过升交点的卫星的相位角为 $F \cdot \mathrm{PU}$，F 为 0～P–1 的整数。为简洁起见，我们将 F 称为相位参数。因此，δ星座的构型可以用卫星总数 T、轨道平面数 P 和相位参数 F 来唯一描述，其描述符记为 $T/P/F$。

　　由 T 颗卫星组成的δ星座，选取不同的 P 和 F，可以组成很多种不同的星座构型。由于 P 可以取 T 的所有因子(包括 1 和 T)，F 可以取 0～P–1 的任意整数，因此 T 颗卫星可以组成的δ星座构型的总数为 T 的所有因子之和。例如，6 颗卫星可以组成 12 种δ星座；24 颗卫星可以组成 60 种δ星座等。

　　即使是卫星数目相同的δ星座，不同的构型有不同的覆盖特性。有些构型由于覆盖特性很差而并无实际用处，如 6/6/0、24/24/0、24/12/0 等。针对不同的覆盖要求可以找到最佳的δ星座构型。

　　最佳的δ星座虽有很好的覆盖特性，但是不同轨道面之间的相互关系不像星形星座那样固定，而是随着轨道倾角的改变而变化，因此还没有一般的解析分析方法(只有两个轨道平面的δ星座除外，因为这时可以用星形星座理论来分析)，通常要靠计算机进行冗长的运算，才能找到符合实际需要的最佳星座形状和大小。

　　对于实际应用的星座来说，不仅要考虑其在理想构型下的覆盖特性，还要考虑这种星座构型在轨道摄动作用下的稳定性。理论上，δ星座中每颗卫星所受的轨道摄动基本相同，因此星座构型具有一定的稳定性。大多数实际星座都采用δ星座构型，或者是以δ星座为基础的一些变化形式。美国劳拉公司计划中的 Globalstar 就是一个典型的δ星座，其描述符为 48/8/1，倾角为 52°，轨道高度为 1389km。

　　2) σ 星座

　　如果将所有的δ星座看做一个集合，σ星座就是其中的一个子集。σ星座区别于其他δ星座的特点是，所有卫星的地面轨迹重合，并且这条轨迹线不自相交。

　　显然，σ星座所有卫星的轨道都是回归轨道(地面轨迹重复)，假设卫星经过 M 天运行 L 圈之后地面轨迹开始重复(M 和 L 为互质数)。为了满足地面轨迹不自相交的要求，必须使 L–M=1。这一要求同时也决定了可以选择的轨道周期，如 L=2，

$M=1$ 时，轨道周期为 12h；$L=3$、$M=2$ 时，轨道周期为 16h。

σ 星座所有卫星的地面轨迹重合在一起，形成一条类似正弦曲线的封闭曲线，各卫星的星下点均匀分布在这条曲线上，不可能出现卫星互相靠拢的情况，因此 σ 星座的覆盖特性均匀，覆盖效率很高，是非常好的星座构型。

σ 星座也属于 δ 星座，因此也可以用 $T/P/F$ 来描述。为了满足所有星下点轨迹重合的要求，P 和 F 可由下式唯一确定，即

$$
\begin{cases}
P = \dfrac{T}{H[M,T]} \\[3mm]
F = \dfrac{T}{PM}(kP - M - 1)
\end{cases}
\tag{2.77}
$$

式中，运算符 $H[M, T]$ 表示取 M 和 T 的最大公因数；k 取整数，使 F 取 $0\sim P-1$ 的整数可以被唯一确定。

P 和 F 可由 T 和 M 唯一确定，T/M 可作为 σ 星座的描述符。例如，σ 星座 13/2 对应的 δ 星座描述符为 13/13/5，σ 星座 18/3 对应的 δ 星座描述符为 18/6/2。

3) 玫瑰星座

玫瑰星座是 δ 星座中 $P=T$ 的一种特殊星座，即每个轨道平面内只有 1 颗卫星的 δ 星座。如果从极点俯视，这种星座的卫星运动轨迹犹如一朵盛开的玫瑰，因此得名。

星座中任 1 颗卫星在天球上的位置可以用 3 个欧拉角来描述，这 3 个欧拉角是升交点赤经 Ω、轨道倾角 i 和相位角 u。由 T 颗卫星组成的玫瑰星座中第 j 颗卫星的位置可表示为

$$
\begin{aligned}
&\Omega_j = j(2\pi / T) \\
&i_j = i, \quad j = 0, 1, \cdots, T - 1 \\
&u_j = m\Omega_j + nt
\end{aligned}
\tag{2.78}
$$

式中，m 可取 $0\sim T-1$ 的任意整数；$m\Omega_j$ 为第 j 颗卫星的初始相位角；n 为卫星的平均角速度；nt 为卫星的相位角随时间 t 的变化值，对所有卫星均相同。

m 是玫瑰星座的一个重要参数。m 取 $0\sim T-1$ 范围内的不同整数时，就能产生各种不同的玫瑰星座，其覆盖特性也各不相同。玫瑰星座的描述符可表示为 (T, m)。

玫瑰星座也可以推广到更一般的情况，称为广义玫瑰星座。每一个轨道平面内包含 S 颗卫星，轨道平面数 $P=T/S$。此时，m 可取 $0/S, 1/S, \cdots, (T-1)/S$。第 j 颗卫星的位置表示为

$$\Omega_j = j(2\pi / P)$$
$$i_j = i, \quad j = 0, 1, 2, \cdots, T-1 \tag{2.79}$$
$$u_j = m\Omega_j + nt$$

因此，广义玫瑰星座的描述符可表示为(T, P, m)。

值得注意的是，广义玫瑰星座内可能会出现卫星位置重合的情况。例如$(4, 2, 1)$星座，根据式(2.79)简单计算即可发现，第 2 颗与第 0 颗卫星重合，第 3 颗与第 1 颗卫星重合；又如$(18, 3, 1/3)$星座，其第 9 颗与第 0 颗卫星重合，第 10 颗与第 1 颗卫星重合等。实际上，$(18, 3, 1/3)$星座是两个$(9, 3, 1/3)$星座完全重合在一起。

进一步的研究表明，当 m 的取值使 mS 与 S 有大于 1 的公因子时，广义玫瑰星座内出现卫星位置重合的情况，该类星座无实用价值；否则，广义玫瑰星座(T, P, m)可以等价地表示为δ星座 $T/P/F$，其中 $F = \text{Mod}(mS, P)$。反过来，并不是所有的δ星座都能等价地表示为广义玫瑰星座。例如，$P<T$, $F=0$的δ星座就不能表示为广义玫瑰星座。因此，可以说δ星座代表了更广泛的均匀对称星座。

4) ω 星座

如果σ星座或玫瑰星座($P=T$的δ星座)的卫星总数 T 可分解因子，则可将该星座看做是由几个σ子星座或玫瑰子星座所组成。在这些子星座中去掉一个子星座以后，剩下的非均匀星座叫做 ω 星座。

为了提高 ω 星座的覆盖性能，可以调整剩下的各子星座之间的相对相位，即调整参数 W，改善 ω 星座的均匀性。例如，δ星座 24/24/2，去掉一个子星座 6/6/2 之后可得到一个 ω 星座 18/24/2/2.0，然后将剩下子星座的相位间隔从 30° 调整为 40°，从而得到覆盖特性较好的 ω 星座 18/24/2/2.667。在将来的某个时候，将 W 调整为 2.0，并补上 6 颗卫星的子星座，即可得到完整的δ星座 24/24/2。

在分阶段构造星座的航天任务中，或者将某个子星座保留为在轨冷备份的情况下，选用 ω 星座就比较合适。当然，对于δ星座来说，如果 P 是 T 的真因子(P 能整除 T，且 $P<T$)，就没有必要考虑使用非均匀星座。更好的办法是从每个轨道平面里去掉 1 颗卫星，调整其余卫星的相位来构造一个小一点的δ星座。

2.2.2　星座任务分析

传统的飞行任务都是由单颗卫星完成的，共同完成某一特定的任务的卫星群体可称为星座。卫星星座设计可以应用 2.1.6 节单航天器轨道设计的全部准则，因此需要考虑星座中的各颗卫星是否可以发射入轨，是否位于地面站的视场中。此外，还需要考虑星座中卫星的数目、卫星的相对位置，以及在一圈轨道运行中或者寿命期间这些位置如何随时间变化。星座设计的本质是一个优化问题，对星座进行优化设计可以在满足地面覆盖要求的前提下有效地减少卫星总数目和卫星轨道高度,降低整个飞行任务的总成本。

对多数星座而言,地面覆盖要求是选用多颗卫星的主要理由。覆盖目标确定后,星座设计需要在覆盖率和卫星个数之间进行权衡,即在性能和成本之间进行权衡。覆盖率是系统的性能指标,而卫星个数决定系统的成本。除了覆盖要求之外,不同应用领域的星座任务需求也不尽相同。例如,导航星座要求任意时刻任意位置至少同时可见观测角距足够大的 4 颗卫星,导航和通信星座要求星座内各颗卫星之间具备星间通信能力等,根据不同任务需求设计的星座结果千差万别,任务需求分析是星座设计的顶层工作,应基于用户需求开展有针对性的设计。

影响星座设计的主要因素如表 2.6 所示。

表 2.6 影响星座设计的主要因素

任务要求	重要性	受影响的参数	主要问题或选项
覆盖性能	主要性能参数	高度 最小高度角 倾角 星座构型	不连续覆盖的间隙时间 连续覆盖的同时可见卫星数目
卫星数目	决定成本	高度 最小高度角 倾角 星座构型	高度 最小高度角 倾角 星座
发射能力	决定成本	高度 倾角 卫星重量	最小高度 低成本的最低倾角
空间环境	辐射程度,决定寿命与难度要求	高度	选择位于范艾伦辐射带下方、中间或者上方
轨道摄动(站位保持)	随时间导致星座卫星出现漂移	高度 倾角 偏心率	保持所有卫星位于常见的高度与倾角、避免相对漂移
碰撞规避	星座运行安全	星座构型 轨道控制	整个星座设计应确保碰撞规避
星座部署、补充与离轨	决定服务水平与服务中断	高度 星座构型 星座部署与备份原理	部署:按要求发射 补充:地面备份或在轨备份 离轨:寿命末期离开工作轨道
轨道面数	决定性能稳定程度	高度 倾角	平面数目越少越稳定、更多降级

卫星星座的另一个性能特征是轨道平面数目。考虑不同平面之间卫星机动所需的推进剂远多于平面内轨道机动所需的推进剂,因此卫星发射进入少量平

面是较为有利的。在轨道平面内的机动卫星进行少量高度调整就可以改变轨道周期，调整卫星在星座中的相位。机动卫星到达目标相位时再将轨道高度调整至工作轨道，这样可以使各颗卫星相对位置保持不变。在已有的轨道面内补发新的卫星时，其余在轨卫星进行少量机动即可完成重新定位，确保星座卫星的均匀分布。

轨道平面数目与覆盖性能密切相关，尤其是星座提供不同的性能阶梯且个别卫星出现故障时星座仍需降级使用的情况。一般情况下，星座部署完成后，需要每个轨道面各增加 1 颗卫星才能使星座性能得到显著的提升，因此轨道面较少的星座相对于轨道面多的星座更具有性能提升成本低的优势。此外，轨道面较少的星座在个别卫星失效时仍能可靠运行。这种情况下，失效卫星所在轨道面内的其余在轨卫星重新定位仍能确保星座具有一定的性能，而多轨道平面则无法保持同等程度的性能。

轨道倾角也是星座的一个重要特征参数。理论上，星座各轨道面的倾角可以不同，但考虑不同倾角的轨道节点进动率不同，如果采用不同倾角则会导致星座各轨道节点进动不同和星座几何结构随时间发生改变。为了避免星座保持消耗大量推进剂，星座设计时一般选择所有卫星的倾角相同。

星座覆盖不仅与星座构型有关，还与轨道高度密切相关。选取不同的轨道高度可以采用完全不同的星座。覆盖性能随轨道高度的变化是不连续、非线性的。当轨道高度变化时，星座设计结果会随之改变，卫星数目和覆盖性能呈阶跃式改变。

星座设计过程需要确定的参数及选取原则如表 2.7 所示。需要再次明确的是，星座设计不局限于轨道参数的设计。例如，最小可见高度角是定义星座覆盖性能的决定性参数，碰撞规避参数包括站位保持方法和保持精度盒子大小是确保星座寿命期间完好性的关键参数。

表 2.7　星座设计过程需要确定的参数及选取原则

变量	参数	影响	选择准则
主要设计变量	卫星数目	成本与覆盖性的主要决定因素	在满足其他要求前提下尽可能少
	星座构型	决定了不同纬度的覆盖性能与稳定性	选择最优覆盖的构型
	最小高度角	决定单星覆盖性能	在满足载荷性能与星座构型的前提下尽可能小
	轨道高度	覆盖性，空间环境，发射，轨道转移成本	成本与性能的综合权衡
	轨道平面数	决定覆盖稳定性、性能增长与降级使用	满足覆盖要求的前提下尽可能少
	碰撞规避参数	防止星座自我解体的关键	增大轨道交点处的卫星间距

续表

变量	参数	影响	选择准则
其他设计变量	倾角	决定了覆盖区域的纬度分布	考虑发射成本前提下比较覆盖纬度
	相邻轨道相位差	决定覆盖一致性	进行离散相位角选择以实现最优覆盖
	偏心率	任务难度	通常为零，如果不为零可能减少卫星数目
	站位保持盒子大小	覆盖搭接需要，控制频率	满足低成本保持的前提下尽可能小
	寿命末期策略	减少空间碎片	采取任意措施确保任务结束后安全

其中最关键的是理解任务目标、理解实现任务目标所需要的内容，尤其是覆盖类的任务需求。这类任务需求一方面需要理解任务本身的覆盖需求，另一方面需要理解提供覆盖服务对卫星的需求，如幅宽、太阳光的约束、能源约束或者通信约束。第二关键的内容是性能增长或降级的目标。例如，某颗卫星在轨不可用是否可以容忍，可以接受多久完成补网发射，多长时间完成星座全网更新与性能增长可以接受等。

星座设计过程中并不存在什么绝对的准则，也不是一个易于实现的系统过程(例如，先列出所有的 Walker 星座，进行性能比对，然后选择一个最优星座)。实际的星座设计过程比这更为模糊，关键在于识别基本的任务目标并确定如何用最低成本与风险来实现这些任务目标。尽管如此，星座设计过程中仍然存在一些宽泛的准则。总而言之，星座设计是适度的航天动力学与低成本低风险实现任务目标的过程的结合。

星座设计主要准则如下。

(1) 所有卫星倾角相同(除了增加赤道轨道的情况)，以避免轨道节点旋转不同。

(2) 所有椭圆轨道卫星应位于 63.4°或者 116.6°的临界倾角轨道，以避免近地点进动。

(3) 严格执行碰撞规避(包括寿命终止卫星)，可能成为星座设计的决定性特性。

(4) 对称性很重要，但不是星座设计的决定性因素。

(5) 高度是所有参数中最重要的，倾角次之；偏心率通常为零，尽管椭圆轨道可以提高覆盖性能或个别特性。

(6) 在决定覆盖性能方面，最小高度角(决定幅宽)与高度同等重要。

(7) 2 颗卫星能彼此可见，当且仅当它们同时可见同一地面点时。

(8) 星座的主要性能指标包括时间覆盖百分比、覆盖所需的卫星数目、平均和最大响应时间(不连续覆盖)、覆盖百分比余量、随纬度的覆盖余量。

(9) 站位保持盒子大小取决于任务目标、需克服的摄动力，以及控制方式。

(10) 对于长期运行星座, 与相对站位保持相比, 绝对站位保持具有显著优点。

(11) 轨道摄动可按以下步骤处理。

① 不考虑摄动力的影响(仅在必要情况采用)。

② 利用摄动力进行控制(控制可行前提下的最好办法)。

③ 对摄动力不做补偿(用于周期性摄动)。

④ 对摄动力进行控制。

(12) 性能稳定性与所需平面数目是以轨道高度为变量的方程。

(13) 轨道面内改变位置易于实现, 但是轨道平面改变很难, 因此轨道面数目越少越好

(14) 星座部署、功能衰减、寿命终止卫星的替代及寿命末期离轨均需在星座设计中考虑

(15) 为确保长期运行安全、避免碰撞风险, 寿命末期将卫星从星座中移除是必不可少的, 主要包含降低轨道高度坠入大气层, 或者离开工作轨道保持稳定运行。

2.2.3 特殊轨道在星座的应用

1. 回归轨道的应用

在卫星星座的设计中, 回归轨道是一种很重要的轨道。所谓回归轨道是经过一段时间后地面轨迹重复的轨道。如果卫星的轨道周期为 T_0, 经过一圈后星下点轨迹变化为 $T_0(\omega_e - \dot{\Omega})$, 其中 ω_e 为地球自转角速度, $\dot{\Omega}$ 为卫星升交点赤经变化率。如果经过一段时间后, 卫星运行了整数圈 L, 而星下点轨迹变化为 2π 的整数倍 M, 则经过一段时间后星下点轨迹开始重复, 即

$$LT_0(\omega_e - \dot{\Omega}) = M(2\pi) \tag{2.80}$$

当 L 与 M 互质时, 回归周期最小, 其大小为 LT_0。

实际上, 由于轨道处于复杂的摄动力作用下, 并没有严格意义上的轨道周期, 根据回归轨道的定义, 周期 T_0 应为交点周期 T_d。所谓交点周期就是卫星相继通过轨道升交点的时间间隔。交点周期的近似计算公式(考虑 J_2 项摄动)为

$$T_d = \frac{2\pi}{n}\left[1 - \frac{3\pi R_e^2 J_2}{4\sqrt{\mu}}\frac{(7\cos^2 i - 1)}{\sqrt{a}(1-e^2)^2}\right] \tag{2.81}$$

我们可以利用回归轨道设计区域覆盖星座。为达到区域覆盖的目的, 人们首先想到的应是利用 GEO, 1 颗 GEO 卫星就可以完全覆盖中国周边。GEO 本质上是一天一圈的特殊回归轨道。同样, 我们可以设计其他组合的回归轨道。通常高度较高的回归轨道星座都具有一定的区域覆盖特性。高度较低的回归轨道, 由于

星下点轨迹比较密，对全球同一纬度带的覆盖区别不大。

对称的 Walker 星座中有一类星座是地面轨迹重复的星座，即所谓的 σ 星座。σ 星座 13/2 的星下点轨迹($i=60°$、$L=3$、$M=2$)如图 2.25 所示。这样的轨道对区域覆盖星座的设计有一定的借鉴意义。

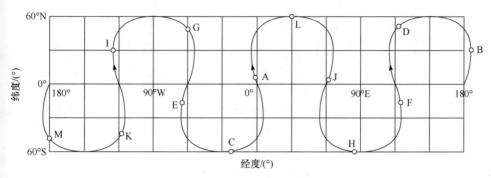

图 2.25　σ 星座 13/2 的星下点轨迹

对区域覆盖星座，应尽量使用回归轨道，因为不同卫星轨道参数的组合可以产生对某一区域覆盖较好的星座。由于星座覆盖性能的重复性，只需在一个回归周期内对星座进行优化设计和评估就可以了。

2. 椭圆轨道的应用

椭圆轨道在区域覆盖卫星星座设计中具有重要的意义。由于卫星在椭圆轨道远地点的运行速度较慢，如果将远地点置于感兴趣的目标区上空，则其对目标区的覆盖时间比较长。这种轨道的合理组合可以达到对目标区的无缝覆盖，而对其他地区的覆盖浪费则很少。尽管椭圆轨道在工程实际中有一些不利因素，例如可能会增加卫星系统的技术难度或复杂性，但由于其使用的卫星数较少，同时有一些其他有利因素，例如发射椭圆轨道卫星比发射相同半长轴的圆轨道卫星对运载的要求低一些；星食(地影)时间短，对电源系统的设计比较有利等，因此仍然有不少这一类型的星座被使用。最典型的例子当属苏联的闪电系统，该系统长期使用 3 颗大椭圆轨道内的卫星进行国内通信。另一个使用大椭圆轨道的例子是，欧洲的由数颗非静止卫星组成长期存在的类地球静止环(quasi-geostationary Loops in Orbit Occupied Permanently by Unstationary Satellites，LOOPUS)系统。

该星座是欧洲 Nauck 等 1987 年提出的一种构想，在三个大椭圆轨道上设置 3 颗升交点赤经相距 120°的卫星，它们的轨道周期约为 12h，设计轨道要素可以使 3 颗星的地面轨迹重合。由地球表面观测者的可视运动情况来看，可在北纬(当近地点幅角选为 270°时)的某一高度形成两个相对静止环。LOOPUS 地面轨迹如图 2.26 所示。LOOPUS 轨道内因有 3 颗星在运动，一天 24h 内，静止环内总有 1

颗星存在，因此可以满足对感兴趣区域的全天时覆盖。

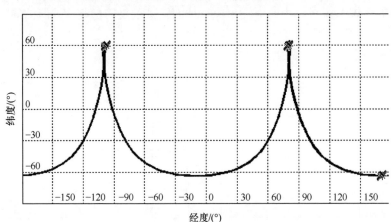

图 2.26　LOOPUS 地面轨迹

一般而言，利用大椭圆轨道实现区域覆盖时，都应使用临界倾角轨道。所谓临界倾角轨道就是轨道的近地点幅角没有长期变化的轨道。根据近地点幅角在 J_2 项作用下的长期变化率，即

$$\dot{\omega}=\frac{3}{4}J_2\left(\frac{R_\mathrm{e}}{a}\right)^2\sqrt{\frac{\mu}{a^3}}\frac{5\cos^2 i-1}{(1-e^2)^2} \tag{2.82}$$

可得当倾角为 63.43°或 116.57°时，近地点幅角没有长期变化。利用这一特性，可使轨道的远地点维持在某一纬度线上空，因此对区域覆盖非常有利。另外，椭圆轨道的近地点不能太低(一般要求其高度至少大于 500km)，否则气动力会使其迅速衰减。

3. 混合型轨道的应用

对区域覆盖星座而言，使用单一轨道类型的星座有时可能达不到很好的覆盖性能，尤其是多重覆盖性能。这时可以考虑采用混合型星座。混合型星座可以是圆轨道与椭圆轨道的混合、不同类型圆轨道的混合、不同类型的椭圆轨道的混合。最常见的是赤道平面内圆轨道与其他轨道的混合，特别是几颗静止轨道卫星与其他轨道的混合。在一个非同步高度星座的基础上增加几颗静止轨道卫星，形成混合轨道星座，可以大大提高星座的覆盖性能，同时兼顾成本、发射、制造等诸多实际问题，是一种非常有效的组合。

Ellipso 是一个比较典型的混合星座，其目的是提供接近全球的覆盖，对于区域覆盖星座的设计也很有借鉴意义。它由 10 颗太阳同步椭圆轨道卫星和 7 颗赤道轨道卫星构成，其中太阳同步椭圆轨道卫星位于倾角为 116.6°、轨道高度 520～

7846km 的两个平面内，每个轨道面内有 5 颗星，升交点分别在正午和子夜。后者由位于赤道面内的 7 颗星组成，高度 8063km。Ellipso 星座如图 2.27 所示。

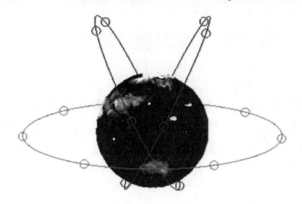

图 2.27　Ellipso 星座

中国于 2012 年建成了北斗区域导航系统，其星座包含 GEO、IGSO 和 MEO 三种轨道类型，是世界首个用于卫星导航的多轨道混合星座。

近年来，由美国 Space X 公司提出 Starlink 卫星互联网星座也是典型的混合星座。Space X 计划建设一个由近 1.2 万颗卫星组成的卫星群，由分布在 1150km 高度的 4425 颗低轨星座和分布在 340km 左右的 7518 颗甚低轨星座构成。

第 3 章　星座设计约束条件

在开展星座设计工作之前，需要全面梳理所有可能的用户需求与任务约束条件，在此基础上，才能识别基本的任务目标，并确定如何用最低成本与风险来实现这些任务目标等星座设计的关键工作。作为世界上首个采用多轨道类型的混合导航星座，北斗卫星导航星座具有极强的中国特色。正是基于国家的技术和经济发展实际，我国才确定了北斗卫星导航系统"先有源、后无源""先区域、后全球"的发展战略。

3.1　一般星座设计约束条件

按照星座设计理论，星座设计应是一个系统过程，首先列出所有可能的星座构型，然后进行性能比对，最后选择一个最优星座。在计算机数值计算和智能优化算法得到广泛应用的今天，这是极易实现的。然而在工程实际中，星座设计过程要比这个系统过程模糊得多，星座任务目标、星座建设成本、国家技术水平与经济条件等都构成星座设计工作的顶层约束条件。星座设计工作的关键在于识别基本的任务目标，并确定如何用最低成本与风险来实现这些任务目标。

一般星座设计的约束条件如表 3.1 所示。除了星座性能要求以外，星座发射能力、空间环境、星座轨道保持精度、使用寿命、星座部署与离轨、星座备份等均对星座设计产生了极大的约束。星座设计的最终目标是设计一个最优星座，尽可能同时满足所有约束条件。

表 3.1　一般星座设计的约束条件

约束条件	重要性
覆盖性能	决定星座的使用性能
建设成本	决定成本，主要取决于星座卫星数目
发射能力	决定成本，取决于国家的运载技术水平
空间环境	辐射程度，决定寿命与难度要求
星座轨道保持精度	与星座覆盖性能密切相关
使用寿命	与成本、国家技术基础、轨道保持精度有关
星座部署与离轨	与星座使用效能与策略、国际法规相关
星座备份	决定性能稳定程度，系统鲁棒性，影响成本

1. 星座任务目标约束

星座任务目标是星座设计首要的约束条件，这些任务目标可能是多方面的，随时间推移会有所调整，有些甚至是无法量化的，因此在开展星座设计工作之前，需要全面梳理所有可能的星座任务目标约束。对于不同的航天任务，其星座任务目标即星座性能要求可能截然不同，不同任务的星座性能要求如表 3.2 所示。

表 3.2　不同任务的星座性能要求

常见星座任务类型	主要性能约束参数
对地观测星座	覆盖区域 覆盖重数 时间分辨率 空间分辨率 重访时间
通信星座	覆盖区域 覆盖重数 时间分辨率 重访时间
导航星座	覆盖区域 定位精度 可用性 连续性 完好性 冗余性 不同区域的不同要求

目前，还无法用解析的方法实现星座设计，可以利用计算机数值仿真对表 3.2 的星座性能指标进行逐一分析计算和评价。因此，星座性能指标应尽可能量化，对于无法量化的星座性能指标，应试图寻找可量化的指标进行替换，否则需要对其他星座性能指标进行迭代和权衡评价。此外，随着工程研制进度的推进，工程研制要求可能会根据实际情况不断调整，表 3.2 的星座性能指标内容也应依据研制总要求不断更改和完善。

2. 星座建设成本约束

除了星座的性能约束需求，星座设计还有一个很强的约束，即建立星座系统的成本应尽可能低。星座建设成本取决于多方面的因素：星座卫星本身的成本(不同星座覆盖性能要求对应的载荷成本不同)、星座部署的成本(星座部署中发射至不同轨道平面所需的火箭数目不同，不同轨道高度所需的火箭型号和价格也不尽相同)、星座在轨运行与维持的成本(需要建立大量的地面站)等，其中星座设计参数中与星座建设成本相关的因素包括星座卫星数目(直接决定成本)、轨道高度(决定发射成本)、偏心率(决定星座维持成本)等因素。决定星座建设成本的主要因素如表 3.3 所示。

表 3.3　决定星座建设成本的主要因素

影响因素	对系统建设成本的重要性
星座性能	通常星座性能越高,对卫星载荷性能与卫星数目的要求越高,相应的星座建设成本也越高
星座卫星数目	直接决定星座系统成本
轨道高度	决定发射成本,通常轨道高度越低,对应的发射成本越低,需要在成本和性能之间权衡,同时也间接影响卫星数量和载荷的能力
偏心率	决定星座维持成本,进而影响成本。星座通常选择偏心率为零的圆轨道
轨道平面数目	考虑星座设计灵活性、异常情况降级使用等因素,一般情况应选择满足性能要求的最少的轨道平面

3. 国家技术水平与经济条件约束

技术水平与国家经济条件的限制在某些情况下与星座建设成本约束是类似的。不同经济技术水平发展条件下,对星座任务所提出的要求可能不尽相同。例如,如果国家的经济水平较低,相应的军事、科学技术的发展也受到经济的制约,对星座任务性能的容忍度更高,可以容忍较低分辨率的遥感星座、重访时间更长的通信卫星,以及较低定位精度的导航星座。经济和技术水平的不断提升,以及国家各行各业的全面发展,都对星座功能和性能提出更高的要求,相应的星座设计结果也会随之改变。此外,经济技术水平还直接影响卫星的设计寿命、抗空间环境能力、卫星的性能指标等。因此,星座设计是随着国家技术水平和经济水平的提升而不断动态变化和发展的。

3.2　北斗卫星导航系统星座特有约束条件

回顾中国北斗卫星导航系统的建设历程[20,21],会发现它留有明显的时代发展烙印,具有显著的中国特色。对北斗卫星导航系统星座设计特有的约束条件进行总结和梳理,是对我国卫星导航发展历程的总结,对于我国卫星导航事业的更进一步发展,有着重要的启示。本节在梳理北斗卫星导航系统的发展战略的基础上,介绍北斗双星定位星座、区域导航星座和全球导航星座设计过程所考虑的约束条件。

3.2.1　北斗卫星导航系统的发展战略

北斗卫星导航系统建设的基本原则是开放性、自主性、兼容性、渐进性。

开放性：北斗卫星导航系统将为用户免费提供高质量的开放服务，并且欢迎全球用户使用北斗卫星导航系统。中国将与其他国家就卫星导航有关问题进行广泛深入的交流与合作，以推动全球卫星导航系统(global navigation satellite system, GNSS)及其相关技术和产业的发展。

自主性：中国将独立自主地发展和运行北斗卫星导航系统，该系统能独立为全球用户提供服务，尤其是为亚太地区提供高质量的服务。

兼容性：北斗卫星导航系统使用卫星无线电导航业务频段，与其他卫星导航系统间存在频谱重叠。我国愿意在国际电信联盟(International Telecommunication Union，ITU)有关规则、建议的指导下通过频率协调，实现与其他系统的兼容互操作。

渐进性：北斗卫星导航系统将依据中国的技术和经济发展实际，遵循循序渐进的模式建设。通过改进系统性能，确保系统建设平稳过渡，为用户提供长期连续的服务。

中国北斗卫星导航系统的发展可以概括为"先有源、后无源""先区域、后全球"，具体可划分为三个发展阶段。

(1) 第一阶段。建立北斗一号双星区域有源定位系统，为我国及周边地区用户提供快速定位、简短报文通信和授时服务。该系统于 2000 年底部署完成，并于 2012 年底退役。

(2) 第二阶段。建立能向全球扩展的区域导航系统，该系统采取有源与无源相结合体制，兼容北斗双星定位系统的全部功能，在我国及周边地区和海域(南北纬 55°之间，东经 55°～东经 180°)，实现连续实时三维定位测速能力、高精度授时能力和部分地区的用户位置报告及双向报文通信能力；2012 年 12 月，我国圆满完成了区域导航星座的部署工作，建立了由 5 颗 GEO、5 颗 IGSO 和 4 颗 MEO 卫星构成的区域导航星座。

(3) 第三阶段。根据我国军民用户需求和国家经济发展需要，扩展区域导航系统，建立北斗全球导航系统。该系统设计性能优于俄罗斯的 GLONASS，与第三代 GPS 性能相当。目前，我国正在积极开展第三阶段的星座部署工作，已于 2020 年 7 月建成由 3 颗 GEO、3 颗 IGSO 和 24 颗 MEO 卫星构成的北斗全球导航星座，为全球用户提供服务。

我国北斗卫星导航系统建设分三个阶段发展的总体思路，是综合考虑我国用户需求、技术和经济基础以及阶段效能等多方面因素提出的。

1. 用户需求

在 21 世纪初期,我国军民用户对导航定位的需求集中在我国及周边地区,急需在短时间内建立我国独立自主、快速定位的卫星导航系统。2020 年前,我国用户对导航系统的需求扩展到我国及周边地区、印度洋、西太平洋至东经 180°一带,且对导航定位的安全性提出更高的要求,急需建立三维无源定位卫星导航系统。2020 年之后,随着国家战略和经济发展需求的逐步扩展,全球化的需求逐步增多,全球导航的需求会越来越迫切,区域导航系统应逐步向全球扩展。

因此,我国卫星导航系统分三阶段发展的思路与国情发展及不同时期用户需求的发展变化是相符的。

2. 技术和经济基础

与二维有源双星定位系统相比,发展区域,甚至全球无源三维卫星导航系统建设技术难度更大,卫星的长寿命与可靠性、星座的运控、高精度的定轨、星载原子钟、时间同步等核心技术都需经过长时间的摸索才能逐步掌握。在 20 世纪 90 年代计划导航卫星立项时,这些方面的技术基础尚不成熟,贸然发射大型星座系统有风险。此外,当时国家经济基础也不具备发射和维持这样一个耗费巨大的系统。以 GPS 的发展为例,从 1974 年发射第 1 颗携带原子钟的导航技术试验卫星开始,在方案论证阶段发射了 6 颗试验卫星,对工作原理、工作体制、卫星技术、接收机原理、星座设计、控制管理等问题进行验证;1980 年开始发射第二批 5 颗试验星用于替代第一批试验卫星,继续开展试验工作。正式的第 1 颗卫星的发射时间是 1989 年,整颗卫星在轨试验探索阶段长达 15 年。因此,如何以最少的花费快速实现卫星导航技术及服务的从无到有,是当时的最大约束。

建设无源系统(北斗二号区域导航系统)也要考虑当时的技术水平和经济基础。对于区域导航系统,可以选择区域覆盖的 IGSO 卫星,以实现地面对卫星可实时连续观测与注入。一方面,在我国未能全球布站的条件约束下,这对星座的运控和高精度的定轨是极为有利的,也可实现导航参数的近实时修正,相对于全球系统技术难度要大大降低。另一方面,有关无源定位的空间段和地面段还有很多关键技术亟待攻关和验证,不能冒进。为了解决稳步推进与系统建设的迫切性之间的矛盾,降低技术和投资风险,在建成北斗一号有源定位系统实现我国导航系统的零突破之后,开始有源/无源于一体的区域导航系统建设,区域系统以“边攻关边建设”“边建设边应用”的原则进行,充分试验、积累经验、突破关键,因此以区域服务为主、兼顾验证全球服务是区域系统建设任务的关键。目标是验证技术、快速建成、提供服务、风险可接受全球导航系统。

区域系统建成并提供大众服务后,开始了逐步扩展为全球系统的论证、设计、部署工作，这就是正在部署中的北斗三号全球导航系统。

3. 阶段效能

全球无源卫星导航系统星座规模庞大，初期投资和运行维持费用都远高于区域系统，且需要较长的部署周期，在部署过程中短时间内难以在区域形成连续服务能力，阶段效能差，难以满足军事和经济发展需求。因此，首先以最小的投入在短时间内建设双星有源定位系统，然后再以较低的成本建立区域无源导航系统，最后逐步扩展成全球导航系统，可尽快形成实用能力，满足我军民用户的急需，同时可以提高系统研制建设的效费比，真正做到边建边用。

3.2.2　北斗双星定位星座设计约束条件

1. 我国经济、军事与技术水平的约束

20 世纪 80 年代，为满足日新月异的经济、军事和科学技术的发展需求，在短时间内建立我国独立自主、快速定位的卫星导航系统迫在眉睫。

考虑我国当时的国民经济水平，建立我国卫星定位系统的成本花费应尽可能低。这就意味着，系统的卫星数目应尽可能少。如果想在短时间建立我国独立的卫星定位系统，就不得不考虑当时的工业技术发展水平约束，作为组成定位系统空间段的重要部分，定位卫星应选择较为成熟的、具有一定工程应用基础的卫星平台。在 80 年代初期，我国已经掌握了返回轨道卫星和 GEO 卫星的技术，因此定位卫星应在返回轨道卫星和 GEO 卫星这两类卫星平台中进行选择。与此同时，我国陈芳允院士在 1983 年提出了利用 2 颗 GEO 卫星进行定位与导航的设想。该设想在经过地面试验和卫星飞行搭载试验后，确认可行。在当时我国经济条件受限、工业技术发展水平不足等多重约束条件下，放弃了类似 GPS 的导航服务形式，采用基于 GEO 的双星系统实现快速定位，是最适合我国经济、军事、科学技术发展需求的。因此，在北斗一号双星定位系统的设计中，我们创新性地提出了双星有源定位系统的概念，仅以 2 颗卫星为代价，解决了中国导航定位的急需问题。

2. 功能约束

北斗双星定位系统是一个全天候、高精度、快速实时的区域性导航定位系统。其基本任务是对我国及周边部分地区，为军民中低动态及静态用户提供快速定位、简短报文通信和授时服务。

1) 快速定位

北斗双星定位系统可为服务区域内用户提供全天候、高精度、快速实时定位服务。水平定位精度为 20m(1σ，设标塔校时)。

2) 简短报文通信

北斗双星定位系统的用户终端具有用户与用户、用户与地面的双向数字报文通信功能,用户一般一次可传输 36 个汉字,经核准的用户利用连续传送方式还可以传送 120 个汉字。

3) 精密授时

北斗双星定位系统具有单向和双向两种授时功能,可以根据不同的精度要求,利用定时用户终端,完成与北斗卫星导航系统之间的时间和频率同步,可以提供 100ns(单向授时)和 20ns(双向授时)的时间同步精度。

北斗双星定位星座功能约束如表 3.4 所示。

表 3.4　北斗双星定位星座功能约束

服务区域	功能要求	功能指标
中国及周边部分地区	快速定位	水平定位精度 20m
	简短报文通信	用户一般一次可传输 36 个汉字 经核准的用户可以传送 120 个汉字
	精密授时	100ns(单向授时) 20ns(双向授时)

3.2.3　北斗区域导航星座设计约束条件

北斗区域导航星座设计的根本目标是在满足战术技术指标的前提下,构建一个投入最少、见效最快、系统维护最方便,又便于系统后续发展的星座。星座设计的结果直接决定系统建设的规模,因此星座设计成为顶层设计的关键环节。北斗区域导航星座设计的基本约束条件是用户需求、系统的发展思路和主要技术指标要求,同时综合考虑经费投入、科研生产能力、系统未来发展等因素。

1. 北斗区域导航系统发展思路

按照北斗卫星导航系统发展战略,同时考虑军民用户需求、经费投入、技术能力和建设周期等因素,我国北斗区域导航系统的建设思路是在 2012 年前后,建成与 GPS、GLONASS 性能相当的区域导航系统,满足我国周边地区导航定位需求。在系统建设初期应考虑建立为我国及周边地区用户提供一定实用能力的系统,以适应我国经济技术发展的紧迫需求。边建边用是星座系统设计实施的约束之一。

2. 经济与技术水平约束

北斗区域导航星座设计还受到国家经济实力和经费投入能力的限制，系统的发展在满足用户需求和技术指标要求的情况下，必须同时与国家经济建设发展水平相适应。当时，我国的经济能力还不能支持一个全球导航系统的建设。

北斗区域导航系统是一个多卫星的复杂大系统，对我国科研生产能力提出了很高的要求，需要同时考虑卫星研制、生产和发射能力的实际。

此外，北斗区域导航系统星座设计还受到各种关键技术攻关情况的限制。从当时的情况来看，以星载原子钟和精密定轨技术为代表的一批关键技术还需要进一步研究探索，在进行系统设计时必须考虑上述关键技术可能带来的风险。例如，拟在北斗区域系统建设中采用的国产星载原子钟，其万秒稳定度较低，为满足定位精度的要求，需每小时对卫星实施半小时的时间比对，并向卫星注入 1 次钟差改正数，区域使用时，这种注入频度可以由国内地面站完成；如果在全球系统卫星上采用这种原子钟，就需要在国外建大量的注入站，或者采用星间链路实现高精度的时间比对与信息传输。当时对我国而言，在国外大量建站的实施难度较大，星间链路的技术难度也较大，国内站全天候可见也是区域系统星座设计的重要约束之一。

根据北斗卫星导航系统发展战略，北斗区域导航系统最终将发展成为全球卫星导航系统，因此系统会经历从区域系统过渡到全球系统的过程，星座系统构型设计也要考虑继承性、过渡过程系统性能的连续性和经费投入的经济性。

3. 系统功能要求

北斗区域导航系统主要功能指标要求是，系统服务区域位于南纬 55°～北纬 55°，东经 55°～东经 180°范围大部区域，定位精度优于 10 m，测速精度优于 0.2m/s，授时精度优于 50ns，具有 54 万次/h 的简短报文通信服务能力。

4. 其他约束条件

1) 可继承性

继承北斗一号双星定位系统已有的 3 颗(含 1 颗备份卫星)GEO 通信导航能力、技术基础和已有卫星轨道位置(分别位于东经 80°、东经 110.5°和东经 140°)，可为本区域提供 2 颗星位的导航测距和定时能力，还可利用其数据通信的成熟技术提供广域差分、完好性信息，作为我国北斗卫星导航系统及其他国际导航系统的广域增强系统空间有机组成部分。

2) 在服务区上空卫星应大体均匀分布的无源被动式测距系统

我国第一代导航系统严重依赖中心站电子高程地图定位，其采用的有源主动方式需要用户向导航卫星发上行信号，这对军事应用安全极为不利。因此，北斗区域导航系统必须采用无源被动式测距，导航计算由用户完成。这种方式需要 4 颗以上卫星解算 3 个位置和 1 个时钟误差。考虑已经继承我国双星定位系统的 2 颗 GEO 卫星，还需要区域星座至少提供 2 颗同时可见的卫星，且与双星定位系统的 2 颗卫星构成四面体，使它们与 2 颗 GEO 卫星构成良好的空间几何布局，进而使星座定位精度满足设计要求。考虑用户在服务区内的位置是随机的，服务区上空的卫星应大体均匀分布。

3) 兼容性和独立性

北斗区域导航系统在轨道设计上要考虑和平时期与国际其他导航卫星系统互为补充、相互兼容。这要求在星座设计上与美国的 GPS、俄罗斯的 GLONASS 和欧洲 Galileo 系统有所区别。同时，在信号格式上与 GPS 兼容，在覆盖区域上与 GPS 互为补充以提高整个系统的完善性、可用性，并可以改善导航卫星的几何布局，降低位置精度因子(positioning dilution of precision，PDOP)，提高定位精度。同时，在战争状态等非常时期，我国的系统又可以独立完成导航服务，不受 GPS 政策和信号加密、关闭的制约。

4) 区域与全球兼顾

为了使区域导航星座更好地向全球导航星座过渡,必须先优选全球导航星座,并从全球导航星座中优选一个子星座，与几颗 GSO 卫星相结合，满足当前区域导航精度要求。

5) 安全方便的地面测控体系

地面测控站是系统的有机组成部分，其安全性要求也很高，在星座方案选取时，必须考虑有利于建立安全方便的地面测控站。测控站的主体部分，如中心测控站应建设在国内，防止测控站在国外遭受破坏而使星座失控。

3.2.4　北斗全球导航星座设计约束条件

1. 国家战略

卫星导航系统作为国家基础设施，不仅是国家的重要战略资源，也是国家综合实力最直接的体现，是国家政治、经济、外交、军事、科技和社会全面发展的重要支撑。卫星导航系统的建设和发展应充分反映国家的战略意图。

北斗全球导航系统方案设计，尤其是星座设计要充分尊重和体现国家战略意图，顾及国家发展所处的阶段政治、军事、经济、科技、社会等方面的特点，以及国家整体实力快速上升的实际，"突出重点、面向全球"，设计符合国家实际需要的具有自身特点的卫星导航系统。

2. 用户综合需求

结合我国全球卫星导航系统发展的战略目标、总体思路，以及系统研制建设初步方案，可以全面梳理得到全球卫星导航系统服务性能、功能、新体制和持续发展等要素对星座设计的系统需求，以及高轨导航、城市导航、区域增强导航等典型用户需求。

(1) 系统服务性能需求。

服务性能主要内容包括覆盖区域、PDOP、垂向定位精度因子(vertical dilution of precision, VDOP)、水平定位精度因子(horizontal dilution of precision, HDOP)、可用性、连续性、覆盖重数等。

(2) 星座稳定性及维持控制需求。

星座稳定性及维持控制需求内容包括补网窗口、相位保持精度需求、单星/双星故障下的可用性与连续性、补网时间约束、在轨备份恢复时间约束等。

(3) 全球覆盖与区域增强需求。

全球覆盖与区域增强需求包括覆盖区域、PDOP、VDOP、HDOP、可用性、连续性、覆盖重数等。

(4) 星间链路与自主导航需求。

星间链路与自主导航需求包括最大/小卫星数、轨道高度、轨道面数、轨道倾角约束区间等。

(5) 系统差分与完好性需求。

系统差分与完好性需求内容包括覆盖区域、可用性、连续性、覆盖重数等。

(6) 系统兼容互操作需求。

系统兼容互操作需求包括覆盖区域、兼容系统、兼容方式、兼容性能等。

(7) 系统安全与导航战需求。

系统安全与导航战需求包括系统增强覆盖区域、PDOP、VDOP、HDOP、可用性、连续性、覆盖重数、故障恢复时间、降阶运行性能等。

(8) 与已有系统星座衔接和过渡需求。

与已有系统星座衔接和过渡需求包括覆盖区域、PDOP、VDOP、HDOP、可用性、连续性、覆盖重数、时间周期、信号体制等。

(9) 对低轨和高轨卫星导航的需求。

对低轨和高轨卫星导航的需求包括低轨导航高覆球高度、导航精度要求、高轨最小可视卫星数等。

(10) 系统阶段建设与系统持续扩展需求分析。

系统阶段建设需求包括明确全球系统建设各个阶段的时间、信号体制、覆盖区域、性能要求，给出系统建设完毕的增强服务、扩展功能需求等。

此外，为了满足未来信息化作战需求，分析给出满足导航应用而提出的具体性能要求和因素，为星座设计与备份策略进行精细化设计提供支持，为整体方案优化提出约束，还应包括导航星座性能需求(如导航战对星座构型冗余的需求、降阶性能的需求、覆盖区域的需求、系统增强的需求等)和导航星座备份性能需求(如备份恢复时间、重点备份区域、备份能力要求等)。

3. 系统顶层约束

北斗全球导航星座顶层设计的约束条件可从三个方面归纳，即大系统功能需求、技术约束和非技术因素。

1) 大系统功能需求

星座设计的基本原则是满足导航卫星系统各项服务功能的要求，为其提供必要的空间卫星分布构型。星座设计需要满足如下功能边界。

(1) 卫星无线电导航服务(radio navigation satellite service, RNSS)，即满足无源定位服务的覆盖区域、覆盖重数、空间几何特性、系统鲁棒性、位置保持和信号功率要求。

(2) 卫星无线电定位服务(radio determination satellite service, RDSS)及短报文服务，即满足有源双星定位的覆盖区域、覆盖重数、位置保持和信号功率要求。

(3) 星基增强服务(satellite-based augmentation service, SBAS)，即满足差分信号播发所需的可见卫星数量、构型和覆盖区域。

(4) 扩展服务，即满足中高轨导航、深空导航和地面高仰角导航所需的覆盖区域和可见卫星数量。

2) 技术约束

星座设计作为顶层技术，需要反映系统建设的功能需求，与系统总体及工程各系统形成相互约束关系，具体可以按照大系统归纳为以下几个方面。

(1) 卫星系统约束，指与星座构型形成相互影响的卫星平台、载荷等相关约束。

(2) 测控系统约束，指测控系统现有及未来技术发展，对星座设计所产生的相关约束。

(3) 运控系统约束，指为了完成导航星座运行控制任务，运控系统现有建设及未来技术发展，对星座设计产生的相关约束。

(4) 发射系统约束，指运载能力、入轨精度等对星座设计产生的相关约束。

(5) 用户系统约束，指用户对特定功能的需求与限制，对星座设计产生的约束。

3) 非技术因素

非技术因素指系统建设过程中受到的各种制约因素，对星座设计产生的相关约束，如国际轨位资源谈判、多系统兼容谈判、工程建设风险、经费投入、国家发展战略、人文社会因素、导航产业发展等。

4. 工程各系统约束

1) 卫星系统相关约束

具体指卫星系统对星座设计和备份策略设计形成的约束条件，包括不同任务卫星特点、一箭多星方案等约束内容。

(1) 卫星在轨寿命约束条件分析，包括在轨运行寿命曲线、在轨冷备份寿命曲线等。

(2) 卫星可靠性约束条件分析，包括在轨运行可靠性曲线、在轨冷备份可靠性曲线、单次发射可靠性、连续发射可靠性等。

(3) 卫星研制周期约束条件分析，包括平均研制周期，特定型号研制周期、量产单星生产周期等。

(4) 卫星平台控制能力约束条件分析，包括入轨控制精度、单星相位控制精度、半长轴控制精度等。

(5) 卫星发射场测试周期约束条件分析，包括发射储运周期、发射测试准备周期、发射失败恢复周期等。

(6) 卫星入轨成功率约束条件分析，包括平均入轨成功率、入轨成功率增长曲线等。

(7) 卫星载荷约束分析，包括不同任务卫星的天线功率、波束角、多普勒频移、自主导航天线约束等。

(8) 其他约束条件分析，包括单星成本曲线、备份储运方式、平台通用性、卫星可承受的空间环境(轨道高度区间)、可发射的轨道类型等。

2) 测控系统相关约束

具体指测控系统对星座设计和备份策略设计形成的约束条件，包括以下内容与范围。

(1) 星座部署控制能力和准备周期分析，包括单星/多星入轨精度、发射部署测控准备时间、入轨定位测控周期等。

(2) 多目标跟踪、测控资源分析，包括发射时测控同时最大保障卫星数、轨位调整最大测控能力等。

(3) 测控站分布与多任务测控能力分析，包括星座控制与发射测控同窗口测控能力、连续发射测控保障能力、不同发射场同时测控保障能力。

(4) 星座控制对导航可用性、完整性约束条件分析，包括卫星测控服务间断时间、测控成功率等。

3) 地面运控系统相关约束

具体指地面运控系统对星座设计和备份策略设计形成的约束条件，包括以下内容与范围。

(1) RNSS/RDSS 业务约束条件分析，包括 RNSS/RDSS 业务对卫星数量、轨道类型、轨道高度、轨道倾角等构型特征的约束等。

(2) 上行注入链路约束条件分析，包括注入链路仰角、注入站布站位置、注入链路保持时间约束等。

(3) 监测站布站约束条件分析，包括监测站布站位置、监测站可视仰角等。

(4) 数据传输链路约束条件分析，包括传输链路保持时间约束、仰角约束等。

(5) 其他约束条件分析，包括锚固站站点约束、天线约束等。

4) 运载发射相关约束

具体指运载发射对星座设计和备份策略设计形成的约束条件，包括以下内容与范围。

(1) 发射周期对星座部署方案约束条件分析，包括运载研制生产周期、运载生产能力、发射储运/测试准备周期、应急发射准备周期、一箭多星储运/测试准备周期、发射失败恢复周期等。

(2) 运载能力对星座部署方案约束条件分析，包括发射可达轨道高度、发射可达轨道倾角、多星适配能力(星箭接口)、单星/多星发射可靠性曲线、可靠性增长曲线、发射入轨精度等。

(3) 发射场保障能力约束条件分析，包括发射工位适应性、工位数量、发射失败恢复周期、首区测控条件、发射准备周期、最大同时发射能力、最短发射间隔、设备保障能力、总体可靠性等。

(4) 发射场址约束条件分析，包括发射场址、发射场发射可发射轨道面约束、年平均可用发射窗口、发射场发射能力等。

5) 轨位资源及无线电使用约束

国际谈判获得的轨位资源及无线电使用约束条件，具体为可使用的轨位和高度与频率等。

6) 其他因素约束

(1) 系统技术风险分析，包括关键技术攻关风险、核心部件研制风险和技术体制风险分析等。

(2) 工程建设风险分析，包括建设周期风险、建设质量风险、意外因素风险等。

(3) 经费投入约束分析，包括关键技术攻关投入、建设投入等。

(4) 国家发展战略及系统建设思路约束条件分析，包括系统建设国际国内定位、发展应用思路等。

(5) 人文社会因素、导航产业发展等因素。

5. 功能指标具体要求

1) 全球系统典型服务要求

导航系统星座设计总是以满足用户需求为前提，所有的优化和调整都必须满足预先确定的用户需求。由于需求的多样化，在系统设计时不可能同时对所有需求的满足情况进行分析并加以优化，一般总是预先通过比较确定几个具有代表性的使用要求作为标准，研究工作都以达到这几个典型需求作为目标，然后结合其他要求进行必要的修正。从 GPS、Galileo 系统等的经验来看，全球使用的典型服务水平如表 3.5 所示。

表 3.5 全球使用的典型服务水平

服务水平	A0	A1	B1
覆盖范围	全服务区 (一般业务)	局部地区 (交通服务)	局部地区 (一类精密进近)
精度(95%)	水平：10 m 垂直：10 m	水平：10 m 垂直：10 m	水平：16m 垂直：4m
可用性	>0.9	>0.7	>0.99
连续性	—	—	$8×10^{-6}/15s$
最小高度角/(°)	5	25	5

从 GPS、GLONASS 等卫星导航系统发展趋势分析，用户对系统性能的要求越来越高，系统需要提高定位精度，且满足高仰角情况下的使用。单纯依靠全球星座实现上述要求代价极高，为此各卫星导航系统均选择了通过差分和区域增强的方式来实现用户的要求。

2) 北斗全球导航系统功能要求

系统具有无源三维定位、测速和授时能力，可与国外卫星导航系统兼容互操作，具备简短报文通信(位置报告)和功率增强能力。主要性能指标如下。

(1) 系统服务范围为全球。

(2) 全球范围定位精度优于 10 m。

(3) 全球范围单向定时精度优于 20ns。

(4) 全球测速精度优于 0.2m/s。

(5) 我国及周边地区短报文单次通信不少于 1000 个汉字。

(6) 重点地区系统完好性满足民用航空一类精密进近要求，在与其他系统兼容的情况下全球范围内满足民用航空一类精密进近要求。

(7) 用户机对宽带的恶意干扰信号具有一定的抑制能力，并具有军码直接捕获跟踪能力。卫星具有授权导航信号功率增强功能，增强区域为我国战略重点地区。

(8) 根据技术发展逐步形成初步的自主运行能力，无地面支持情况下运行一定时间，并具备一定的定位精度。

(9) 在少量 MEO 卫星上搭载搜索救援载荷，为国际搜索救援服务提供支持。

6. 经费投入约束

星座设计的重要目标是在满足系统性能要求的情况下寻找经费投入最少的方案。这就要求星座设计要尽量压缩建设规模，达到节省建设经费和降低维持费用的目的，避免导航系统成为国家的财政负担。为此，首先要在满足系统性能要求的情况下尽量减少卫星数量；其次要简化卫星状态，降低地面系统维持操作负担，简化替换维持策略，达到间接减少投入的目的。

7. 系统稳健性约束

为了提供稳定的系统服务，满足系统可用性、连续性等指标要求，在星座设计时需要考虑系统可靠性和系统备份，设计适当的冗余，利用最少的备份卫星保证系统稳定工作。

8. 系统过渡和替换要求

为保证区域系统向全球系统稳定过渡，不影响用户正常使用，星座设计必须考虑北斗二号区域导航系统向全球系统过渡和替换的问题，既要确保性能不出现下降，同时还要避免可能出现的浪费。在星座设计上要兼容区域系统，充分继承区域系统积累的技术和资源，避免因星座形式出现较大变化造成严重浪费。

9. 系统技术风险约束

星座设计要有利于控制系统建设的技术风险，避免在全球系统的卫星上设计过于复杂的功能，尤其要切实简化数量最多的 MEO 卫星的状态，控制系统建设的整体风险。同时，考虑到区域导航系统的 GEO 和 IGSO 卫星已经完成了大量的技术验证，我们需要合理分配技术风险，尽量降低数量最大的 MEO 卫星的技术难度。

10. 工程建设风险

初步论证来看，全球系统建设存在很多不确定因素。首先，在技术上，星间链路、自主运行、高精度原子钟、兼容共用等大量技术还需要开展攻关和验证。其次，系统建设还面临卫星批产、组网模式、发射测控、发射场测试等各种困难，存在进度上的风险。不仅如此，全球系统建设要求的人才、管理等基础也十分薄弱，影响系统建设的顺利推进。此外，区域系统的用户利益必须得到保证，这就要求在全球系统出现风险的情况下必须保证区域系统性能不出现下降。因此，星座设计要充分考虑这种风险。

11. 其他系统发展要求

在全球卫星导航系统星座论证期间，我国在卫星导航领域先后发展了北斗一号双星定位系统、中国区域定位系统(Chinese area positioning system, CAPS)等有源系统，以及北斗二号区域导航系统。当时，北斗一号双星定位系统应用推广稳步进行，CAPS 试验也取得了一些技术成果，北斗区域导航系统稳步推进工程研制与部署。在全球导航系统建设发展过程中，处理好继承和发展的关系，为这些系统的发展留下合适的空间，是全球导航星座设计必须要考虑的问题，否则这些因素将影响全球导航系统的研制进展。

3.3　结　　论

本章对一般星座和北斗卫星导航星座设计的约束条件进行了梳理，主要结论如下。

(1) 星座基本的任务目标、系统建设成本、技术发展水平、国家经济条件等构成一般星座设计工作的约束条件。其中，星座任务目标是星座设计的首要约束条件，建立星座系统的成本应尽可能低，按照国家技术水平和经济水平的不同，需要对星座任务性能和建设成本进行权衡。

(2) 北斗卫星导航系统的建设历程具有显著的中国特色，在经济受限、技术水平不足等多重约束条件下，我国建立了适应经济、军事、科学技术发展基本需求的北斗双星定位系统。在满足任务技术指标的前提下，我国构建了投入少、见效快、系统维护方便、能向全球扩展的北斗区域导航星座。根据新时期的军民用户需求和国家经济发展需要，我国建立了"突出重点、面向全球"的北斗全球导航星座。此外，三步走的战略也是北斗导航星座构型设计的约束。

第 4 章　卫星导航原理与星座性能评价指标

20 世纪 60 年代，国外开始卫星导航系统的研制。为了定量地评价星座的服务性能，需要引入用于评价星座性能的指标。本章首先对卫星导航原理涉及的参考坐标系、时间系统、导航定位方程等基本内容进行介绍，然后介绍一般星座的覆盖性能指标，最后给出北斗卫星导航星座的性能评价指标。

4.1　卫星导航原理

4.1.1　参考坐标系

坐标系是描述卫星运动、处理观测数据、表达定位结果的数学和物理基础，了解一些常用坐标系基础知识及其转换关系，对于卫星导航定位是非常重要的。卫星导航定位中涉及的坐标系主要有两大类。一类是固连在地球上与地球一起公转和自转的地球坐标系，又称为地固系。它对于描述卫星导航接收机载体在地球表面的运动状态是非常方便的。另一类是与地球自转无关的天球坐标系。它对于描述绕地球质心作圆周运动的卫星运动状态和确定卫星运行轨道是极为方便的。本章介绍航天器轨道和卫星导航定位几个常用坐标系，包括地心惯性坐标系(earth centered inertial, ECI)、地心固连坐标系(earth centered fixed, ECF)，以及卫星导航中常用的 WGS-84 大地坐标系。

1. 地心惯性坐标系

地心惯性坐标系(图 4.1)有时也称赤道惯性坐标系或天球(取半径为一个单位长度)赤道坐标系。原点 O 为地球的质心，平面 Ox_iy_i 与地球的赤道平面重合，z_i 轴为地球自旋轴并指向北极，x_i 轴指向春分点(春分点的指向在白羊星座附近，是太阳在每年春分时刻位于赤道上的方向，即赤道面与黄道面交线在天球上的交点)，y_i 轴根据右手法则确定。航天器在该坐标系中的位置可用直角坐标 x、y、z，即航天器的地心距 r 在三个直角坐标上的投影，也可用球面坐标，即地心距 r、赤经 α 和赤纬 δ 表示。

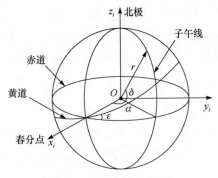

图 4.1　地心惯性坐标系

2. 地心固连坐标系

地球相对地心惯性坐标系是旋转的，每天旋转一圈。如果把地心惯性坐标系与地球固连，并使 X 轴固定地指向格林尼治子午线的方向，用 X_G 来表示，则地心固连坐标系可用 $O_0 X_G Y_G Z_G$ 表示，如图 4.2 所示。它与地心惯性坐标系的差别是 X 轴始终指向格林尼治子午线的方向。令 α_G 表示 X_G 与 x_i 之间的夹角。此时，α_G 称为格林尼治恒星时角。航天器在地心固连球面坐标系中的位置用地心距 r、地理经度 λ、地理纬度 φ 表示。X_G 在地心惯性坐标系中，以地球自转速度(15°/h)旋转。

以上两个坐标系主要用于航天器的轨道运动。

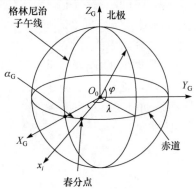

图 4.2　地心固连坐标系

3. WGS-84 坐标系

GPS 导航定位使用的坐标系是 WGS-84 坐标。该坐标系属于协议地球坐标系，其原点位于地球质心，Z 轴指向 BIH 1984.0 定义的协议地极方向，X 轴指向 BIH 1984.0 定义的零子午面和协议地极赤道的交点，Y 轴与 Z 轴、X 轴构成右手坐标系。对应于 WGS-84 大地坐标系有 WGS-84 椭球。

WGS-84 椭球采用的四个基本常数如下。

(1) 半长轴：$a = 6378137 \pm 2\mathrm{m}$。

(2) 地球引力常数(含大气层)：$\mu_{GM}=3.986005 \times 10^{14}\ (\mathrm{m^3/s^2})$。

(3) 归一化二阶带谐项系数：$\bar{C}_{2.0} = -484.16685 \times 10^{-6} \pm 1.30 \times 10^{-9}$ (这里采用 $\bar{C}_{2.0}$ 是为了同 WGS-84 的地球重力场模型系数保持一致，$\bar{C}_{2.0} = -J_2/\sqrt{5}$)。

(4) 地球自转角速度：$\omega = (7292115 \pm 0.1500) \times 10^{-11} (\mathrm{rad/s})$。

利用这四个基本常数可以计算得到其他几何和物理常数，如第一偏心率平方 $e^2 = 0.00669437999013$，扁率 $f = 0.00335281066474$。

4.1.2　时间系统

时间系统已成为现代科学技术的一个重要组成部分。在天文学和空间科学技术中，时间系统是精确描述天体和航天器位置及其相互关系的重要基准。在卫星导航定位中，时间系统是最重要、最基本的物理量，可以说没有高精度的时间基准，就没有卫星导航定位。首先，导航卫星的所有信号都是高精度的原子钟提供的。其次，卫星导航定位实际上是通过精确测定信号传播时间实现的。此外，在描述卫星运动位置和处理测量数据等工作中，我们都需要精确的时间信息。

1. 时间有关的概念

时间系统包含"时刻"和"时间间隔"两个概念。时刻是发生某一事件的瞬间，在天文学和卫星测量中，所获数据对应的时刻称为历元。时间间隔指发生某一现象所经历的过程，是这一过程始末的时刻之差，因此时间间隔测量也称为相对时间测量。时间系统有其尺度(时间的单位)和原点(起始历元)。只有把尺度和原点结合起来才能给出统一的时间系统和准确的时间概念。

一般来说，任何一个周期运动只要具有以下条件都可以作为确定时间的基准。

(1) 运动是连续的、周期的。

(2) 运动的周期具有充分的稳定性。

(3) 运动的周期具有复现性，即要求在任何地方和时间，都可以通过观测和实验复现这种周期运动。

在实践中，由于所选用的周期运动不同，产生不同的时间系统。在卫星导航定位中，常用的时间系统有世界时(universal time, UT)系统、力学时系统和原子时(atomic time, TA)系统。

2. 世界时系统

世界时系统以地球自转运动为基准。因为地球自转运动是连续的、较均匀的，且易于观测，所以世界时系统是人类最先建立的时间系统。观察地球自转运动时所选空间参考点不同，因此世界时又分为多种形式。

1) 恒星时

由于恒星离地球相当遥远，所以恒星相对地球(尽管地球绕太阳运转)的位置是基本不变的。恒星时是以地球自转为基础的，它是由春分点的周日视运动确定的时间计量系统。春分点连续两次通过某观测地子午圈的时间间隔，称为恒星日。春分点相对于某观测地的当地子午圈的时角称为该地的地方恒星时，一个恒星日可分为 24 个恒星时，一个恒星时可分为 60 个恒星分，一个恒星分可分为 60 个恒星秒。时间的计量单位为时、分、秒，用 h、min、s 表示。同一瞬间不同地点的恒星时不同。

由于岁差、章动的影响，同一瞬间有瞬时真春分点和瞬时平春分点之分。真春分点(γ_t)指随岁差和章动移动的春分点，对应于真春分点的恒星时称为真恒星时。只随岁差移动的春分点称为平春分点($\gamma_{m(t)}$)，对应于平春分点的恒星时称为平恒星时。真恒星时与平恒星时如图 4.3 所示。关系式为

$$LAST - LMST = GAST - GMST = \Delta\psi\cos\varepsilon$$
$$LMST - GMST = LAST - GAST = \lambda \tag{4.1}$$

式中，LAST 为真春分点地方时角；GAST 为真春分点的格林尼治时角；LMST 为平春分点地方时角；GMST 为平春分点的格林尼治时角；$\Delta\psi$ 为黄经章动；ε 为黄赤交角；λ 为天文经度。

平春分点受岁差影响每年向西移动 50″，因此一平恒星日的长度并不真正等于地球自转周期，约短 0.008s。

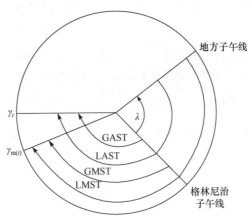

图 4.3 真恒星时与平恒星时

2) 真太阳时和平太阳时

在日常生活中，恒星时使用起来不太方便，因此建立了真太阳时和平太阳时

(mean solar time, MT)。真太阳时以地球自转为基础，用真太阳的时角计量。太阳中心连续两次到达同一子午圈的时间间隔称为真太阳日。一个真太阳日可分为 24 个真太阳时，一个真太阳时可分为 60 个真太阳分，一个真太阳分可分为 60 个真太阳秒。真太阳时具有地方性。

真太阳时的起算点是真正午。这和人们习惯上把子夜作为真子夜时的起算点正好相差 12h。为了和人们习惯一致，把真太阳时的起算点改成真子夜，即真太阳时在数值上等于真太阳的时角加上 12h。如果时角大于 12h，则把真太阳时减去 24h。

地球公转轨道是椭圆，公转的速度不均匀，而且地球自转轴不是垂直公转平面，因此真太阳日的长度不是一个固定量。观测发现，最长和最短的真太阳日相差 51s。由于真太阳日是一个变化的量，不宜作为时间的计量单位，需要建立一个和真太阳时比较接近的均匀的平太阳时系统。

为了建立平太阳时系统，首先引入一个沿着黄道做均匀运动的辅助点，其运行速度与太阳视运动的平均速度相等，并且和太阳同时经过近日点和远日点。然后，引入第 2 个辅助点，该点沿赤道做均匀运动，其运行速度与第 1 个辅助点的速度相等，并和第 1 个辅助点同时通过春分点。第 2 个辅助点称为平赤道上的太阳，简称平太阳。

平太阳在观测地上中天的时刻称为平正午，下中天的时刻称为平子夜。取连续两次平子夜的时间间隔为一个平太阳日，并以平子夜作为起算点。平太阳时简称平时。一个平太阳日可分为 24 个平太阳时，一个平太阳时可分为 60 个平太阳分，一个平太阳分可分为 60 个平太阳秒。平太阳时也具有地方性，在数值上等于平太阳时角加上 12h。

一个平太阳日要略长于一个恒星日，平太阳时与恒星时关系如图 4.4 所示。二者满足如下关系，即

$$24h(平太阳时)=24h3min56.5554s(恒星时)$$

$$24h(恒星时)=23h56min4.0905s(平太阳时)$$

真太阳时和平太阳时之差称为时差，其变化范围为–14min24s 到 16min21s，一年中有四次等于零。

某地平太阳时等于平太阳的时角(记为 LAMT)与 12h 之和，即

$$MT=LAMT+12h \tag{4.2}$$

3) 世界时

世界时系统是在平太阳时基础上建立起来的。格林尼治平太阳时称为世界时，以格林尼治的子夜为零点。世界时等于格林尼治平太阳时角加上 12h。如果以

GMST 表示平太阳相对格林尼治子午圈的时角，则世界时为

$$UT=GMST+12h \tag{4.3}$$

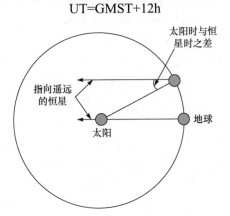

图 4.4　平太阳时与恒星时关系

假定平太阳时赤经为 α_{MS}，春分点的格林尼治时角为 GAST，即格林尼治恒星时，则

$$UT=GAST-\alpha_{MS}+12h \tag{4.4}$$

这就是世界时与恒星时的关系。世界时实际上是通过实测的恒星时得到的。

平太阳时是地方时，地球各个地点的平太阳时不同。为了使用方便，将地球按照子午线划分为 24 个时区，每个时区以中央子午线的平太阳时为该区的区时。由此可知，零时区(即格林尼治)的平太阳时即世界时。世界各地的地方时等于格林尼治的世界时加该地方的地理经度除以地球自转速度。

由于极移现象，地球自转轴在地球内部的位置是不固定的，而且地球自转速度是不均匀的，不仅有长期减缓的趋势，还含有一些短周期变化和季节性变化。为了解决这个问题，从 1956 年起，国际上把世界时分为三种：通过天文观测直接测定的世界时记为 UT0；加以地极位移引起子午圈变位修正得到的世界时记为 UT1；用经验公式外推得到地球自转速度变化的影响加以修正得到的较均匀世界时记为 UT2。它们的关系为

$$UT1 = UT0 + \Delta\lambda$$
$$UT2 = UT0 + \Delta T_s \tag{4.5}$$

式中，$\Delta\lambda$ 为地极位移改正，即

$$\Delta\lambda = \frac{1}{15}(x_p \sin\lambda - y_p \cos\lambda)\tan\varphi \tag{4.6}$$

其中，x_p、y_p 为地极坐标，φ 和 λ 为观测点的天文纬度和经度；ΔT_s 为地球自转速

度的季节性改正，且

$$\Delta T_s = 0.022\sin 2\pi t - 0.012\cos 2\pi t$$
$$- 0.006\sin 2\pi t + 0.007\cos 4\pi t \tag{4.7}$$

其中，t 为从本年 1 月 1 日起算起的年小数。

无论是 UT1 还是 UT2，都不是一个严格均匀的时间系统，但它们与地球自转有密切的关系，因此在天文学、大地测量和空间技术中应用广泛。

3. 原子时系统

随着天文学、大地测量和空间技术的发展，对时间准确度和稳定度的要求日益提高，以地球自转为基础的世界时系统已经不能满足要求，因此 20 世纪 50 年代，人们建立了以物质内部原子运动特征为基础的原子时系统。由于物质内部的原子跃迁所辐射和吸收的电磁波频率具有很高的稳定性和复现性，以此建立的原子时系统便成为当代最理想的时间系统。

1) 原子时

原子内部运动稳定性比地球自转高得多，每种元素的原子都有电子分布在一定的轨道上绕原子核旋转，电子从一个轨道跃迁到另一个轨道上，会放出(或吸收)具有一定振荡频率的电磁波。对于某组元素的原子，其电子在两条确定的轨道之间跃迁时，放出的电磁波的振荡频率总是一定的。用这种振荡频率建立起来的时间标准，称为原子时。1967 年，第十三届国际度量衡大会决定采用原子秒作为时间的基本单位。1976 年，第十六届国际天文学联合会决议，从 1984 年起天文计算和历表上所用的时间单位都以原子秒作为基础。

原子时间系统将秒长定义为铯原子 133 原子基态的两个超精细能级间在零磁场下跃迁辐射 9192631770 周所经历的时间。起始原点定义 1958 年 1 月 1 日 0 时 UT2 为起点，事后经国际上多台原子钟比对发现，实际原子钟的原点为

$$\text{TA=UT2}-0.039\text{s} \tag{4.8}$$

原子时是用高精度原子钟来保持的。目前国际上将约 100 台原子钟互相比对，并经过数据处理推算出统一的原子时，称为国际原子时(international atomic time, TAI)。

2) 协调世界时

原子时虽然秒长均匀、稳定性高，但其与地球自转无关，实际使用起来较为不便。世界时 UT1 虽不均匀、但与地球自转密切相关。原子时与世界时 UT1 秒长不等，大约每年相差 1s，如此积累下去二者越差越大，为了协调原子时与世界时的关系，建立了一种折中的时间系统，称为协调世界时(coordinated universal time, UTC)。

按照国际规定，协调世界时的秒长采用原子时的秒长。其积累的时刻与 UT1

时刻之差保持在 0.9s 之内，超过该值时，采用跳秒(闰秒)的方法来进行调整。闰秒一般在 6 月 30 日或 12 月 31 日最后一秒加入，具体日期由国际时间局在两月前通知各国。

目前，世界各国发播的时号，均以 UTC 作为基准。为了给使用 UT1 的用户提供 UT1，时间服务部门在发播 UTC 时号的同时还给出其与 UT1 的差值，这样 UT1 用户便可由 UTC 得到相应的 UT1。

3) 儒略日和修正儒略日

儒略日(Julian day, JD)是一种不用年和月的纪日法，它是以公元前 4713 年 1 月 1 日世界时 12 时作为起算点的积累日数。对于求两个事件之间的相隔日数是非常方便的。儒略日位数太多且起点为正午 12 时，与通常的 0 时作为起始点相差 12h，因此定义修正儒略日(modified Julian day, MJD)为 MJD=JD−2400000.5。

4. 力学时系统

在天文学中，天体的星历是根据天体动力学理论建立的运动方程而编算的，其中采用的独立变量时间参数 T 称为力学时，力学时是均匀的。根据运动方程及所选的参考点不同，力学时可分为以下两种。

(1) 质心力学时(barycentric dynamical time, TDB)。质心力学时是相对于太阳系质心的运动方程所采用的时间参数。

(2) 地球时(terrestrial time, TT)。地球时是相对于地球质心的运动方程所采用的时间参数。在描述卫星运动时，地球时作为一种严格均匀的时间尺度和独立的变量。

地球时的基本单位是国际秒制，与原子时的尺度相同。国际天文联合会规定，1977 年 1 月 1 日原子时 0 时与地球时的关系为 TT=TAI+32.184s。

若以 ΔT 表示地球时 TT 与世界时 UT1 之间的差，则

$$\Delta T=TT-UT1=TAI-UT1+32.184s \tag{4.9}$$

该差值可通过国际原子时与世界时的对比来确定，通常载于天文年历中。

5. GPS 时间系统

为了精密导航与定位的需要，GPS 建立了专用的时间系统，即 GPS 时间系统(global positioning system time, GPST)。它属于原子时系统，其秒长与原子时秒长相同，但原点不同。GPST 的原点于 1980 年 1 月 6 日 0 时，与协调世界时时刻一致，以后按照原子秒长累积计时。因此，GPST 是一个连续的时间系统，与国际原子时在任一瞬间均有一常量差，二者关系为

$$TAI-GPST=19s \tag{4.10}$$

GPST 与协调世界时之间的差为秒的整数倍，GPST 与协调世界时之间的差异如表 4.1 所示。

表 4.1　GPST 与协调世界时之间的差异

历元	GPST 与 UTC 时间差/s	历元	GPST 与 UTC 之间的差/s
1981 年 7 月 1 日	1	1992 年 7 月 1 日	8
1982 年 7 月 1 日	2	1993 年 7 月 1 日	9
1983 年 7 月 1 日	3	1994 年 7 月 1 日	10
1985 年 7 月 1 日	4	1996 年 1 月 1 日	11
1988 年 1 月 1 日	5	1997 年 7 月 1 日	12
1990 年 1 月 1 日	6	1999 年 1 月 1 日	13
1991 年 1 月 1 日	7	2001 年 1 月 1 日	13

时间系统关系如图 4.5 所示。除了时间原点与尺度的不同，GPST 计时方法与其他时间系统不同，以星期数(GPS 周计数)和每星期的秒数来计时。

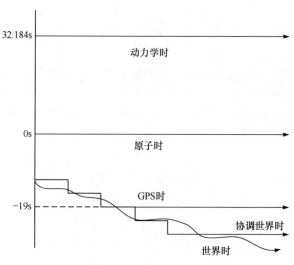

图 4.5　时间系统关系

常见的时间系统如表 4.2 所示。

表 4.2　常见的时间系统

时间	定义	基本单位时间	规律性	应用
恒星时	地球相对恒星的旋转	恒星时，地球相对恒星的一次旋转的时间	不规则	天文观测，决定世界时与地球自转方向
真太阳时	地球相对真太阳的旋转	太阳连续旋转	不规则	日晷
平太阳时	地球相对平太阳的旋转	平太阳日	不规则	工程简化

续表

时间		定义	基本单位时间	规律性	应用
世界时	UT0	观测世界时	平太阳日	不规则	研究地球南北极
	UT1	修正 UT0	平太阳日	不规则	展示地球旋转的季节性变化
	UT2	修正 UT1	平太阳日	不规则	地球自转
	UTC	原子秒、跳秒并约等于 UT1	平太阳日	均匀(除去跳秒时)	本地时间保持；地球导航与观测；广播时间信号
历书时		基于 1900 回归年	历书秒	均匀	不再使用
原子时		铯 133 辐射频率	原子秒=历书秒	均匀	历书时与世界时的基准
GPST		无跳秒的原子秒	原子秒	均匀	GPS 信号专用时间
地球时		地球平均海平面的原子秒	地球表面的原子秒	均匀	历书时
质心力学时		相对于太阳系质心的运动方程	协调相对论效应的原子秒	均匀	将地球基准时间转化为行星运动时间

4.1.3　利用到达时间进行定位的原理

卫星导航定位的本质是利用到达时间测距的原理确定用户的位置。这需要测量信号从位置已知的卫星发出直至到达用户所经过的时间。信号传播时间乘以信号速度即卫星到用户接收机的距离。用户接收机通过测量从多个位置已知的卫星广播的信号传播时间，便能确定自己的位置。为了确定用户的三维位置，通常需要用户同时观测 3 颗以上的卫星，通过空间三球交会于一点确定用户在空间的三维位置。

假定卫星星历是准确的(即卫星的位置是准确已知的)，如果 1 颗卫星发射测距信号，地面用户接收机可以算出卫星信号到用户的传播时间，将其乘以光速便可得到卫星到用户的距离 R。按照该测量过程，用户应位于以卫星为球心、卫星至用户的距离为半径的球面上的某一点。如果同时用第 2 颗卫星的测距信号进行测量，那么用户应位于以第 2 颗卫星为球心的球面上。由于用户同时位于两个球面的某个位置，用户有可能在两个球面的相交平面的圆周线上，或者两个球面相交的一个点上(两个球面刚好相切的情况)，相交平面与两卫星连续垂直。用户位于两球面相交阴影圆的圆周上，如图 4.6 所示。

利用第 3 颗卫星重复上述测量过程，用户便被定位于以第 3 颗卫星为球心的球面上。第 3 个球面与前两个球面相交圆周线交于两个点，其中一个点是卫星的正确位置，通过一些辅助信息即可确定用户的真正位置。用户位于阴影圆的两点之一，如图 4.7 所示。

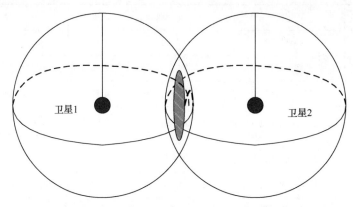

图 4.6　用户位于两球面相交阴影圆的圆周上

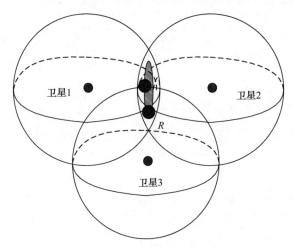

图 4.7　用户位于阴影圆的两点之一

4.1.4　卫星导航定位方式

用户采用卫星进行导航定位可分为绝对定位与相对定位[22]。它们在观测方式、数据处理、定位精度及应用范围等方面均有区别。此外，为提高定位精度，可选用差分定位这种特殊的定位方式。

1. 绝对定位

绝对定位指利用地面接收机同时观测 4 颗以上导航卫星，独立确定接收机所在点在参考坐标系的位置。其优点是，只需一台接收机即可独立定位，观测实施方便、数据处理简单。不足在于，其受卫星星历误差和信号传播延迟影响明显，定位精度较低。这种定位模式在舰船航行、航空飞机、车辆行驶、地质勘探、军事作战等方面得到了广泛应用。

2. 相对定位

在两个或若干个观测点上放置接收机，同步跟踪观测同一组导航卫星，测定它们之间的相对位置，称为相对定位。在相对定位中，某些点在参考坐标系的位置是已知的，这些点被称为基准点(或参考点)。

其优点在于，由于相对定位采用多点同步观测同一组导航卫星，可以有效消除或减弱许多共性误差的影响，包括卫星钟差、星历误差、信号在大气传播时延等，获得相对高的定位精度。相对定位也存在一定的不足，该定位方式要求各接收机同步观测同一组卫星，实施起来有一定难度，且两点间距存在限制，一般要求小于 1000km。

相对定位是高精度定位的基本方法，广泛应用于高精度大地控制网、精密工程测量、地球动力学、地震监测，以及导航、火箭发射任务的外弹道测量。

3. 差分定位

差分定位是相对定位的一种特殊实现形式，是目前卫星实时定位中精度最高的一种定位方式。

在定位区域内，在一个或者多个已知点放置接收机作为基准站，连续观测所有可见的导航卫星的伪距，经与已知距离对比，求出伪距修正值(即差分修正参数)，通过数据传输路线，按照一定格式播发。区域内所有未知点的接收机，除了跟踪导航卫星伪距外，同时还要接收基准站发过来的伪距修正值，通过对相应的伪距进行修正，最终可用修正后的伪距进行定位。

差分定位的精度较高，C/A 码伪距差分实时定位精度可达 5m 左右，事后处理可达 1~3m。采用差分定位的不足之处在于，因为需要数据传输线路，用户接收机需要有差分数据接口，且用户接收机与基准站的距离受限，一个基准站的控制距离为 200~300km。随着卫星导航技术的发展，差分的概念由普通伪距差分逐渐发展成为载波相位差分、实时动态(real-time kinematic, RTK)定位等方式。差分定位也扩展为广域差分、广域增强等。

4.1.5 卫星导航定位基本方程

1. 卫星导航定位基本观测量与定位模型

卫星导航定位的基本观测量为信号从卫星至接收机的传播时间[23]，即

$$\tau' = \tau + \delta t_k - \delta t^j \tag{4.11}$$

式中，τ 为真实时延；δt_k 为接收机相对基准时间系统的钟差；δt^j 为卫星相对基

准时间系统的钟差。

两边同时乘以光速,可得卫星导航伪距测量定位基本模型,即

$$\rho = c\tau' = c\tau + c\delta t_k - c\delta t^j = R + b_k - c\delta t^j \tag{4.12}$$

式中,ρ 为伪距;R 为卫星至接收机的几何距离;$b_k = c\delta t_k$ 为接收机钟差等效距离参数;c 为光速;δt^j 卫星钟差,可由卫星导航电文得到。

由式(4.12)可知,在该模型中,除了用户的三维位置参数外,还有一个接收机钟差等效距离参数,即存在 4 个未知数,因此需要同时观测 4 颗以上的卫星才能求解。假定某测站 k 可同时观测 4 颗以上卫星 $i(i=1, 2, 3, \cdots)$,则可列出 i 个方程,即

$$\begin{aligned}
\rho_k^j &= R_k^j(t^j, t_k) + b_k - c\delta t^j \\
&= \sqrt{(x_i - x)^2 + (y_i - y)^2 + (z_i - z)^2} + b_k - c\delta t^j
\end{aligned} \tag{4.13}$$

式中,(x_i, y_i, z_i) 是由卫星星历求出的卫星 i 的位置;(x, y, z) 为接收机点坐标(未知);t^j 为卫星发播信号时刻;t_k 为接收机时钟的观测时刻;R_k^j 为卫星与接收机的几何距离;ρ_k^j 为伪距。

当 $i \geqslant 4$ 时,求解方程组可以得到 4 个未知数,即伪距测量定位原理。卫星伪距观测定位示意图如图 4.8 所示。

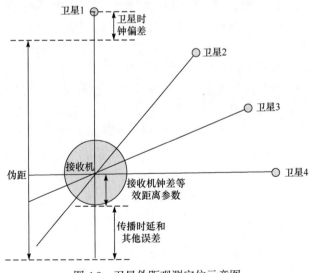

图 4.8　卫星伪距观测定位示意图

2. 卫星导航定位解算

设某一观测历元 t,地面某点同步观测到 n 颗导航卫星($n \geqslant 4$),则对应的每

颗卫星导航定位的测量方程为

$$\bar{\rho}_i = \sqrt{(x_i - z)^2 + (y_i - y)^2 + (z_i - z)^2} + c\delta t_R, \quad i = 1, 2, \cdots, n \tag{4.14}$$

各颗卫星的测量值为

$$\bar{\rho}_i' = \rho_i + c\delta t_R + c\delta t_i - d_{\text{iono},i} - d_{\text{trop},i} + \delta, \quad i = 1, 2, \cdots, n \tag{4.15}$$

式中，ρ_i 为真实距离；δt_R 为该时刻的用户接收机时钟误差；δt_i 为卫星时钟误差；$d_{\text{iono},i}$ 为电离层延迟误差；$d_{\text{trop},i}$ 为对流层延迟误差；δ 为其他误差；c 为光速；(x_i, y_i, z_i) 为历元 t 时刻导航卫星 i 在协议地球坐标系中的坐标分量；(x, y, z) 为历元 t 时刻待求的用户接收机天线相位中心的位置坐标。

由 n 颗导航卫星进行定位测量时，将 n 颗卫星数据分别代入式(4.14)，形成方程组，为了便于分析，对方程组各方程进行线性化，可以得到由 n 个偏差方程构成的方程组，其矩阵形式为

$$H\Delta X = \Delta\rho \tag{4.16}$$

式中，$H = \begin{bmatrix} -h_{11} & -h_{12} & -h_{13} & 1 \\ -h_{21} & -h_{22} & -h_{23} & 1 \\ \vdots & \vdots & \vdots & \vdots \\ -h_{n1} & -h_{n2} & -h_{n3} & 1 \end{bmatrix}$；$\begin{bmatrix} h_{i1} & h_{i2} & h_{i3} \end{bmatrix} = \begin{bmatrix} \dfrac{x_i - x_0}{R_{i0}} & \dfrac{y_i - y_0}{R_{i0}} & \dfrac{z_i - z_0}{R_{i0}} \end{bmatrix}$；

$R_{i0} = \sqrt{(x_i - x_0)^2 + (y_i - y_0)^2 + (z_i - z_0)^2}$；$\Delta X = [\delta x \quad \delta y \quad \delta z \quad \delta u_t]^{\text{T}}$，$\delta u_t = c\delta t_R$；$\Delta\rho = [\rho_1 - R_{10} \quad \rho_2 - R_{20} \quad \cdots \quad \rho_n - R_{n0}]$；$(x_0, y_0, z_0)$ 和 $(\delta x, \delta y, \delta z)$ 为接收机天线近似位置坐标分量及相应的改正数。

假设接收机对每颗卫星的测量伪距等权，通过使残差平方和最小(即最小二乘估计法)，可得误差向量矩阵为

$$\Delta X = (H^{\text{T}}H)^{-1}H^{\text{T}}\Delta\rho \tag{4.17}$$

实际定位结果为

$$\begin{aligned} x &= x_0 + \delta x \\ y &= y_0 + \delta y \\ z &= z_0 + \delta z \end{aligned} \tag{4.18}$$

需要说明的是，按照上述方法进行定位解算需要已知接收机的近似位置坐标。当接收机的近似位置坐标误差较大时，由于观测误差方程线性化取一次项，高阶截断误差较大会使定位结果误差较大，应采用迭代法逐步精化解算结果，即在取得定位结果 $X^1 = X^0 + \Delta X^1$ 后，用 X^1 作为近似值重新进行解算，直至相邻两次结算结果之差小于精度要求。

3. 精度估算

依据方差-协方差传播律，对式(4.17)求协方差，可得

$$\mathrm{cov}(\Delta X) = (H^{\mathrm{T}}H)^{-1}H^{\mathrm{T}}\mathrm{cov}(\Delta\rho)H(H^{\mathrm{T}}H)^{-1} \tag{4.19}$$

式中，$\mathrm{cov}(\Delta X) = \begin{bmatrix} \sigma_{xx}^2 & \sigma_{xy} & \sigma_{xz} & \sigma_{xt} \\ \sigma_{yx} & \sigma_{yy}^2 & \sigma_{yz} & \sigma_{yt} \\ \sigma_{zx} & \sigma_{zy} & \sigma_{zz}^2 & \sigma_{zt} \\ \sigma_{tx} & \sigma_{ty} & \sigma_{tz} & \sigma_{tt}^2 \end{bmatrix}$；$\mathrm{cov}(\Delta\rho) = \begin{bmatrix} \sigma_{11}^2 & \sigma_{12} & \cdots & \sigma_{1n} \\ \sigma_{21} & \sigma_{22}^2 & \cdots & \sigma_{2n} \\ \vdots & \vdots & & \vdots \\ \sigma_{n1} & \sigma_{n2} & \cdots & \sigma_{nn}^2 \end{bmatrix}$。

结合工程实际，假设接收机对每颗卫星的伪距测量误差相互独立，测量方差相等并设为 σ_{UERE}，对于随机误差，则 $\mathrm{cov}(\Delta\rho)$ 为单位矩阵，整理式(4.19)可得

$$D_{XX} = Q\sigma_{\mathrm{UERE}}^2 \tag{4.20}$$

式中，$D_{XX} = \begin{bmatrix} \sigma_{xx}^2 & \sigma_{xy} & \sigma_{xz} & \sigma_{xt} \\ \sigma_{yx} & \sigma_{yy}^2 & \sigma_{yz} & \sigma_{yt} \\ \sigma_{zx} & \sigma_{zy} & \sigma_{zz}^2 & \sigma_{zt} \\ \sigma_{tx} & \sigma_{ty} & \sigma_{tz} & \sigma_{tt}^2 \end{bmatrix}$；$Q = (H^{\mathrm{T}}H)^{-1} = \begin{bmatrix} q_{11} & q_{12} & q_{13} & q_{14} \\ q_{21} & q_{22} & q_{23} & q_{24} \\ q_{31} & q_{32} & q_{33} & q_{34} \\ q_{41} & q_{42} & q_{43} & q_{44} \end{bmatrix}$，称为协

因素阵；σ_{UERE} 为伪距测量均方根误差，或称为等效用户测距误差(user equivalent range error, UERE)，即伪距的实际精度。

对 1 颗给定的卫星来说，σ_{UERE} 是与该颗卫星相关联的误差源所产生的影响的(统计)和。各颗卫星之间，常假定 σ_{UERE} 是独立的，并且分布是相同的。因此，在得到各点坐标分量的方差 σ_{xx}^2、σ_{yy}^2、σ_{zz}^2 后，可按下式估算定位精度，即

$$\sigma_p = \pm\sqrt{\sigma_{xx}^2 + \sigma_{yy}^2 + \sigma_{zz}^2} = \pm\sigma_{\mathrm{UERE}}\sqrt{q_{11} + q_{22} + q_{33}} \tag{4.21}$$

4.1.6　导航定位精度因子的定义与计算

1. 影响卫星导航定位精度的因素

根据卫星导航定位精度估算公式，可知

$$\begin{cases} Q = (H^{\mathrm{T}}H)^{-1}, \quad D_{XX} = Q\sigma_{\mathrm{UERE}}^2 = (H^{\mathrm{T}}H)^{-1}\sigma_{\mathrm{UERE}}^2 \\ \sigma_X = \sigma_{\mathrm{UERE}}\sqrt{q_{11}}, \quad \sigma_Y = \sigma_{\mathrm{UERE}}\sqrt{q_{22}} \\ \sigma_Z = \sigma_{\mathrm{UERE}}\sqrt{q_{33}}, \quad \sigma_t = \sigma_{\mathrm{UERE}}\sqrt{q_{44}} \end{cases} \tag{4.22}$$

由此可以看出卫星导航定位精度与以下两方面因素有关。

(1) UERE。观测误差源主要包括卫星星历误差、卫星钟差、电离层和对流层误差等。

(2) 用于定位的导航卫星相对于接收机的几何构型。协因素阵 Q 中的各元素均取决于观测卫星相对接收机的几何构型。

2. 定位精度因子

卫星之间的相对运动会造成星座几何结构随时间发生变化。为了表征用于定位的导航星座几何构型对用户定位精度的影响，引入定位精度因子的概念。

1) PDOP

由三维位置精度公式(4.21)可定义与卫星几何结构有关的量为位置精度因子，即

$$\text{PDOP} = \sqrt{q_{11} + q_{22} + q_{33}} \tag{4.23}$$

因此

$$\sigma_p = \sigma_{\text{UERE}}\text{PDOP} \tag{4.24}$$

这表明，位置定位精度取决于位置精度因子 PDOP 和 σ_{UERE}。

2) VDOP

垂向均方根差 σ_v 等于位置均方根差在高程方向的投影。为了简化，近似认为高程与用户点位置向量一致，则

$$\sigma_v = \sigma_{\text{UERE}}\sqrt{RQ / |R|} \tag{4.25}$$

式中，$R = [x \quad y \quad z]^{\text{T}}$；$Q = [q_{11} \quad q_{22} \quad q_{33}]^{\text{T}}$；$|R| = \sqrt{x^2 + y^2 + z^2}$；$RQ = xq_{11} + yq_{22} + zq_{33}$。

VDOP 为

$$\text{VDOP} = \sqrt{RQ / |R|} = \sqrt{(xq_{11} + yq_{22} + zq_{33}) / \sqrt{x^2 + y^2 + z^2}} \tag{4.26}$$

因此

$$\sigma_v = \sigma_{\text{UERE}}\text{VDOP} \tag{4.27}$$

3) HDOP

用户点水平位置的均方差为

$$\sigma_h = \sqrt{\sigma_p^2 - \sigma_v^2} = \sigma_{\text{UERE}}\sqrt{\text{PDOP}^2 - \text{VDOP}^2} \tag{4.28}$$

定义水平精度因子为

$$\begin{aligned}\text{HDOP} &= \sqrt{\text{PDOP}^2 - \text{VDOP}^2}\\&= \sqrt{q_{11} + q_{22} + q_{33} - (x q_{11} + y q_{22} + z q_{33})/\sqrt{x^2 + y^2 + z^2}}\end{aligned} \tag{4.29}$$

因此

$$\sigma_h = \sigma_{\text{UERE}}\text{HDOP} \tag{4.30}$$

4) 时间精度因子(time dilution of precision, TDOP)

由式(4.22)可知

$$\sigma_t = \sigma_{\text{UERE}}\sqrt{q_{44}} \tag{4.31}$$

相应地，定义 TDOP 为

$$\text{TDOP} = \sqrt{q_{44}} \tag{4.32}$$

$$\sigma_t = \sigma_{\text{UERE}}\text{TDOP} \tag{4.33}$$

5) 总精度因子

描述观测卫星几何构型相对用户接收机三维位置和时钟钟差的综合影响为总精度因子(global dilution of precision, GDOP)，其定义为

$$\text{GDOP} = \sqrt{\text{PDOP}^2 + \text{TDOP}^2} = \sqrt{q_{11} + q_{22} + q_{33} + q_{44}} \tag{4.34}$$

这些定位精度因子表示的是导航星座几何构型对定位精度影响的程度。在相同的观测精度情况下，定位精度因子值越小，定位精度越高；反之越低。因此，定位精度因子实质上反映导航星座几何构型分布的影响，其数值就是伪距测量误差到用户误差的放大倍数，与坐标系无关。

定位精度因子对定位和钟差的精度有着重大影响，为提高定位精度，应选择定位精度因子最小的卫星进行定位；为保证定位精度，应规定定位精度因子的最大上限值。

6) 精度因子的性质

当伪距测量误差一定时，精度因子值越小，定位精度越高。当选用 4 颗卫星进行导航定位时，这些卫星构成的空间四面体体积越大，精度因子值就越小。假设 1 颗卫星位于用户接收机的天顶，由其余 3 颗卫星构成的等边三角形拓展平面垂直于用户至天顶的连线，则导航定位方程系数矩阵可以表示为

$$H = \begin{bmatrix} \cos E & 0 & \sin E & 1 \\ -\dfrac{1}{2}\cos E & \sqrt{\dfrac{3}{4}}\cos E & \sin E & 1 \\ -\dfrac{1}{2}\cos E & -\sqrt{\dfrac{3}{4}}\cos E & \sin E & 1 \\ 0 & 0 & 1 & 1 \end{bmatrix} \tag{4.35}$$

式中，E 为构成等边三角形的 3 颗卫星高度角。

因此，可以得到 GDOP、PDOP、HDOP、VDOP 和 TDOP 随卫星高度角的变化趋势。精度因子值随卫星高度角的变化情况如图 4.9 所示。由图可以得出以下结论。

(1) 当卫星高度角大于 0 时，GDOP、PDOP、HDOP、VDOP 和 TDOP 的变化趋势一致，都随高度角的增大而增加，其中 HDOP 随高度角变化趋势略为平缓。

(2) 当卫星高度角等于–19.47°时，GDOP、PDOP 和 TDOP 达到最小，分别为 1.581、1.500 和 0.500。

(3) 当卫星高度角等于 0 时，HDOP 的值达到最小，为 1.154。

(4) VDOP 随高度角的减小而逐渐减小，并且其变化幅度越来越小。

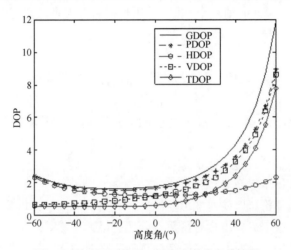

图 4.9　精度因子值随卫星高度角的变化情况

3. 最佳星座的选择

星座规模参数(即卫星数)对 GDOP 值的影响是较大的。研究证明，对于任意几何配置的卫星星座，采用多于 4 颗可见卫星进行定位，其 GDOP 值优于采用其中任选的 4 颗卫星进行定位的 GDOP 值(一般在 1 和 6 之间)。

设由 4 颗可见卫星求得的矩阵为

$$A_4 = \begin{bmatrix} e_{11} & e_{12} & e_{13} & 1 \\ e_{21} & e_{22} & e_{23} & 1 \\ e_{31} & e_{32} & e_{33} & 1 \\ e_{41} & e_{42} & e_{43} & 1 \end{bmatrix} \tag{4.36}$$

其对应的 GDOP 记为 GDOP_4，则 5 颗可见卫星相应的矩阵为

$$A_5 = \begin{bmatrix} A_4 \\ a \end{bmatrix} \tag{4.37}$$

式中，$a = [e_{51} \quad e_{52} \quad e_{53} \quad 1]$；$e_{ki}(i = 1, 2, 3)$ 为用户到第 k 颗卫星单位矢量在 3 个坐标轴的分量，即方向余弦。

可以证明，$\mathrm{Trace}(A_5^{\mathrm{T}} A_5)^{-1} = \mathrm{Trace}(A_4^{\mathrm{T}} A_4 + a^{\mathrm{T}} a)^{-1} \leqslant \mathrm{Trace}(A_4^{\mathrm{T}} A_4)^{-1}$，又 $\mathrm{GDOP} = \sqrt{\mathrm{Trace}(A^{\mathrm{T}} A)^{-1}}$，所以有 $\mathrm{GDOP}_5 \leqslant \mathrm{GDOP}_4$。同理可得，$\mathrm{GDOP}_{k+1} \leqslant \mathrm{GDOP}_k, k \geqslant 4$。

由此可知，随着用于用户定位卫星数目的增加，GDOP 值将不会增加。对于任意几何配置的多于 4 颗卫星的星座进行定位时，对应的 GDOP 值一定优于其中任选 4 颗卫星对应的 GDOP 值，卫星个数越多，GDOP 值就越小，因此采用所有可见卫星定位时，GDOP 值最小。目前的用户接收机大多都拥有 12 个以上的接收通道，可以使用尽量多的卫星进行定位。

4.2　一般星座性能评价指标

对于一般星座而言，评价星座性能的主要指标为星座覆盖性能相关的指标。这与星座设计密切相关，可以说星座设计的目的就是找到覆盖性能最好的星座，或者说找到满足覆盖性能要求的最佳(规模最小、最容易实现)星座。本节给出覆盖性能的一些统计指标及其计算方法。

为了定量地评价星座的对地覆盖性能，需要引入用于评价覆盖品质的覆盖性能指标。常用的覆盖品质因素有覆盖百分比、最大覆盖间隙、平均覆盖间隙、时间平均间隙和平均响应时间。这些指标首先是针对地面上单个的点进行统计的指标，将其在一定地面范围内进行再统计(取平均值、取最大值、取最小值)可以衍生出相应地区的统计指标。另一个有价值的统计指标是全球(或指定区域)的面积覆盖百分比，包括瞬时的和按时间平均的指标。这些指标的计算可以采用网格点覆盖仿真方法进行。

所谓地面某点被覆盖，是指该点能联络到卫星的最少数量满足覆盖重数要求。这样，对应于不同的覆盖重数要求，同一个星座可以统计出一重覆盖、二重覆盖……多重覆盖的性能指标。

下面给出地面单个点的覆盖性能指标的定义和计算方法。

1. 覆盖百分比

地面上一点的覆盖百分比，就是该点被覆盖的累计时间在进行统计的总时间中所占的百分比。地面点的覆盖百分比代表该点被覆盖的概率。

在仿真计算中，网格上每一点的覆盖百分比等于该点被覆盖的累计时间除以

仿真的总时间，或者是 1 减去覆盖间隙的总时间除以仿真的总时间，即

$$P_{\text{Dot}} = \frac{t_{\text{TotalCovered}}}{t_{\text{Total}}} = 1 - \frac{t_{\text{TotalGap}}}{t_{\text{Total}}} \tag{4.38}$$

具体的仿真统计方法是为每个网格点设置一个累计覆盖间隙变量 t_{TotalGap}，赋初值为零。

仿真每前进一步，检查所有网格点的观测情况，若某网格点不被覆盖，则该网格点的 t_{TotalGap} 增加相应的仿真时间步长。仿真结束后，计算可得到每个网格点的覆盖百分比。

得到每个网格点的覆盖百分比后，视具体需要可以在一定范围(如一条纬度线上)的网格点中取平均值，从而得到该范围的平均覆盖百分比。

2. 最大覆盖间隙

地面上单独一个点所遇到的最长的覆盖间隙是该点的最大覆盖间隙。

这一指标的仿真统计方法是为每个网格点设一个最大覆盖间隙变量 t_{MaxGap} 和一个当前覆盖间隙变量 t_{CurGap}，赋初值为零。仿真过程中，若某网格点不被覆盖，则该网格点的 t_{CurGap} 增加相应的仿真时间步长；若某网格点前次(仿真的前一步)不被覆盖而这次被覆盖，则该网格点的一个覆盖间隙已经到达终点。此时，如果 $t_{\text{MaxGap}} < t_{\text{CurGap}}$，则令 $t_{\text{MaxGap}} = t_{\text{CurGap}}$，最后将 t_{CurGap} 清零。仿真结束后即可得到每一个网格点的最大覆盖间隙 t_{MaxGap}。

得到每个网格点的最大覆盖间隙后，视具体需要可以在一定范围的网格点中取最大值和平均值，从而得到该范围的最大覆盖间隙和平均最大间隙。最大覆盖间隙代表的是对某个网格点或者少部分网格点分析得到的最坏情况，不能代表星座覆盖的整体性能。

3. 平均覆盖间隙

平均覆盖间隙是给定地面点上遇到的所有覆盖间隙的平均长度。

这一指标的仿真统计方法是在覆盖百分比和最大覆盖间隙的统计算法基础上，为每个网格点增设一个覆盖间隙计数器 N_{Gap}，赋初值为零。在仿真过程中，若某网格点的一个覆盖间隙到达终点，则该网格点的 N_{Gap} 加 1。仿真结束后，每个网格点的平均覆盖间隙为

$$t_{\text{MeanGap}} = \frac{t_{\text{TotalGap}}}{N_{\text{Gap}}} \tag{4.39}$$

4. 时间平均间隙

地面上一点的时间平均间隙就是该点按时间平均的覆盖间隙持续时间。其物

理意义是对系统进行大量的随机采样；若一次采样时该点被卫星覆盖，则采得数据为零；否则，该点处于覆盖间隙，采集的数据为该间隙的长度。所有采样数据的均值即该点的时间平均间隙。

这一指标的仿真统计方法是在覆盖百分比和最大覆盖间隙的统计算法基础上，为每一个网格点增设一个记录间隙长度平方和的变量 S_{GapSum}，并赋初值为零。在仿真过程中，若某网格点的一个覆盖间隙到达终点，则将该点的 t_{CurGap} 平方后加到 S_{GapSum} 中。仿真结束后，每个网格点的时间平均间隙为

$$t_{TimeAveragedGap} = \frac{S_{GapSum}}{t_{Total}} \tag{4.40}$$

5. 平均响应时间

地面一点的平均响应时间是从该点发出随机覆盖请求开始到该点被覆盖的平均等待时间(期望值)。平均响应时间具有明确的物理意义和实用意义。它的一个优点是处理或通信的时延(包括数据的请求和响应时延)可以直接加到平均响应时间，由此得到总的平均响应时间。对数据通信系统来说，它表示从用户请求数据到用户接收到该数据的等待时间的期望值。

在仿真计算中的某个时间点上，如果一个网格点被覆盖，则认为该点在该时刻前的一个仿真步长内的响应时间为零；如果该网格点在某个覆盖间隙，则相应的响应时间就是从该时刻到覆盖间隙终点的时间。由于统计的对称性，也可以按照从覆盖间隙开始到该时刻的时间 t_{CurGap} 计算。

平均响应时间的仿真统计方法是在覆盖百分比和最大覆盖间隙的统计算法基础上，为每个网格点增加一个响应时间的时间累计变量 $R_{TimeIntegral}$，并赋初值为零。在仿真过程中，我们首先按照最大覆盖间隙的统计要求更新 t_{CurGap}，其次将 t_{CurGap} 乘以相应的仿真步长，然后将该数值累加到 $R_{TimeIntegral}$ 中，最后可以得到 $R_{TimeIntegral}$ 的统计值。仿真结束后，每个网格点的平均响应时间为

$$t_{MeanResponse} = \frac{R_{TimeIntegral}}{t_{Total}} \tag{4.41}$$

6. 面积覆盖百分比

面积覆盖百分比指全球表面(或指定区域)被星座覆盖的面积百分比，包括瞬时的面积覆盖百分比和按时间平均的面积覆盖百分比。

在仿真统计方法中，用单位面积上网格点数近似相等的一个网格来覆盖全球(或预定统计区域)，则仿真过程中某一时刻被覆盖的网格点数除以总点数就是该瞬时的面积覆盖百分比，以 $P_{Instant}$ 表示。将 $P_{Instant}$ 乘以仿真步长并累加，仿真结

束后将其总和除以仿真总时间可得平均面积覆盖百分比，即

$$P_{\text{Aera}} = \frac{\sum P_{\text{Instant}} \cdot t_{\text{Step}}}{t_{\text{Total}}} \tag{4.42}$$

以上的各项覆盖性能指标分别从不同的侧面反映星座的量化覆盖品质。综合而言，平均响应时间和时间平均间隙既考虑覆盖的统计特性，又考虑间隙的统计特性，因此最能反映星座的综合覆盖性能，是较好的性能指标。尤其是，平均响应时间还具有明确的物理和实用意义，容易推广使用。

时间覆盖百分比和面积覆盖百分比分别从时间和空间的角度反映覆盖所占的比率，但未反映间隙的分布特性。最大覆盖间隙能给出星座覆盖特性的最坏情况。这 3 个指标有一定参考价值。平均覆盖间隙这个指标无法直接反映覆盖性能的好坏。例如，已知一个星座对某点的平均覆盖间隙为 10 min，人为增加一系列 5min 的覆盖间隙后，覆盖性能应该降低，可是平均覆盖间隙指标却改善(减小)了。

4.3 北斗卫星导航系统星座性能评价指标

北斗卫星导航系统由空间星座、地面监控和用户设备三部分组成。空间星座是导航系统的重要组成部分，空间星座的设计、组网、运行与维持状态的好坏直接决定着系统顶层指标的性能。卫星导航系统的指标主要包括精度、完好性、连续性及可用性。精度指系统为载体提供的位置和载体当时真实位置的重合度。完好性指当导航系统的误差超过允许限值不能胜任规定的导航工作时，系统及时报警，通知用户或终止此信号的功能。连续性指系统在给定的使用条件下，在规定的时间内以规定的性能完成其功能的概率。可用性指系统能为载体提供可用的导航服务的时间的百分比。

设计星座时必须综合考虑上述指标。例如，为了满足系统精度的要求，设计星座时需要考虑卫星应具有很好的空间分布；为了达到系统完好性的要求，必须考虑至少能同时可见 5(或 6)颗几何关系较好的卫星;为了满足系统连续性的要求，需要考虑卫星分布的连续性，同时考虑星座降阶运行的情况(卫星发生故障); 可用性要求星座设计时要有好的空间分布，以及低的卫星故障发生率。

为满足功能性能需求，导航定位精度、精度因子可用性是评价的必要指标，从 4.1 节和 4.2 节的分析可以看到，上述指标分解到空间段的星座设计对应的是覆盖性、精度因子值、精度因子可用性等。结合北斗特色服务 RDSS、短报文、功率增强、SBAS 等对覆盖区、服务重数的要求，可以提出北斗卫星导航系统星座性能评价体系及各指标的评价方法。

4.3.1 覆盖性

1. 定义

覆盖性指导航系统提供满足标准定位服务的空间信号(standard positioning service of signal in space, SPS SIS)的近地服务区域或空间服务区域。空间信号覆盖性包含单星覆盖性和星座覆盖性,前者是后者的基础。单星覆盖性一般用单颗卫星播发的空间信号的覆盖区域的大小来衡量。星座覆盖性一般用导航星座中所有卫星播发的空间信号的覆盖区域的大小来衡量。单星覆盖性主要由卫星天线视场范围、卫星定轨精度、卫星高度和卫星的可靠性确定。约束参数包括卫星高度、卫星对地面覆盖的视场角、覆盖区域相对地心的中心角、星下点轨迹、覆盖带宽、覆盖区面积、卫星的可靠性参数、平均故障间隔时间、平均修复时间等。星座覆盖性主要由单星覆盖性和星座构型等确定,参数包括卫星总数、卫星轨道类型、轨道高度、轨道倾角、轨道平面、卫星在轨道平面中的相位等。此外,覆盖性还与地面监测站、运控站的监测能力和控制能力、卫星发射的信号功率及接收机的灵敏度有关。灵敏度包含跟踪灵敏度、捕获灵敏度、初始启动灵敏度,而且所需的最低信号强度依次增强。星座覆盖性必须做到覆盖区的无缝连接,必须为导航用户提供 4 重以上的空间信号覆盖;否则,无法实现定位。几何强度主要指服务区的精度因子(PDOP、HDOP、VDOP 等)分布情况。

GPS 近地服务区域指从地球表面到离地面 3000km 的区域。空间服务区指距离地面 3000~36000km(接近 GEO)的区域。对 SPS SIS 信号来说,覆盖区主要指近地服务区。

北斗全球卫星导航系统近地服务区域指从地球表面到离地面 2000km 的区域(高覆球)。空间服务区指距离地面 2000~36000km(接近 GEO)的区域。按照覆盖区域的不同,近地服务区域可以分为全球覆盖、纬度带覆盖和区域覆盖。按照覆盖重数的不同,近地服务区域可以分为单重覆盖和多重覆盖。按照时间分辨率的不同,近地服务区域可以分为连续覆盖和间歇覆盖。

对于导航星座来说,必须确保在服务区内提供 4 重以上的连续覆盖。实际应用时,为了应对卫星在轨维护和故障检测,必须确保 5 重以上的覆盖性;为了应对单颗卫星故障排除,则至少要有 6 重以上的覆盖性才能确保导航服务。从用户角度来说,覆盖性指服务区的导航用户能够接收到的卫星数和卫星的空间几何分布,其中可见星数包含服务区的平均可见星数、最少可见星数等。

2. 覆盖性计算

覆盖重数计算包含单颗导航卫星的星下点轨迹、覆盖带宽和覆盖区面积等参数的计算,以及不同服务区的基于一定高度角的可见星数和 PDOP。研究星座全球覆盖问题时，可以不考虑地球的旋转。这是因为，假定不考虑地球旋转，星座可以满覆盖整个地球；考虑地球旋转时，卫星与地球之间将存在一定的相对运动，相同时间内星座的覆盖区域会大于整个地球面积。卫星对地面的覆盖角 d_σ、覆盖带宽 S_w 和覆盖区面积 A 的计算公式为

$$d_\sigma = \arccos\left(\frac{R_e \cos\sigma}{R_e + h}\right) - \sigma \tag{4.43}$$

$$S_w = 2R_e d_\sigma \tag{4.44}$$

$$A = 4\pi R_e^2 \sin^2\frac{d_\sigma}{2} \tag{4.45}$$

式中，R_e 为地球半径；h 为卫星离地面的高度；σ 为最小高度角，一般为 5°，城市导航设定为 25°。

设星座中的卫星总数为 n，卫星高度角阈值设定为 $\sigma(\sigma = 5°)$，按地心经纬度将地球表面划分成 4°×4° 的网格点(亦可以按地表面积相等划分网格点)，采样间隔为 5min，采样时间为一个运行周期。

(1) t 时刻网格点 (i, j) 的瞬时覆盖重数。

设服务区内网格点 (i, j) 在 t 时刻的坐标向量为 $\rho_{(i,j)}(t)$，第 $k(k = 1, 2, \cdots, n)$ 颗卫星的坐标向量为 $\rho^k(t)$，则网格点 (i, j) 到第 k 颗卫星的向量为 $\rho_{(i,j)}^k(t) = \rho^k(t) - \rho_{(i,j)}(t)$。记 $\theta_{(i,j)}^k(t)$ 为坐标向量 $\rho_{(i,j)}(t)$ 到向量 $\rho_{(i,j)}^k(t)$ 的夹角，t 时刻网格点 (i, j) 的瞬时覆盖重数计算公式为

$$n_v(t, i, j) = \sum_{k=1}^{n} \text{bool}\left[\sigma \leqslant \left(\frac{\pi}{2} - \theta_{(i,j)}^k(t)\right)\right] \tag{4.46}$$

式中，$\text{bool}(x)$ 为布尔函数。

(2) 计算 t 时刻服务区的平均覆盖重数。

$$n_v(t) = \sum_{i,j} n_v(t, i, j) / \text{网格点总数} \tag{4.47}$$

(3) 计算一个运行周期内整个服务区的平均覆盖重数。

$$n = \sum_{t=t_0}^{t_0+T} n_v(t) / \text{采样点总数} \tag{4.48}$$

(4) 计算最小覆盖重数。

在 $n_v(t, i, j)$ 的基础上，我们可以计算各种最小覆盖重数。当时间 t 不变时，对 $n_v(t, i, j)$ 求最小值可得到整个服务区在 t 时刻的最小覆盖重数；当 (i, j) 不变时，对 $n_v(t, i, j)$ 求最小值可得到 (i, j) 网格点在星座运行周期的最小覆盖重数；对所有

的 $n_v(t,i,j)$ 求最小值可得到整个服务区在一个运行周期的最小覆盖重数。

若考虑格网区的面积，且设第 (i,j) 个格网区的面积为 $\mathrm{area}_{i,j}$，特定服务区的总面积为 area ，则式(4.47)变为

$$n_v(t) = \frac{\sum_{i,j} n_v(t,i,j) \times \mathrm{area}_{i,j}}{i \times j \times \mathrm{area}} \tag{4.49}$$

4.3.2　导航定位精度因子

1) 精度因子定义

精度因子即定位精度衰减因子。为了说明精度因子，我们首先需要了解精度的定义。广义而言，精度表示一个量的观测值与其真值接近或一致的程度，常以误差表述。对于卫星导航，精度是导航信号所测定的载体在航点位与载体实际点位之差。对于卫星测地，精度是测定的地面点位与真实点位之差。SPS SIS 中精度定义为估计值或测量值与真实值的偏差。精度可以分为空间信号(signal in space, SIS)的精度，以及用户的定位、定速、定加速度与定时精度。空间信号的精度包括公开服务(标准定位服务)、授权服务(精密定位服务)、广域差分与完好性增强服务下的不同数据龄期(age of data, AOD)的用户测距/测速/测加速度/测时精度。导航中的误差常用标准误差或者概率为95%的误差限来表示。用户的定位、定速、定加速度与定时精度是从服务域反映星座的服务性能，其中定位精度包含水平定位精度和垂直定位精度。

精度是继覆盖性之后反映星座导航性能的又一个重要指标，它和可用性是星座的核心性能指标。后面论述的完好性和连续性是高端指标。这些指标都建立在覆盖性和精度指标基础之上。一般来说，星座的覆盖性越好(可见星数越多、卫星空间几何结构越好)，其精度越高、可用性越大，完好性和连续性越容易得到改善。

2) 定位精度计算

精度因子值可参考 4.1.6 节给出的方法进行计算。用户定位/定速精度主要取决于时间同步、轨道确定、传播时延(电离层时延、对流层时延、多路径时延)和精度因子，计算公式如下。

(1) 定位精度=UERE×PDOP。

(2) 水平定位精度=UERE×HDOP。

(3) 垂直定位精度=UERE×VDOP。

(4) 定时精度=UERE×TDOP÷c，c 为光速。

(5) 水平定速精度=UERRE×HDOP。

(6) 垂直定速精度=UERRE×VDOP。

其中，UERRE 为用户等效测速误差；UERE 为用户等效测距误差，即

$$UERE = \sqrt{URE^2 + UEE^2} \tag{4.50}$$

用户设备误差(user equipment error, UEE)受对流层延迟、接收机噪声、多路径等影响，主要与用户所处的环境和接收机的性能有关。由于标准定位服务只考虑空间段和地面段，不考虑用户段，所以 UERE=用户测距误差(user range error, URE)。URE 与观测量有关，单频 C/A 码测量、精码测量和载波相位测量的 URE 是不同的，精码测量和载波相位测量的 URE 明显比 C/A 码测量的 URE 小，即测量精度高。由于空间信号不考虑电离层的影响，单频观测量或双频观测量的 URE 是一致的。URE 还受到上行加载的导航 AOD 的影响，AOD 越长(数据加载后的时间越长)，URE 越大。特别在控制区段出现人为或自然灾难导致不能给卫星上行加载新的导航数据时，URE 的变化更加明显。在最大 AOD 时，URE 的数值很大，用户需谨慎使用。例如，GPS 在 AOD=0 时，URE 为 6.0m (95%)，如果没有注入新的导航数据，当最大 AOD=14.5d 时，URE 为 388m (95%)。

综上，可以得到下面结论：在精度因子确定时，精度完全由 UERE 或 URE、UERRE 决定。

UERE 包括电离层误差、对流层误差、接收机噪声、分辨率、多径、卫星时钟和星历误差等，其中对流层误差、接收机噪声、分辨率和多径误差加起来占整个 UERE 的 95%以上。UERE 可以根据统计数据计算或由卫星钟误差 σ_{SC}、星历误差 σ_{eph}、大气模型误差 σ_{iono} 和 σ_{trop}、多路径误差 σ_{mp}、接收机钟差 σ_{rc}、白噪声误差 σ_{noise}，以及其他各种不确定性误差。例如，通道偏差计算，即

$$UERE_i^2 = \sigma_{SC,i}^2 + \sigma_{eph,i}^2 + \sigma_{iono,i}^2 + \sigma_{trop,i}^2 + \sigma_{mp,i}^2 + \sigma_{rc,i}^2 + \sigma_{noise,i}^2 \tag{4.51}$$

式中

$$URE_i^2 = \sigma_{SC,i}^2 + \sigma_{eph,i}^2 + \sigma_{iono,i}^2 + \sigma_{trop,i}^2 \tag{4.52}$$

Galileo 系统按下式计算 URE：

$$URE_i^2 = \sigma_{SISA,i}^2 + k\sigma_{SNR,i}^2 + \frac{\sigma_n^2}{\tan^2 EL_i} + \frac{\sigma_{trv}^2}{\sin^2 EL_i} \tag{4.53}$$

式中，$\sigma_{SISA,i}$ 为空间信号精度；$\sigma_{SNR,i}$ 为信噪比带来的误差；σ_{trv} 为电离层传播误差；σ_n 为噪声误差；EL 为高度角。

广域差分增强服务指对北斗卫星 RNSS 信号在我国及周边区域的广域差分改正及完好性状态进行监测，以处理形成相应的广域差分改正与完好性信息，并通过 GEO 卫星或地面网络等专门的播发链路向用户播发。广域差分改正精度指标

分为轨道和钟差改正精度、电离层改正精度。

4.3.3　精度因子可用性

在星座设计与分析工作中,经常采用精度因子作为评价星座导航性能的指标。该指标不涉及 UERE 误差因素,可以直接用来描述空间星座的几何构型设计的好坏。对于星座设计来说,它是可以直接评价星座性能的指标。在全球覆盖区域范围内,按经纬线划分网格,计算每个网格点在一个卫星回归周期内的精度因子时间序列,从而统计得到每个网格点的最大精度因子、精度因子可用性,以及覆盖区域星座可用性等。其中,星座单个网格点精度因子可用性和覆盖区域精度因子可用性可表示为

$$A_i = \frac{N_i^T(\mathrm{DOP}_n)}{N_i^T(\mathrm{DOP})} \times 100\% \tag{4.54}$$

$$A_R = \frac{N_R^T(\mathrm{DOP}_n)}{N_R^T(\mathrm{DOP})} \times 100\% \tag{4.55}$$

式中, A_i 表示指定网格点 i 满足 $\mathrm{DOP} < n$ 的星座可用性; $N_i^T(\mathrm{DOP}_n)$ 表示网格点 i 在一个卫星轨道周期 T 内采样计算所有符合 $\mathrm{DOP} < n$ 的精度因子统计数; $N_i^T(\mathrm{DOP})$ 表示网格点 i 在一个卫星轨道周期 T 内采样计算所有精度因子统计数; A_R 表示指定覆盖区域满足 $\mathrm{DOP} < n$ 的星座可用性; $N_R^T(\mathrm{DOP}_n)$ 表示覆盖区域在一个卫星轨道周期 T 内采样计算所有符合 $\mathrm{DOP} < n$ 的精度因子统计数; $N_R^T(\mathrm{DOP})$ 表示覆盖区域在一个卫星轨道周期 T 内采样计算所有精度因子统计数; n 为 DOP 的临界值, n 的取值可以根据具体系统的性能指标进行确定。

4.3.3 节中的 DOP 可以用 GDOP、PDOP、HDOP、VDOP 和 TDOP 等多种精度因子进行替代。上述定义和公式也可类似地用在描述导航星座定位精度的可用性方面。

假定用上述方法计算出服务区内网格点 (i, j) 在 t 时刻的 PDOP 值为 $\mathrm{PDOP}_{(i,j)}(t)$,则 t 时刻服务区的平均 PDOP 和一个运行周期内整个服务区的平均 PDOP 分别为

$$\mathrm{PDOP}(t) = \sum_{i,j} \mathrm{PDOP}_{(i,j)}(t) / 网格点总数 \tag{4.56}$$

$$\mathrm{PDOP} = \sum_{t=t_0}^{t_0+T} \mathrm{PDOP}(t) / 采样点总数 \tag{4.57}$$

当时间 t 不变,对 $\mathrm{PDOP}_{(i,j)}(t)$ 求最大值就可以得到整个服务区在 t 时刻 PDOP

的最大值；当(i,j)不变，对$\text{PDOP}_{(i,j)}(t)$求最大值就可以得到(i,j)网格点在星座运行周期的 PDOP 的最大值；对所有的$\text{PDOP}_{(i,j)}(t)$求最大值就可以得到整个服务区在一个运行周期的 PDOP 最大值。

若考虑网格区面积，则式(4.56)变为

$$\text{PDOP}(t) = \frac{\sum_{i,j} \text{PDOP}_{(i,j)}(t) \times \text{area}_{i,j}}{i \times j \times \text{area}} \tag{4.58}$$

利用单星可用性可以得到整个北斗星座的可用性，其计算公式为

$$A = \sum_{n=4}^{m} \sum_{k=1}^{c_m^n} P_{n,k} \alpha_{n,k} \tag{4.59}$$

其中，$P_{n,k}$为n颗卫星中第k种组合的平均可用性$P_{n,k}$；$\alpha_{n,k}$为在特定的n颗卫星可用(其余卫星不可用)的条件下得到的星座 PDOP 值可用性。

设单颗卫星的可用性为$p_i (i = 1, 2, \cdots, m)$，则$P_{n,k}$为

$$P_{n,k} = \left(\prod_{i=1}^{n} p_i \right) \left[\prod_{j=1}^{m-n} (1 - p_j) \right] \tag{4.60}$$

设 PDOP 阈值为l(例如$l = 5$或 7)，PDOP 值小于或等于阈值的网格点，被标记为"l"。标记为"l"的网格点数/网格点总数就是$\alpha_{n,k}$，可见$\alpha_{n,k}$是时空意义上的平均值。其具体计算步骤如下。

(1) 计算t时刻网格点的瞬时 PDOP 值可用性。特定服务区内网格点(i,j)在t时刻的瞬时 PDOP 值可用性计算公式为

$$a(t,i,j) = \text{bool}(\text{PDOP}_{t,i,j} < l) \tag{4.61}$$

(2) 计算t时刻服务区的瞬时 PDOP 值平均可用性。特定服务区在时刻t的区域平均 PDOP 值可用性计算公式为

$$a_k(t) = \sum_{i,j} \text{bool}(\text{PDOP}_{t,i,j} < l) / \text{网格点总数} \tag{4.62}$$

(3) 计算运行周期内服务区的 PDOP 值平均可用性，即

$$\alpha_{n,k} = \sum_{t=t_0}^{t_0+\Delta T} \sum_{i,j} \text{bool}(\text{PDOP}_{t,i,j} < l) / \text{采样点总数} \tag{4.63}$$

4.3.4 导航星座值

北斗卫星导航系统还提出了以导航星座值(constellation value, CV)作为星座

的性能评价指标，其定义为覆盖区内精度因子值小于某一给定值的地区所占百分比在 1 个星座运行周期上的平均值。对导航星座，CV 从宏观角度上反映星座的几何特性和连续可见性，是星座性能的一个重要体现。

在计算导航性能时，可以将系统服务区划分为 1°×1°的网格，计算不同时刻每个格网点的精度因子值。CV 的计算公式为

$$CV = \frac{\sum\limits_{t=t_0}^{t_0+\Delta T} \sum\limits_{i=1}^{L} bool(DOP_{t,i} \leqslant DOP_{max}) \times area_i}{\Delta T \times Area} \times 100\% \tag{4.64}$$

式中，ΔT 为总仿真时间；L 为格网个数；$bool(x)$为布尔函数；Area 为服务区域总面积；$area_i$ 为第 i 个网格的面积；DOP_{max} 为精度因子统计阈值。

4.3.5　卫星无线电定位服务覆盖区

北斗卫星导航系统提供卫星无线电定位服务(RDSS)业务，其含义是以卫星无线电波传输特性确定一个物体的位置、速度或其他特性的业务。该业务由用户以外的地面控制系统完成用户定位所需的无线电导航参数的测定和位置计算。RDSS 业务基于三球交汇位置确定原理进行定位，在已知用户高程的情况下，仅用 2 颗卫星即可实现地面用户的定位。这就是北斗一号双星定位系统的由来。

(1) 覆盖区域。根据 RDSS 原理可知，其定位解算需要在存有用户所在地区数字高程库的地面中心站完成。考虑我国未能全球布站，RDSS 区域应选择为我国及其周边地区。

(2) 覆盖重数。根据 RDSS 定位原理可知，星座对地面双重覆盖即可实现用户的定位。若考虑卫星在轨维护期间无法提供定位服务，则需要星座对地面实现三重覆盖，即覆盖区的用户在任意时刻需要同时可见至少 3 颗配置 RDSS 载荷的北斗卫星。

RDSS 作为北斗卫星导航系统重要的特色服务，其服务区域选择为我国及其周边地区，同时需要满足区域用户三重覆盖的要求。这也成为北斗卫星导航系统星座性能评价指标。

4.3.6　短报文覆盖区

北斗卫星导航系统具有短报文通信功能，该功能允许用户与用户、用户与地面控制中心之间进行双向数据传输。短报文通信是我国北斗卫星区别于其他导航定位系统的最大特色。

(1) 短报文服务区域选择。基于我国"突出重点、面向全球"的国家战略方针,北斗卫星导航系统的短报文服务应优先满足我国及周边地区的军民用户需求。

随着北斗全球导航系统的全面建设，短报文服务范围将拓展为全球。因此，北斗区域导航系统短报文服务区域在我国及周边地区。全球导航系统的短报文服务区域为全球范围。

(2) 短报文覆盖重数要求。北斗卫星导航系统以卡识别用户，只要在北斗卫星导航系统星座的覆盖范围内都能接收信息，因此配置短报文载荷的北斗卫星满足对服务区域地面用户的一重覆盖，即可实现简短报文通信的功能。

北斗双星定位星座和正在服务的北斗区域导航星座均在 GEO 卫星配置短报文载荷，已实现中国周边及亚太区域的简短报文通信功能，单次通信能力达 120 个汉字；北斗全球导航星座还将在 GEO 卫星和部分 MEO 卫星配置短报文载荷，以实现全球短报文服务。

短报文通信作为北斗卫星导航系统的特色服务，覆盖区域由我国及周边地区逐步拓展为全球范围，并对服务区域的用户满足至少一重覆盖。这也构成北斗卫星导航系统星座的性能评价指标。

4.3.7　功率增强覆盖区

在导航战中，卫星功率增强技术是提高战区军用接收设备抗干扰性能的重要措施。卫星功率增强指卫星提高军用导航信号的发射功率，使覆盖区域内导航信号强度大幅度提高，从而恢复对抗环境下的导航定位服务。功率增强技术实施的基本要求是在特定区域同时有至少 4 颗可视卫星播发功率增强信号，而在区域外尽量减小对正常民用信号的影响。

1. 功率增强服务区域选择

根据国家战略需求分析，在未来相当长一段时间，我国可能面临的冲突将主要集中在周边地区。全球范围内的作战需求不明确，这也是我国"突出重点、面向全球"的国家战略方针所决定的。因此，功率增强服务范围应选择在我国重点地区。

2. 功率增强覆盖重数要求

为了保持战时我国领土及其周边区域的功率增强服务能力，北斗卫星导航系统功率增强时接收机进行定位解算的基本要求是，同时可见卫星数不低于 4 颗，因此要求具备功率增强能力的北斗卫星对服务区域满足四重覆盖。

为了实现北斗卫星导航系统在我国领土及周边区域的功率增强服务，选择 GEO 和 IGSO 卫星进行区域增强和服务指标提高，是一种经过验证的技术途径。北斗区域导航系统已验证使用 GEO 和 IGSO 卫星进行功率增强，全球卫星导航系统将继续选择 GEO 和 IGSO 卫星进行功率增强。

北斗卫星导航系统功率增强选择我国领土及其周边区域作为覆盖区域，同时提出需要在该区域满足至少四重覆盖的要求。这也成为北斗卫星导航系统星座的性能评价指标。

4.3.8　北斗精度增强覆盖区

根据导航系统发展的趋势来看，单纯利用导航系统本身进行导航定位的精度一般能达到 5m，为了进一步提高系统的定位精度，我们需要采用导航系统精度增强技术。为了获得稳定的区域增强功能，可以采用 GEO 卫星实现增强和区别服务，新设计的导航系统(Galileo 系统和准天顶系统)一般均将增强差分技术直接融合在系统方案中。

北斗精度增强服务即广域差分增强服务，指对北斗卫星 RNSS/RDSS 信号在我国及周边区域的广域差分改正及完好性状态进行监测，以处理形成相应的广域差分改正与完好性信息，并通过 GEO 卫星、地面网络等专门的播发链路向用户播发。广域差分改正精度指标分为轨道和钟差改正精度、电离层改正精度。

1. 精度增强覆盖区域

考虑我国战略发展需求，北斗卫星导航系统广域差分服务区域主要为中国及周边地区，未来根据系统发展适当予以扩展，纳入亚洲国家差分监测站，扩大广域差分服务范围。

北斗区域导航系统通过 GEO 卫星向用户播发差分改正与完好性信息，其服务区域为我国及周边地区。北斗全球导航系统还将通过 GEO 卫星和部分 MEO 卫星向用户播发差分改正与完好性信息，其服务区域为全球部分地区。

2. 精度增强覆盖重数

对于精度增强服务区域的用户，在任意时刻可见 1 颗具有差分信息的北斗卫星(一重覆盖)，即可实现精度增强服务。

北斗卫星导航系统精度增强服务的覆盖区域选择我国及周边地区，系统需要满足该区域一重覆盖的要求，因此，在精度增强覆盖区域的覆盖重数为一重即为北斗卫星导航系统星座的性能评价指标之一。

4.3.9　星间链路对构型配置的要求

采用自主导航技术能够有效地减少地面测控站的部署数量，减少地面站至卫星的信息注入次数，降低系统维持费用，实时监测导航信息完好性，增强系统的生存能力。北斗全球导航系统将实现自主导航功能，其关键是建立星间链路系统。基于星间链路提供的星间测距信息和地面锚固站引入的星地测量信息，卫星进行处理和计算，可以实现星座长期自主精密定轨与时间同步功能。

星间链路示意图如图 4.10 所示。

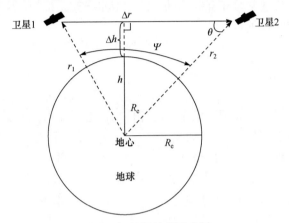

图 4.10　星间链路示意图

$$\begin{cases} \Delta h = h - R_{e} = \dfrac{r_1 r_2 \cos\psi}{\Delta r} - R_{e} > 0 \\[3mm] \theta = \arccos\left(\dfrac{\Delta r^2 + r_2{}^2 - r_1{}^2}{2\Delta r r_2} \right) < \theta_{s} \end{cases} \qquad (4.65)$$

式中，R_{e} 为地球半径；r_1 为从地心指向卫星 1 的距离；r_2 为从地心指向卫星 2 的距离；θ_{s} 为考虑卫星转动范围的天线半张角；Δh 为卫星 1 和卫星 2 连线相对地球表面的高度；h 为卫星 1 和卫星 2 连线相对地心的高度；Δr 为卫星 1 和卫星 2 的距离；θ 为卫星2指向卫星 1 和卫星2指向地心连线的夹角；ψ 为卫星 1 与卫星 2 指向地心连线的夹角。

理论上，若 $\Delta h > 0$ 且 $\theta < \theta_{s}$，则卫星 1 和卫星 2 可见。把同一时刻卫星 1 所有可见的其他卫星的数目累加就得到某一时刻卫星 1 的星间链路数目；把星座中所有卫星的链路数目相加再除以 2 就得到某时刻星座的链路数；把一个回归周期内星座链路数目求和再除以采样时刻点数即可得到星座平均链路数目。

卫星建立的星间链路的数目会直接决定测距和数据交换的信息量，会对自主定轨和时间同步精度产生影响，最终反映到自主导航模式下的用户定位精度。只有在 2 颗卫星相互可见的情况下，才能建立起有效联通的星间链路，并满足基本的构型需求，星座的轨道高度、卫星数量、卫星的相位分布等星座参数都会对星间可见性和视场角产生影响，因此星间链路也对卫星星座设计提出相应的要求。

综上所述，星座的覆盖性、精度因子、精度因子可用性、CV，以及北斗特色服务 RDSS、短报文、功率增强、SBAS 等对覆盖区、服务重数的要求，构成北斗卫星导航系统星座性能评价体系及各指标的评价方法。值得注意的是，评价指标和设计约束条件通常是相互制约的，北斗卫星导航系统的星座构型设计就是在二者之间进行综合权衡得到的。

4.4　结　　论

本章针对卫星导航原理和星座性能评价指标进行介绍，主要结论如下。

(1) 卫星导航原理部分重点针对参考坐标系、时间系统、卫星导航定位原理、导航定位基本方程、导航定位精度因子等内容进行介绍。

(2) 一般星座的对地覆盖性能通常用覆盖百分比、最大覆盖间隙、平均覆盖间隙、时间平均间隙和平均响应时间等进行描述。采用网格点覆盖仿真方法，对地面上单个点的指标进行统计，将其在一定地面范围内进行再统计即可计算出相应地区的统计指标。

(3) 北斗卫星导航系统星座性能评价指标主要包括覆盖性、精度因子、精度因子可用性及导航星座 CV。此外，北斗特色服务 RDSS、短报文、功率增强、SBAS 等对覆盖区、服务重数亦有相应的要求。北斗卫星导航系统的星座构型设计应对性能评价指标和设计约束进行综合权衡。

第5章　北斗双星定位星座设计与实现

20 世纪 70 年代后期，国际上开展了适合各国国情的卫星导航定位系统的体制研究。先后提出过单星、双星、三星、四至五星的区域导航系统方案，以及多星全球导航定位系统的设想，并考虑导航定位与通信等综合运用问题，但是由于种种原因，这些方案和设想都没能实现。

美国科学家提出了 GEOSTAR 系统，即基于 6 颗 GEO 卫星的主动式卫星定位系统。在后来的实施过程中，由于更优越的 GPS 卫星导航系统的兴起，1991年 9 月 GEOSTAR 系统宣告结束。

1983 年，陈芳允院士提出利用 2 颗 GEO 卫星进行定位与导航的设想，并指出建立 2 颗 GEO 卫星导航系统的基本技术路线。在此基础上，1994 年中国北斗一号双星定位系统项目正式立项。2000 年 10 月 31 日，第 1 颗北斗卫星导航卫星发射成功，为我国北斗一号双星定位系统的建设奠定了基础。2000 年 12 月 21 日，第 2 颗北斗卫星导航卫星发射成功，2 颗卫星初步构成北斗一号双星定位系统的空间段。2003 年 5 月 25 日，北斗一号卫星的备份卫星发射入轨，它与前 2 颗北斗一号工作星组成了完整的卫星导航定位系统，这是我国第 1 个卫星定位系统。至此，中国成为世界上第 3 个拥有自主卫星导航定位系统的国家。

5.1　双星定位系统的需求与约束

20 世纪 80 年代，在国家经济、军事、科学技术即将开始迅猛发展的形势下，为满足日新月异的经济、军事、科学技术的发展需求，以及人们日益提高的生活水平对卫星导航技术应用的广泛需求，在短时间内建立我国独立自主、快速定位的卫星导航系统，为我国及周边的军民用户提供一定精度的定位服务，是迫在眉睫的任务。

我国当时的经济和技术水平要求短时间、低成本建立我国的卫星定位系统。这就意味着，该系统的卫星数目应尽可能少。采用双星系统实现快速定位无疑是最适合需求的。考虑我国当时的实际情况，定位卫星选择了较为成熟的、具有一定工程应用基础的地球静止轨道卫星平台。此后的论证结果表明，双星快速定位系统是一个经济、技术性能好，适合我国国情并满足各类用户快速定位要求的系统。1994 年，国家批准开展双星定位系统工程的研制建设。

　　该系统是一个全天候、高精度、快速实时的区域性导航定位系统，具有以下特点。

　　(1) 定位精度高(1σ，设标校塔时，为 20m)，能为小于 1000km/h 的动静态用户提供快速服务。

　　(2) 服务能力强，每小时可提供 54 万次定位/通信/授时服务。

　　(3) 终端体积小、重量轻、价格便宜。

　　(4) 系统投入运行后，可提高我国军民用户快速反应、快速机动和协同作战的定位保障能力，初步满足未来我国军民用户对导航定位的基本要求。

　　综上，北斗双星定位系统的起步任务包括卫星导航理论及工程试验、满足用户定位需求、确立导航定位体制。

5.2　双星定位原理与实现

5.2.1　双星定位原理

1. 三球交会原理

　　北斗一号双星定位系统采用 RDSS 方式工作，即由用户机以外的中心控制系统完成卫星至用户的距离测量和位置解算。该系统基于三球交会测量原理进行定位[24]，三球交会测量原理如图 5.1 所示。

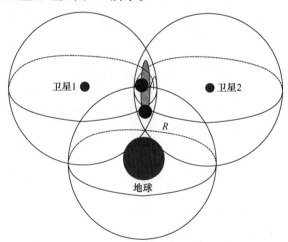

图 5.1　三球交会测量原理

　　三球交会测量原理具体如下。

　　(1) 分别以 2 颗同步卫星为球心，卫星到用户接收天线距离为半径，构成两个球面。

(2) 两球面相交得一圆，该圆垂直于赤道平面。

(3) 在地球不规则球面的基础上增加用户高程数据，获得一个"加大"的不规则球面。

(4) 圆与不规则球面相交得两个点，分别位于南北半球，利用其他信息容易确定是位于北半球还是南半球，即用户机位置的初值。

根据以上步骤(1)～(4)可以计算用户位置的经纬度初值，按照经纬度初值查询数字地图，可以得到用户所在位置处的高程数据。数字化地形图是用许多按一定密度分布的离散点的高程值来描述的一个高次曲面。定位计算时，利用用户所在点的经纬度，在数字化地形图上读取用户周围若干点的高程值，采用曲面拟合差值，即可得到用户所在点的高程。因此，用户位置的精确解算过程是一个迭代搜索过程。

2. 定位解算方法

假定地球同步卫星 1、2 与地面控制中心站的距离分别为 S_1、S_2，用户至 2 颗卫星的距离分别为 R_1、R_2。用户的观测量(地面控制中心站根据用户应答信号形成的观测量，由于观测量与用户有相应关系，因此称为用户观测量)是电波在地面中心、卫星、用户之间往返的时间，相应的距离为 D_1、D_2，则观测方程为

$$D_1 = C\Delta T_1 = 2(R_1 + S_1)$$
$$D_2 = C\Delta T_2 = R_1 + S_1 + R_2 + S_2$$
$$(5.1)$$

式中，C 为电波在自由空间传播的速度；ΔT_1 为中心站发出的信号经卫星 1 到达用户又经卫星 1 回到中心站的出入站信号的时间差；ΔT_2 为中心站发出的信号经卫星 1 到达用户又经卫星 2 回到中心站的出入站信号的时间差。

双星定位过程如图 5.2 所示。

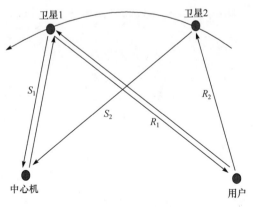

图 5.2　双星定位过程

假设用户的坐标为大地坐标(λ, φ, H)，利用观测方程(5.1)可得到含有大地高 H

的大地经纬度 λ 和 φ 的表达式，在给定大地高 H 的情况下，可求出 λ 和 φ 的具体数值。双星系统定位原理图如图 5.3 所示。

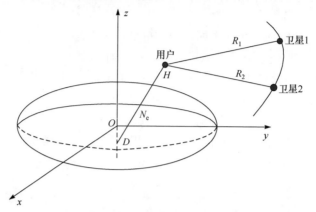

图 5.3　双星系统定位原理图

用户所在位置相对当地水平面的高度是由用户接收机相位中心的卯酉圈曲率半径 $N=N_e+H$ 沿法线的延长线计算得到的。N 与用户坐标和参考椭球有特定函数关系，可看成是用户对法线与短轴交点 D 的观测量，过用户的法线与短轴交点 D 的坐标矢量为 $(0, 0, -N_e^2 \sin\varphi)$，则可组成观测方程，即

$$D_3 = H = \sqrt{(x^2 + y^2) + (z + N_e^2 \sin\varphi)^2} - N_e \qquad (5.2)$$

式中，x、y、z 为用户的位置分量。

因此，在给出大地高 H 时，由式(5.1)和式(5.2)可以得到 3 个观测方程。该方程组可以简化为

$$F(X) - O = 0 \qquad (5.3)$$

式(5.3)为非线性方程，将其在 X 的近似值 $X' = (x', y', z')$ 附近进行线性化求解，可得

$$\Delta X = A^{-1} \Delta D$$
$$X = X' + \Delta X \qquad (5.4)$$

式中，$A = \partial F / \partial X$；$\Delta X = [\Delta x \ \Delta y \ \Delta z]^{\mathrm{T}}$；$\Delta D = [\Delta D_1 \ \Delta D_2 \ \Delta D_3]^{\mathrm{T}}$。可得

$$A = \begin{bmatrix} \dfrac{2(x'-x_1)}{R_1'} & \dfrac{2(y'-y_1)}{R_1'} & \dfrac{2(z'-z_1)}{R_1'} \\[3mm] \dfrac{(x'-x_1)}{R_1'} + \dfrac{(x'-x_2)}{R_2'} & \dfrac{(y'-y_1)}{R_1'} + \dfrac{(y'-y_2)}{R_2'} & \dfrac{(z'-z_1)}{R_1'} + \dfrac{(z'-z_2)}{R_2'} \\[3mm] \dfrac{x'}{\sqrt{(x'^2+y'^2)+(z'+N_e^2\sin\varphi)^2}} & \dfrac{y'}{\sqrt{(x'^2+y'^2)+(z'+N_e^2\sin\varphi)^2}} & \dfrac{z'}{\sqrt{(x'^2+y'^2)+(z'+N_e^2\sin\varphi)^2}} \end{bmatrix}$$

其中，x_1、y_1、z_1 为卫星 1 的位置分量；x_2、y_2、z_2 为卫星 2 的位置分量；R_1' 为卫

星 1 到用户的距离近似值；R_2' 为卫星 2 到用户的距离近似值。

观测方程(5.2)中的 N_e 为近似值，需要进行迭代计算，即

$$N_{ei} = R_e / \sqrt{1 - e^2 \sin^2 \varphi_{i-1}}$$

$$\varphi_i = \arctan \left[\frac{z}{\sqrt{x^2 + y^2}} \left(1 - \frac{e^2 N_{ei}}{N_{ei} + H} \right) \right] - 1 \qquad (5.5)$$

直到相邻的 λ 计算值之差小于某个规定值。式(5.5)中的 e 为地球椭球的扁率。

5.2.2　双星定位系统工作过程

1. 定位和通信流程

北斗一号双星定位系统是主动式双向测距询问系统，即应答系统。其定位和通信流程如下。

(1) 地面中心站定时向 2 颗工作卫星发送载波。载波上调制有测距信号、电文帧、时间码等询问信号。

(2) 询问信号经其中 1 颗工作卫星转发器变频放大转发到用户机。

(3) 用户机接收询问信号后，立即响应并向 2 颗工作卫星发出应答信号。这个信号包括特定的测距码和用户的高程信息。

(4) 2 颗工作卫星将收到的用户机应答信号经变频放大下传到地面中心站。

(5) 地面中心站处理收到的应答信息，将其全部发送到地面网管中心。

(6) 地面网管中心根据用户的申请服务内容进行相应的数据处理。对定位申请，计算信号经中心控制系统至卫星，再到用户之间的往返时间，综合用户机发出的自身高程信息和存储在中心控制系统的用户高程电子地图，根据其定位的几何原理，便可算出用户所在点的三维坐标。

(7) 地面网管中心将处理的信息加密后送地面中心站，再经卫星传到用户端。另外，也可以由中心站主动进行指定用户的定位，定位后不将位置信息发送给用户，而由中心站保存。这样调度指挥和相关单位就可获得用户所在位置。对于通信申请，地面网管中心将通信以同样的方式发给收信用户。

2. 授时流程

地面中心站定时发送标准时间。若进行单向授时，用户机接收此信号后将其与本地时钟进行对比，计算差值，然后调整本地时钟与标准时间对齐，单向授时精度为 100ns；若进行双向授时，用户机将对比结果经卫星转发回地面中心站，由地面网管中心精确计算出本地时钟和标准时间的差值，再经 2 颗卫星之一转发给用户机。用户机按此时间调整本地时钟与标准时间信号对齐，双向授时精度为 20ns。北斗一号双星定位系统工作流程图如图 5.4 所示。

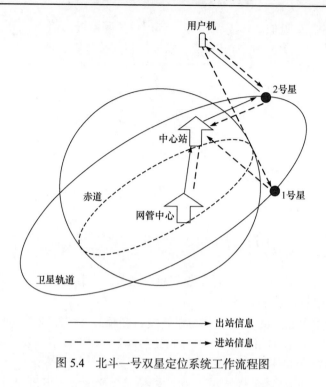

图 5.4　北斗一号双星定位系统工作流程图

5.3　双星定位系统的组成与功能

5.3.1　系统组成

北斗双星定位系统包括空间部分、地面控制部分和用户接收部分。

1. 空间部分

系统空间部分由静止在赤道上空的 2 颗工作卫星和 1 颗备份卫星组成。2 颗工作卫星分别于 2000 年 10 月 31 日和 12 月 21 日发射,位于东经 80°和东经 140°。备份卫星于 2003 年 5 月 25 日发射,位于东经 110°。卫星并不发射导航电文,也不配备高精度的原子钟,只是用于在地面中心站与用户之间进行双向信号中继。

2. 地面中心控制系统

地面中心控制系统是北斗双星定位系统的中枢,包括 1 个配有电子高程图的地面中心定位控制站、计算中心、测轨站、测高站,以及几十个分布于全国的参考标校站等。它主要用于对卫星定位、测轨、调整卫星运行轨道、测量和收集校正导航定位参量,形成用户定位修正数据并对用户进行精确定位。

3. 用户终端

用户终端是仅带有定向天线的收发器，用于接收中心站通过卫星转发来的信号和向中心站发射通信请求。和 GPS 接收机不同，北斗卫星导航系统的用户设备不含定位解算处理器，设备相对比较简单。终端可分为定位通信型(或基本型)、通信型、授时型和管理型(或指挥型)用户机。

双星定位系统组成示意图如图 5.5 所示。

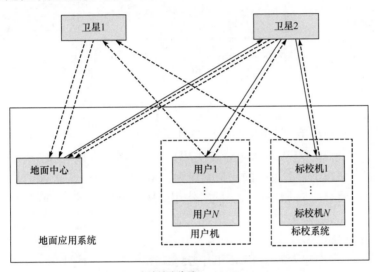

出站链路信号 ⟶
入站链路信号 ◄ - - - - -

图 5.5　双星定位系统组成示意图

5.3.2　系统技术指标

北斗一号双星定位系统的主要技术指标包括：

(1) 服务区域：东经 70°～东经 145°、北纬 5°～北纬 55°，即东至日本以东，西至阿富汗的喀布尔，南至南沙群岛，北至俄罗斯的贝加尔湖，涵盖中国全境、西太平洋海域、日本、菲律宾、印度、蒙古、东南亚等周边国家和地区。北斗一号双星定位系统使用区域如图 5.6 所示。

(2) 定位精度：平面位置精度一般为 100m(1σ)，设标校站之后为 20m，高程控制精度 10 m。

(3) 授时精度：单向传递 100ns，双向传递 20ns。

(4) 双向数据通信能力：一般 36 个汉字/次，经核准的用户利用连续传送方式最多 120 个汉字/次。

(5) 用户机对卫星的可工作仰角范围：10°～75°。

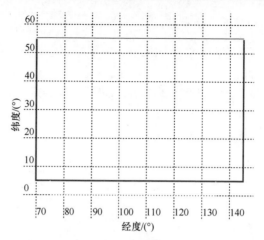

图 5.6　北斗一号双星定位系统使用区域

(6) 用户类型和用户容量：一类用户机为便携式，每 5～10 min 服务一次，同时的用户容量为 10000～20000 个；二类用户机包括车载、船载和直升机载型，每 10～60s 服务一次，同时使用的用户容量为 900～5500 个；三类用户机为机载和高速运动型，每 1～5s 服务一次，同时使用的用户容量为 20～100 个。系统能容纳用户数为每小时 54 万户，平均用户容量为 30 万户。

(7) 定位响应时间：一类用户机<5s，二类用户机<2s，三类用户机<1s。在无遮挡条件下，一次性定位成功率不低于 95%。

(8) 时间系统和坐标系统：时间系统采用协调世界时，精度≤±1μs。坐标系统采用 1954 年北京坐标系和 1985 年中国国家高程系统。

(9) 卫星质量：980kg。

(10) 设计寿命：不少于 8 年。

5.3.3　系统功能

北斗一号双星定位系统是利用地球同步卫星为用户提供快速导航定位、简短报文通信和授时服务的一种全天候、区域性的卫星导航定位系统。实现快速定位至少需要解决两方面的问题，即"我知道我在哪"的自主定位问题和"让别人知道我在哪"的指挥控制决策问题。系统的主要功能体现在三个方面。

1. 快速定位

北斗一号双星导航系统可为服务区域内用户提供全天候、高精度、快速实时定位的服务。水平定位精度 100m，差分定位精度小于 20m；各类用户定位响应时间分别为：一类用户机<5s，二类用户机<2s，三类用户机<1s；最短定位更新时

间小于 1s；中心站信号处理小于 0.4s；一次性定位成功率 95%。

2. 简短报文通信

北斗卫星导航系统的用户终端具有用户与用户、用户与地面的双向数字报文通信功能，用户一般一次可传输 36 个汉字，经核准的用户利用连续传送方式还可以传送 120 个汉字。

3. 精密授时

北斗卫星导航系统具有单向和双向两种授时功能，根据不同的精度要求，利用定时用户终端，完成与北斗卫星导航系统之间的时间和频率同步，提供 100ns(单向授时)和 20ns(双向授时)的时间同步精度。

5.4　双星定位系统的特点

与同时期的 GPS、GLONASS 等全球导航系统相比，北斗双星定位系统具有如下特点。

(1) 首次定位速度快。北斗双星定位系统的用户定位、电文通信和位置报告可在几秒内完成，而采用 GPS 进行首次定位一般需要 1~3min。

(2) 集定位、授时和报文通信于一体。GPS 和 GLONASS 只解决了用户在何时、在何地的授时和定位问题。北斗双星定位系统是世界上首个集定位、授时和报文通信于一体的卫星导航系统，解决了"何人、何时、何处"的相关问题，可以实现位置报告、态势共享。

(3) 授时精度高。GPS 的精密定位服务授时精度为 200ns，北斗双星定位系统的单向授时精度达 100ns，双向定时精度达到 20ns，远高于 GPS 的授时精度。

(4) 可实现分类保障。系统可划分使用等级范围，授权用户与公开用户分开。公开用户也可随时进行定位保障等级的调整和优先权的调配。

与此同时，基于主动式双向测距工作方式的北斗双星定位系统，在应用中也存在其局限性，主要反映在以下几个方面。

(1) 定位精度较低且水平定位精度依赖用户高程精度。仅采用地球同步卫星的方式进行定位，所有的工作卫星都位于赤道面上，几何构型不好，第三维即高度坐标还要采用高度表方式获得，系统水平定位精度取决于用户高度信息，如果用户的高度信息精度低，误差则可以达到几百米。

(2) 高纬区用户无法使用。由于卫星的几何构型，其定位区域上大下小，低纬度地区定位精度较低，而极高纬区因不能有效覆盖而无法使用。

(3) 同时容纳的用户数量有限。北斗双星需要在同一时间接收地面用户群发来的信息,受卫星信息处理能力的限制,所能承受用户群的个体数量是有限的。

(4) 系统安全性存在隐患。北斗双星定位系统基于中心控制系统和卫星应答方式工作,一旦用户或者中心控制系统暴露,或受到攻击、干扰,系统就不能继续工作。

5.5　双星定位系统的应用

北斗双星定位系统已在多个领域得到成功应用,并发挥了重要作用,如通信、水利、减灾、海事、海洋渔业、交通、勘探、森林防火等。其应用的显著特点是集定位、授时、简短报文通信及用户监测等功能于一体。

1. 在森林防火中的应用

在森林防火系统中,北斗卫星导航系统与温湿探测设备及地理信息系统进行有效集成,使森林防火系统具备火情报警、火场定位、火情分析、救火指挥、救火最佳路径设计、分队与指挥部通信、分队之间通信、救火分队自身救援申请、火灾损害评估等功能,可以解决森林中通信难、定位难、指挥难、救援难等问题。该系统已经在我国森林防火救灾中发挥了重要作用。

2. 在海洋渔业中的应用

在海洋渔业应用中,北斗卫星导航系统不仅为渔民提供定位、导航和通信功能,而且为渔民提供海洋天气、规避风险等信息服务。中华人民共和国农业农村部建立了以北斗卫星导航系统作为南沙渔船船位监测系统的基础平台,解决了“我在哪里”(渔民可以通过船载设备实现自主定位)和“你在哪里”(岸上的人可以通过卫星知道渔船在哪里)的重要问题。该系统的运行可以有效减少涉外纠纷、海损事故的数量,大大提高海上救援的成功率,大幅度提升海洋渔业的现代化管理水平。随着今后的推广应用,该系统有望推广到我国所有海上捕捞渔船,进一步促进我国海洋经济和海洋资源保护的发展。

3. 在灾害救援和应急响应中的应用[25]

北斗卫星导航系统可以为灾害救援、应急响应提供高精度的定位导航监控信息,提高应急响应和灾害应急指挥的时效性。北斗卫星导航系统可以为现场灾情信息的快速上报、灾情损失的调查和快速统计提供现代化的技术手段,为救灾决策与灾害应急指挥提供有力的技术保障。特别值得一提的是,北斗一号双星定位系统在我国 2008 年汶川特大地震的抢险救灾中发挥了不可替代的作用,解决了抢险救灾中最为关键的定位和通信问题。从 2008 年 5 月 13 日到 6 月 12 日,北斗一号双星定位系统累计为灾区提供卫星定位服务 164 万余次，短信服务 74 万余次，发挥了应有的作用。

自从北斗一号双星定位系统开通服务以来，北斗卫星导航系统的应用范围迅速拓展，用户机生产规模不断扩大，北斗注册用户快速增长。

5.6　双星定位星座轨道控制

5.6.1　北斗一号卫星的共位运行控制

北斗一号导航卫星运行于地球静止轨道(GEO)，需要定期进行东西和南北位置保持。值得一提的是，北斗一号卫星于 2003 年在轨实现了静止轨道的双星共位运行，这在国内尚属首次。本节针对北斗一号卫星与鑫诺一号卫星的双星共位运行情况进行介绍。

1. 多星共位原理与策略

多星共位指多颗 GEO 卫星定点于同一赤道经度位置。实施多星共位可以更有效地利用 GEO 轨位资源。共位策略指设计共位卫星轨道间的约束条件，结合卫星东西和南北位置保持控制，使多颗卫星在寿命周期均满足共位约束条件，从而实现多颗共位卫星之间的安全隔离。多星共位策略主要包括平经度隔离策略、偏心率矢量隔离策略，以及偏心率倾角矢量联合隔离策略[26]。

1) 平经度隔离策略

平经度隔离策略是利用共位卫星的经度偏差来产生切向的隔离距离。由于 GEO 卫星在切向，即经度方向的漂移取决于东西控制周期，平经度隔离策略与卫星的控制周期有关，且仅适用于双星共位控制。双星平经度隔离共位控制示意图如图 5.7 所示。

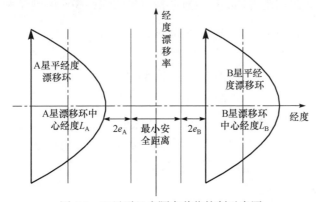

图 5.7　双星平经度隔离共位控制示意图

由图可知，共位双星的漂移环中心经度满足如下条件，即

$$\left|L_A - L_B\right| = 2(e_A + e_B) + \frac{1}{2}\left|\ddot{\lambda}_n\right|\left(\frac{T}{2}\right)^2 + \frac{d_{\min}}{a_s} \tag{5.6}$$

式中，L_A、L_B 为共位双星的漂移环中心经度；e_A、e_B 为共位双星的偏心率大小；$\ddot{\lambda}_n$ 为定点位置处的经度加速度；T 为东西控制周期；$d_{\min}$ 为双星允许的最小相对距离；a_s 为 GEO 半长轴。

2) 偏心率矢量隔离策略

偏心率矢量隔离策略是在轨道平面内利用共位卫星的偏心率矢量差产生径向和切向的隔离。对于东西控制经度要求不同的共位卫星，一般采用绝对偏心率偏置的隔离策略；对于东西控制经度要求相同的共位卫星，一般采用相对偏心率偏置的隔离策略。双星绝对偏心率隔离共位控制示意图如图 5.8 所示。

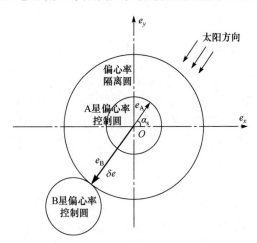

图 5.8　双星绝对偏心率隔离共位控制示意图

由图可知，采用绝对偏心率偏置共位卫星的偏心率初值设置为

$$\begin{cases} e_{Ax} = e_A\cos\alpha_s \\ e_{Ay} = e_A\sin\alpha_s \\ e_{Bx} = (e_A + \delta e)\cos(\alpha_s + \pi) \\ e_{By} = (e_A + \delta e)\sin(\alpha_s + \pi) \end{cases} \tag{5.7}$$

式中，e_A 为 A 星偏心率控制圆半径；α_s 为太阳赤经；δe 为偏心率偏置量。

以 4 颗卫星为例，多星相对偏心率隔离共位控制示意图如图 5.9 所示。

由图可知，采用相对偏心率偏置共位卫星的偏心率初值设置为

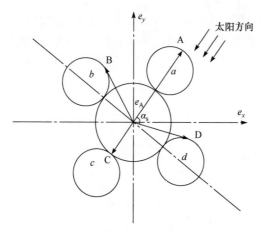

图 5.9 多星相对偏心率隔离共位控制示意图

$$
\begin{cases}
e_{Ax} = (2e_A + \delta e)\cos\alpha_s \\[2mm]
e_{Ay} = (2e_A + \delta e)\sin\alpha_s \\[2mm]
e_{Bx} = \sqrt{(e_B + \delta e)^2 + e_B^2}\cos\left(\alpha_s + \dfrac{\pi}{2} - \arctan\left(\dfrac{e_B}{e_B + \delta e}\right)\right) \\[4mm]
e_{By} = \sqrt{(e_B + \delta e)^2 + e_B^2}\sin\left(\alpha_s + \dfrac{\pi}{2} - \arctan\left(\dfrac{e_B}{e_B + \delta e}\right)\right) \\[4mm]
e_{Cx} = \delta e\cos(\alpha_s + \pi) \\[2mm]
e_{Cy} = \delta e\sin(\alpha_s + \pi) \\[2mm]
e_{Dx} = \sqrt{(e_B + \delta e)^2 + e_B^2}\cos\left(\alpha_s + \dfrac{3\pi}{2} + \arctan\left(\dfrac{e_B}{e_B + \delta e}\right)\right) \\[4mm]
e_{Dy} = \sqrt{(e_B + \delta e)^2 + e_B^2}\sin\left(\alpha_s + \dfrac{3\pi}{2} + \arctan\left(\dfrac{e_B}{e_B + \delta e}\right)\right)
\end{cases}
\tag{5.8}
$$

式中，e_A 为 A 星偏心率控制圆半径；e_B 为 B 星偏心率控制圆半径；$e_C = \sqrt{e_{Cx}^2 + e_{Cy}^2}$，为 C 星偏心率控制圆半径；$e_D = \sqrt{e_{Dx}^2 + e_{Dy}^2}$，为 D 星偏心率控制圆半径；$\alpha_s$ 为太阳赤经；δe 为偏心率偏置量。

3) 偏心率倾角矢量联合隔离策略

平经度隔离与偏心率隔离策略利用多星在轨道面内的相对距离隔离实现共位运行。在偏心率隔离的基础上，适当引入轨道法向隔离距离，则成为偏心率与倾角矢量联合隔离策略。

在偏心率与倾角矢量联合隔离策略中，偏心率偏置采用相对偏心率隔离策略，同时兼顾倾角隔离的大小与方向。可以证明，如果偏心率偏置与倾角偏置平行或者反平行时，当多星法向相对距离为零时，径向相对距离最大；当多星的径向相对距离为零时，法向相对距离最大，即可实现多星的安全隔离。偏心率与倾角矢量联合隔离条件为

$$
\begin{cases}
\delta e \geqslant \dfrac{d_{\min} + \delta a}{a_{\mathrm{GEO}}} \\[2ex]
\delta i \geqslant \dfrac{d_{\min}}{a_{\mathrm{GEO}}} \\[2ex]
\omega_i = \omega_e \ \text{或} \ \ \omega_i = \omega_e + \pi \\[1ex]
\omega_e = \arctan\left(\dfrac{\delta e_y}{\delta e_x}\right) \approx \arctan\left(\dfrac{e_{Ay}}{e_{Ax}}\right) \pm \dfrac{\pi}{2} \approx \arctan\left(\dfrac{\delta e_{By}}{\delta e_{Bx}}\right) \pm \dfrac{\pi}{2}
\end{cases}
\tag{5.9}
$$

式中，$d_{\min}$ 为最小相对距离；δa 为卫星半长轴之差；a_{GEO} 为 GEO 的标称半长轴；ω_e 和 ω_i 为偏心率和倾角偏置量幅角，由春分点指向逆时针度量。

2. 共位需求与方案

北斗一号第 3 颗卫星申请的轨道位置位于东经 110.5°。北斗卫星入轨时，鑫诺一号卫星已经定点于该位置，而且 2 颗卫星东西方向的轨道保持精度均为±0.1°。考虑卫星服务区域无法调整，且重新申请轨道位置难度较大，2 颗卫星的用户都要求定点在东经 110.5°。鉴于 2 颗卫星的不同技术状况，且双星采用独立的测控与轨控系统，经过专家组研究决定：北斗一号第 3 颗卫星和鑫诺一号卫星进行双星共位，2 颗卫星的轨道控制是独立进行的，共位策略以偏心率隔离为主。

北斗一号第 3 颗卫星和鑫诺一号 2 颗卫星的共轨实施过程分为三个阶段。

(1) 第一阶段：北斗一号第 3 颗卫星在最后一次变轨结束后，在临时停泊位置进行适当的共轨试验，然后建立共轨运行的初步条件。

(2) 第二阶段：2 颗卫星采用绝对偏心率隔离方案共轨运行，通过进行定点捕获，完成定点任务。

(3) 第三阶段：采用偏心率矢量和倾角矢量联合隔离的方案，使 2 颗卫星东西方向的精度达到±0.1°左右，并尽量提高南北方向的精度。

3. 共位控制要求

(1) 双星定点位置：东经 110.5°
(2) 东西保持精度：±0.1°
(3) 南北保持精度：鑫诺一号卫星的南北保持精度约为±0.1°，北斗一号第 3 颗卫星的南北保持精度约为 0.2°，南北控制间隔为 2～3 个月。

4. 共位控制策略

1) 绝对偏心率隔离方案

采用绝对偏心率隔离时，一个定点位置上一般只能实现 2 颗卫星共位，北斗与鑫诺卫星绝对偏心率隔离方案示意图如图 5.10 所示，1 颗卫星运行在图中黑色区域，另 1 颗卫星运行在图中灰色区域。运行在图中黑色区域的卫星要求小偏心率，运行在图中灰色区域的卫星要求大偏心率。

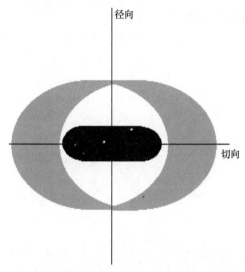

图 5.10　北斗与鑫诺卫星绝对偏心率隔离方案示意图

采用图 5.10 所示的绝对偏心率隔离方案实现两星共位时，鑫诺一号卫星采用较小的偏心率，北斗卫星采用较大的偏心率。按照绝对偏心率隔离策略，绝对偏心率隔离方案的东西控制参数如表 5.1 所示。

表 5.1　绝对偏心率隔离方案的东西控制参数

参数	鑫诺一号卫星	北斗一号卫星
中心偏心率($\times 10^{-4}$)	(0,0)	(0,0)
最大偏心率($\times 10^{-4}$)	2.7	10.8
平经度漂移半宽/(°)	0.02	0.04
平经度测量误差/(°)	0.005	0.005
日、月引起的平经度摄动/(°)	0.01	0.01
最大偏心率摄动引起的平经度摄动/(°)	0.03	0.01
经度方向的最小隔离距离/km	15	15
东西保持精度/(°)	±0.10	±0.10

　　由于太阳光压和位置保持的影响，卫星的偏心率在不断变化，所以采用绝对偏心率隔离实现两星共轨运行时，需要对偏心率进行适当控制。两星的偏心率控制包括偏心率初值的设置、卫星向西减速时刻的选择、南北控制对东西方向耦合的偏心率修正。

　　2) 偏心率和倾角矢量联合隔离方案

　　偏心率和倾角矢量联合隔离的基本思想：使 2 颗卫星的偏心率矢量差和倾角矢量差满足一定的条件，当 2 颗卫星在垂直赤道面的法向距离相等时，确保 2 颗卫星在径向方向的距离不相同，实现两星隔离。

　　北斗与鑫诺卫星偏心率和倾角矢量联合隔离示意图如图 5.11 所示。

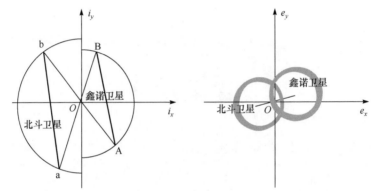

图 5.11　北斗与鑫诺卫星偏心率和倾角矢量联合隔离示意图

偏心率和倾角矢量联合隔离方案的东西控制参数如表 5.2 所示。

表 5.2　偏心率和倾角矢量联合隔离方案的东西控制参数

参数	鑫诺一号卫星	北斗一号卫星
中心偏心率($\times 10^{-4}$)	(2.3,0)	(−2.3,0)
最大偏心率($\times 10^{-4}$)	5.0	5.0
最小漂移环半宽/(°)	0.03	0.03
平经度测量误差/(°)	0.005	0.005
日、月引起的平经度摄动/(°)	0.01	0.01
最大偏心率摄动引起的平经度摄动/(°)	0.057	0.057
东西保持精度/(°)	±0.10	±0.10
东西保持间隔/d	9～21	9～21

偏心率和倾角矢量联合隔离方案的南北控制参数如表 5.3 所示。

表 5.3　偏心率和倾角矢量联合隔离方案的南北控制参数

参数	鑫诺一号卫星	北斗一号卫星
倾角漂移圆半径/(°)	0.092	0.17
倾角测量误差/(°)	0.005	0.005
倾角控制误差/(°)	0.005	0.01
长周期摄动/(°)	0.008	0.008
南北保持精度/(°)	±0.11	±0.20
倾角矢量漂移宽度/(°)	0.18	0.19
南北保持间隔/d	>56	60

采用偏心率和倾角矢量联合隔离时，要求对 2 颗星的偏心率大小和方向进行控制，需要修改现有的东西位置保持的控制方式。倾角控制基本上可以采用 2 颗星的南北保持策略，只需要在开始实现隔离时将倾角矢量初值调整到各自的区域。

5. 在轨运行情况

根据上述控制过程及卫星共位在轨运行情况可知，双星共位期间的轨道控制精度及测量精度满足总体方案要求，双星可在定点经度±0.1°的东西精度范围、倾角±0.1°的南北精度范围内正常共位工作，绝对偏心率隔离法、偏心率矢量及倾角矢量隔离法在工程上是可行的。测轨数据表明，联合共位期间，双星的最小相对距离满足大于 7km 安全距离的要求，双星可安全共位运行。

5.6.2　北斗一号卫星离轨控制

2011 年底，在北斗一号第 1 颗、第 2 颗卫星在轨运行长达 11 年后，两星陆续离轨退役。本节针对这几颗卫星的离轨工作进行介绍。

1. 北斗一号第 1 颗卫星离轨

1) 离轨目标

考虑北斗一号第 1 颗卫星的推进剂余量、控制误差及国际规定，测控操作部门与卫星研制部门共同确定该卫星离轨控制目标为轨道半长轴抬高 310km，偏心率小于 0.003。

2) 离轨控制

2011 年 11 月 21 日和 22 日，北斗一号第 1 颗卫星实施了离轨控制。北斗一号第 1 颗卫星离轨控制参数如表 5.4 所示。

表 5.4　北斗一号第 1 颗卫星离轨控制参数

控制时间	轨道参数			
	控前		控后	
	半长轴/km	偏心率	半长轴/km	偏心率
11 月 21 日	42167.2	—	42334.4	—
11 月 22 日	42334.4	—	42493.6	0.00044

北斗一号第 1 颗卫星离轨控制完全按照离轨方案和实施细则进行，离轨的控制误差较小，控制结果符合要求，达到了预定的效果。

3) 实施效果评价

北斗一号第 1 颗卫星离轨后的轨道根数如表 5.5 所示。其近地点高度比同步标称轨道高 338km 左右，且偏心率小于 0.003。因此，北斗一号第 1 颗卫星离轨控制达到预期目的，顺利完成离轨。

表 5.5　北斗一号第 1 颗卫星离轨后的轨道根数

坐标系	J2000(平根)
历元(北京时间)	2011-11-26(15:00:00)
半长轴/km	42555.4
偏心率	0.001217
轨道倾角/(°)	3.219
升交点赤经/(°)	72.434
近地点幅角/(°)	117.43
平近点角/(°)	19.19
近地点高度/km	42503.6

2. 北斗一号第 2 颗卫星离轨

1) 离轨目标

考虑北斗一号第 2 颗卫星的推进剂余量、控制误差及国际规定，测控操作部门与卫星研制部门共同确定该卫星离轨控制目标为轨道半长轴抬高 310km，偏心率小于 0.003。

2) 离轨控制

2011 年 11 月 23 日，北斗一号第 2 颗卫星实施了离轨控制。北斗一号第 2 颗卫星离轨控制参数如表 5.6 所示。

表 5.6　北斗一号第 2 颗卫星离轨控制参数

控制时间	轨道参数			
	控前		控后	
	半长轴/km	偏心率	半长轴/km	偏心率
11 月 23 日	42166.8	—	42321.1	—
	42321.1	—	42473.1	0.00012

北斗一号第 2 颗卫星离轨控制完全按照离轨方案和实施细则进行，离轨的控制误差较小，控制结果符合要求，达到了预定的效果。

3) 实施效果评价

北斗一号第 2 颗卫星离轨后的轨道根数如表 5.7 所示。

表 5.7　北斗一号第 2 颗卫星离轨后的轨道根数

坐标系	J2000 轨道系(平根)
历元(北京时间)	2011-11-24(14:00:00)
半长轴/km	42455.6
偏心率	0.000421
轨道倾角/(°)	4.21
升交点赤经/(°)	66.599
近地点幅角/(°)	327.072
平近点角/(°)	196.044
近地点高度/km	42437.7

卫星离轨后轨道近地点高度比同步标称轨道高 272km 左右，仍大于离轨控制方案的最低要求 266km，偏心率远小于 0.003。

卫星离轨控制后，残余推进剂排空过程影响了轨道，造成离轨指标未能满足任务要求，即排空后轨道偏心率约为 0.008，高于离轨控制要求的偏心率 0.003。

5.7　结　　论

中国北斗一号双星定位系统是我国首个也是世界第 3 个独立自主的卫星导航定位系统。实践证明，采用双星系统实现快速定位，是满足当时的经济和技术水平约束的一种最优选择。该系统可为我国及周边地区用户提供快速定位、简短报文通信和授时服务。因具有集定位、授时、简短报文通信及用户监测于一体的显著应用特点，北斗双星定位系统已在通信、水利、减灾、海事、海洋渔业、交通、勘探、森林防火等多个领域得到成功应用，并发挥了重要作用。此外，2003 年我国首次在北斗一号卫星上成功实现地球静止轨道的双星共位运行，这为北斗二号区域星座的多星共位运行奠定了良好的基础。

第 6 章　北斗区域导航星座设计与实现

在北斗双星定位系统成功部署并广泛应用的基础上，基于"分步实施，系统兼容，区域扩展为全球"的指导思想，我国在 2012 年建成独立自主的北斗区域导航系统。该系统采用单向时间测距的被动式导航体制，具有三维无源定位、测速和授时等功能，可以满足地面和近地空间的各类用户全天候、全天时、高精度导航定位需求。同时，该系统还继承了双星定位系统的位置报告和报文通信能力，便于地面测控站之间的信息交换、导航信息的监测、系统运行的管理和维持。设计一个满足综合约束最优的空间段构型及实施维护策略是首要的任务。本章针对北斗区域导航星座设计与工程实现的研究成果进行介绍。

6.1　区域导航星座任务分析

6.1.1　用户需求

1. 用户使用需求

北斗区域导航系统的军事应用包括对军用航天器、军用飞机、海上舰船、地面装甲车辆与人员、导弹等的导航定位，民用领域包括民用航天器、交通运输、电信、测绘、海洋、地震预报、水文监测、抢险救灾等。经综合分析，我国军民用户对区域导航系统的需求可归纳为，在服务区域内提供连续实时无源定位、测速、授时和位置报告服务，且定位、测速、授时精度满足一定的要求。

2. 建设基本原则与思路

1) 基本原则

军民共用、军用优先；统筹规划、协调发展；解决急需、兼顾长远。

2) 总体思路及步骤

区域导航系统建设的最终目标是建成全球卫星导航系统。综合考虑我国军民用户需求、国家经济的承受能力、技术水平和建设周期等，在建立双星定位系统后，我国的三维无源卫星导航系统按"先区域，后全球"的总体思路进行建设，分步实施。其具体发展阶段如下。

(1) 2012 年前后，建成能向全球扩展的区域卫星导航系统，在我国及周边地区、海域实现连续实时三维定位、测速与高精度授时等功能,性能与当时美国 GPS 和俄罗斯 GLONASS 相当,并具有部分地区的用户位置报告与双向报文通信能力。

(2) 2020 年后,根据我国军民用户需求和国家经济发展需要,将区域导航系统扩展为北斗全球卫星导航系统。该系统设计性能优于俄罗斯的 GLONASS,与第三代 GPS 性能相当。

3. 使命任务与使用性能

1) 使命任务

区域导航系统的使命任务是,为我国用户提供定位、测速、授时,以及报文通信服务,满足用户导航定位需求。根据总体发展思路,2012 年前,系统首先满足我国及周边地区、印度洋、西太平洋至东经 180°一带用户导航定位的需要。

2) 区域系统使用性能

区域导航系统的使用性能如表 6.1 所示。

表 6.1　区域导航系统的使用性能

项目	性能要求
功能要求	区域系统具有连续实时无源三维定位、测速能力,具有双向简短报文通信(位置报告)功能,具有高精度授时功能
应用范围	军用需求,民用包括交通运输、电信、测绘、海洋、地震预报、水文监测、抢险救灾等
服务区域	东经 55°～东经 180°,南纬 55°～北纬 55°范围内的大部区域
定位精度	优于 10m
测速精度	优于 0.2m/s
授时精度	一般要求在微秒量级,航天器高精度校时,或者某些科研试验要求优于 50ns
简短报文通信要求	满足我国及周边地区导航信息交换的需要
用户设备	体积小、重量轻、功耗低,满足手持、机载、星载等各种载体需要

区域导航系统服务范围如图 6.1 所示。由图可知,区域导航系统的一般服务区域为东经 55°～东经 180°,南纬 55°～北纬 55°;重点服务区域为东经 75°～东经 135°,北纬 0°～北纬 55°。

6.1.2　对星座设计的约束

星座设计是区域导航系统顶层设计的核心内容。星座设计的成果不仅要满足我国区域导航系统的技术指标要求,满足系统发展建设的思路和步骤。其规模还应与我国经济能力适应,同时考虑为我国快速发展的国家实力在未来预留充分的发展空间，星座设计的目标就是综合考虑上述因素得到最优的结果。

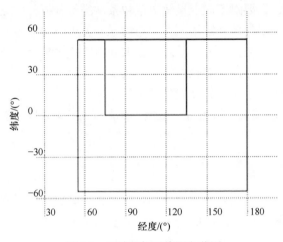

图 6.1　区域导航系统服务范围

1. 轨道选择

根据第 2 章基础知识，综合 GPS、GLONASS、Galileo 系统等的设计、建设和发展的经验，构建导航系统的卫星轨道有三种选择，即 MEO、IGSO 和 GEO，其中，GEO 必须与其他两种轨道配合设计才能构成有效的系统，MEO 和 IGSO 可以单独构成系统星座。

GPS、GLONASS、Galileo 系统无一例外都选择了高度 20000km 左右的 MEO 卫星进行组网，相应地，地面控制系统一般要求在全球(或者尽可能大的跨度范围)建设监测站和上行注入站，也可以选择 IGSO 卫星进行全球组网，但对地面控制系统要求较特殊，同时也需要在全球建设监测站和上行注入站。与 MEO 星座不同，IGSO 卫星始终运行在特定地区上空，一般不同的卫星需要不同的监测站和注入站，相应地，系统运行控制和管理效率较低，因此在方案设计阶段不考虑采用 IGSO 卫星进行全球系统组网。对于椭圆轨道，卫星到地面的距离变化会导致信号强弱变化，增加接收机制造的难度和卫星设计与轨道维持的复杂性，因此实际系统一般不采用椭圆轨道卫星。某些特殊情况下会给圆轨道卫星增加一个小偏心率以满足特定的要求，例如，日本的准天顶系统的 IGSO 卫星轨道偏心率为0.075，以实现对日本国土所在的北纬地区的长时间覆盖。

下面分析卫星对整个系统的贡献。对于全球系统，MEO 卫星具有 100%的利用率，但对区域系统而言利用率较低。例如，我国区域导航系统的设计覆盖区域，一般不足 40%。对于区域系统 IGSO 有较高的利用率，一般可达 80%左右，但不适合全球系统。这两类非静止轨道卫星均可与适当数量的 GEO 卫星组成区域导航系统。

关于三类轨道的定轨条件，由于我国目前不具备在国外建站的条件，地面监测站均设在国内，需要对不同卫星轨道定轨条件进行分析，保证仅利用国内监测站就能够实现对卫星的精密定轨。在理想情况下分析不同卫星轨道的定轨几何条件，实际定轨结果会因为各种误差发生较大变化。通过分析可知，仅利用国内监测站可以实现对上述不同类型轨道的精密定轨，所有卫星均具备精密定轨的几何条件，但其中 MEO 卫星定轨几何条件最佳，IGSO 次之，GEO 最差。IGSO 和 GEO 卫星定轨精度主要受轨道特性影响，尤其是 GEO 卫星频繁的轨道机动将极大影响定轨精度。

2. 星座选择

从系统发展的基本思路和系统指标要求来看，区域导航系统发展的第一步是建立一个区域系统，但必须考虑未来发展为全球系统的要求。在进行星座设计时存在两种思路：一种是先设计区域系统，同时需要考虑该区域系统未来要发展为全球系统的约束，设计的重点在区域系统，全球系统的发展作为附加的约束条件；另一种是先设计全球系统，然后在全球系统框架之下选择区域系统的星座。采用何种设计思路主要取决于发展为全球系统的时机与区域地区服务要求的急迫性二者之间的选择结果。由此来看，区域导航星座设计的思路是重点设计区域系统，同时需要考虑该区域系统未来要发展为全球系统的约束。

6.2　区域导航星座建模与仿真

6.2.1　区域导航星座设计模型

星座设计除了单纯考虑系统性能，还存在大量其他约束条件，主要包括系统建设经费、系统运行维持、系统未来发展、工业部门生产能力、系统建设风险、系统阶段效能和最终效能，甚至国家的经济发展水平等因素。因此，星座设计是在综合考虑各种因素的情况下,得到尽可能满足各种条件的一个或多个优选结果。

国内外研究表明，星座设计存在一些优化设计的解析方法，但这些方法不能用于混合卫星星座的设计，且因为过于复杂，在标准的 Walker 星座设计中也很少采用。在实际工作中，一般采用对星座的精度因子值、定位精度、精度连续性、稳健性等指标进行比较选优的方法。基本的过程是：首先根据经验设计满足要求的多个星座，然后计算每个星座在服务区的精度因子值、连续性、可用性，通过比较这些指标的优劣进行取舍。优化的元素主要包括卫星轨道类型、星座卫星数量、星座轨道面数量、轨道倾角、卫星相位分布等。为了计算星座精度，要求定义不同高度角情况下的 UERE；为了计算系统的可用性和连续性，还需要假设故障概率和卫星替换的策略等。在此基础上确定两到三个星座，再综合其他技术和非技术的因素权衡得出结果。

1. 星座性能计算方法

为了便于比较，星座设计之前一般均要约定统一的计算方法和比较标准。这些计算元素不仅要全面反映星座的整体性能，同时还要便于计算和比较。为了对某个星座进行取舍，还要制定相应的取舍量化标准，由于卫星导航系统的发展已经非常成熟，标准的要素一般考虑通过研究 GPS 和 GLONASS 星座及自身的系统特征来明确，标准要素的量化以用户需求为约束分析确定。

1) 计算的基本元素

最大和平均精度因子值，包括 GDOP、PDOP、HDOP、VDOP、TDOP、星座 CV 和连续导航时间(最大时间、平均时间、最大间隙时间、累计可用时间)等。为了进一步分析精度性能，需要在定义了 UERE 后计算星座的定位精度，以及系统满足可用性的情况和连续性情况。

2) 计算区域

(1) 服务区：东经 55°～东经 180°，南纬 55°～北纬 55°。

(2) 重点地区：东经 75°～东经 135°，北纬 0°～北纬 55°。

(3) 星座实际服务范围。

3) 计算时间节点

每种方案将根据系统建设发展不同关键阶段分别计算阶段效能和最终性能。为了满足"边建边测、边测边用"的效能最快要求，需要仿真计算区域系统部署的最小系统、基本系统、完整区域系统以及发展到全球系统这几种情况的星座性能。

4) 空间分辨率

空间分辨率指在进行性能计算时选择网格点的采样间隔。采样间隔的选择对于平衡计算工作量和真实反映系统性能之间的关系最为重要，通常总是在比较选择的过程中取较大的网格点采样间隔，在星座构型选定之后取较小的网格点采样间隔，以便于确定整个系统的详细性能。在区域导航系统星座设计中，首先选择计算按照经纬网格划分 5°×5°网格，最终星座方案给出 1°×1°格网计算结果以反应服务区的性能。

5) 时间分辨率

与空间分辨率相类似，时间分辨率的选择总是先采用较大的时间间隔然后进行细算。一般地，星座比较选择时按照时间间隔为 10min 计算，在星座方案确定后给出时间间隔为 60s 的星座性能计算结果。

6) 计算的时间区间

计算的时间区间一般选为星座的 1 个运行周期。计算时间选择 1 个星座周期至关重要，因为不同轨道卫星其回归周期并不相同，将会造成系统在特定的服务区域内的性能出现周期性的变化，并且变化的幅度非常大，不能满足连续性要求。

7) 卫星最小高度角

卫星最小高度角一般选为 5°，同时考虑 10° 的情况。

8) 空间段在轨备份策略

根据星座可靠性要求，结合单星可靠性设计指标，确定空间段在轨备份策略时，一般需要考虑 2 颗卫星失效的情况。

2. 统计方法

统计结果最终给出各种不同的性能指标。

(1) 精度因子值小于某一给定值的地区所占百分比在 1 个星座运行周期上的平均值。

(2) 计算点 GDOP(PDOP、HDOP、VDOP、TDOP)的最大值。

(3) 计算点 GDOP(PDOP、HDOP、VDOP、TDOP)的平均值，在可用性为 70%、80%、90% 情况下进行统计。

(4) 计算点 GDOP(PDOP、HDOP、VDOP、TDOP)小于给定值(3、5、10、20、50)的最长连续可用时间和累计时间(百分比)。

(5) 计算点最少可见卫星数量(>4、>5、>6 的统计)。

(6) 用户连续工作时间、最大间隙时间、累计工作时间。

3. 星座等效测距误差

星座性能评定的唯一标准就是能否满足系统设计的技术指标。根据系统定位误差 σ_p 与等效测距误差 σ_{UERE} 和几何精度因子 PDOP 的关系 $\sigma_p = \sigma_{\mathrm{UERE}} \mathrm{PDOP}$ 可以看出，导航系统精度分析可以简化为对星座几何精度因子的比较，因此在进行系统性能比较时，必须考虑系统设计的等效测距误差。对北斗区域导航系统建模时，在我国及周边地区北斗卫星导航系统 UERE 为 2m(95%)，其他地区约为 3m。不同系统在不同的服务区域要求的精度不同，可能达到等效测距误差并不一样，因此首先明确系统等效测距误差指标是必要的。在明确设定的等效测距误差时，我们应根据系统服务精度要求计算出不同服务区域星座精度因子值设计应满足的阈值。

6.2.2　区域导航系统星座多方案比较仿真

1. 星座方案

区域导航系统指专门为特定区域提供导航服务的卫星系统。通过对卫星轨道特点进行分析，在进行区域系统设计时所选择的卫星最好能够固定在要求的服务区上空运行，因此在卫星数目和地面测控站部署的约束下，由 GEO 卫星和 IGSO 卫星构成卫星星座，是区域导航系统的最佳选择。我国已经建成的北斗一号双星定位系统就采用 GEO 卫星，此后的印度区域导航系统也采用 GEO 和 IGSO 的混合星座。

经分析，在满足系统任务要求的前提下，星座构型将存在多种可选的方案，以下针对初步可行的几种星座方案介绍仿真结果和综合考量。

1) 方案一：5GEO+5IGSO

采用 GEO 和 IGSO 卫星的混合星座，星座构型为 5GEO+5IGSO，5 颗 IGSO 卫星倾角为 55°，星下点轨迹重合，交叉点经度为 98°，相位相差 72°。5 颗 GEO 卫星定点位置为东经 60°、东经 80°、东经 110.5°、东经 140°和东经 160°。方案一 5GEO+5IGSO 星座地面轨迹如图 6.2 所示。

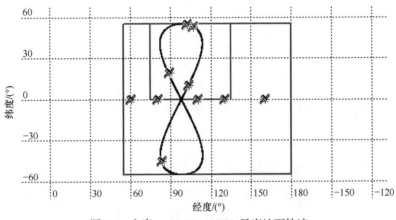

图 6.2　方案一 5GEO+5IGSO 星座地面轨迹

2) 方案二：5GEO+4MEO+3IGSO

方案二采用 GEO、MEO 和 IGSO 卫星的混合星座，星座构型为 5GEO+4MEO+3IGSO。

5 颗 GEO 卫星定点位置为东经 60°、东经 80°、东经 110.5°、东经 140°和东经 160°。MEO 卫星轨道选择为 13h 周期，倾角 55°，相位从 Walker(24/3/1)星座中选择，三个轨道面升交点经度分别为 90°、210°、330°，具体相位位置为第一轨道面 7、8 相位，第二轨道面 3、4 相位。3 颗 IGSO 卫星倾角为 55°，星下点轨迹重合，交叉点经度为东经 118°，相位差 120°。方案二 5GEO+4MEO+3IGSO 星座地面轨迹如图 6.3 所示。

3) 方案三：4GEO+12MEO

方案三采用 GEO 和 MEO 卫星的混合星座，星座构型为 4GEO+12MEO。

4 颗 GEO 卫星位置为东经 160°、东经 80°、东经 110.5°和东经 140°。MEO 卫星轨道选择为 13h 周期，倾角 55°，偏心率为 0，相位从 Walker24/3/1 星座中选择，三个轨道面升交点经度分别为0°、120°和240°，具体相位位置为第一轨道面3、4、5、6相位，第二轨道面5、6、7、8相位，第三轨道面7、8、1、2相位。方案三4GEO+12MEO星座地面轨迹如图6.4所示。

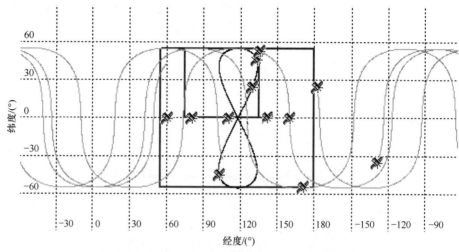

图 6.3　方案二 5GEO+4MEO+3IGSO 星座地面轨迹

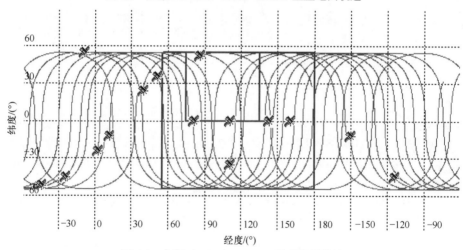

图 6.4　方案三 4GEO+12MEO 星座地面轨迹

2. 不同星座方案综合比较分析

1) 系统战技指标的满足情况

方案一定位精度分布如图 6.5 所示。方案二定位精度分布如图 6.6 所示。方案三定位精度分布如图 6.7 所示。综合比较分析可以看出，几种方案都可以满足指标要求，其中方案一、方案二的定位精度分布更加均匀。当星座出现 1 颗卫星失效时，三种星座方案都具备基本的导航能力，但方案三的稳健性最好。

效时, 三种星座方案都具备基本的导航能力, 但方案三的稳健性最好。

　　2) 经费投入情况

　　经初步估算, 方案一和方案二的建设经费基本相当, 方案一最节省, 方案三花费最高。

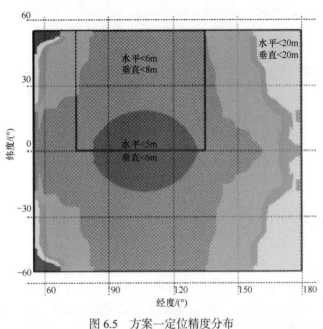

图 6.5　方案一定位精度分布

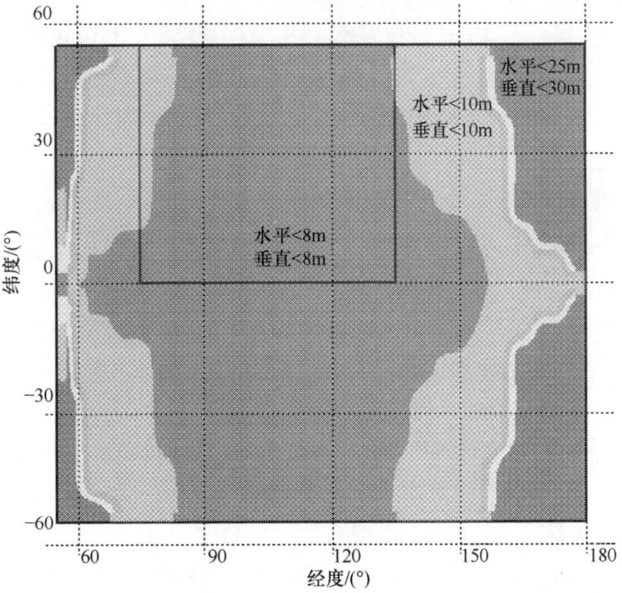

图 6.6　方案二定位精度分布

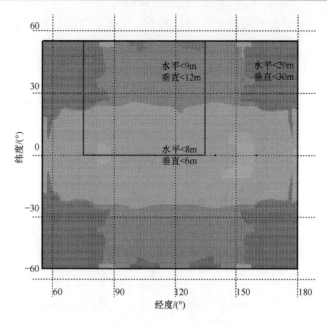

图 6.7　方案三定位精度分布

3) 星座规模与科研生产能力的匹配情况

方案一和方案二的星座卫星数目较少，方案三的卫星数目较多。根据我国工业部门当时的科研生产能力，方案一和方案二的星座具备更好的工程可实现性。

4) 系统阶段效能分析

根据生产能力分析，方案一和方案二在早期可构成 4GEO+3IGSO 子星座，方案三可构成 3GEO+4MEO 子星座。分别计算分析上述子星座，4GEO+3IGSO 子星座定位精度分布如图 6.8 所示。3GEO+4MEO 子星座定位精度分布如图 6.9 所示。可以看出 4GEO+3IGSO 子星座已经具备较为完整的性能，方案一和方案二的阶段效能具有明显优势。

5) 系统建设的技术难度分析

综合分析我国当时技术发展水平可知，星载原子钟和精密定轨技术等关键技术已经成为发展卫星导航系统的瓶颈。此外，尽管系统运行控制管理的经验在国外已经有几十年的积累，我国也有管理北斗一号双星定位系统的成功经验，但在管理区域导航系统方面还存在一定的局限性。为此，我们在设计卫星导航系统时应该充分考虑系统实现的技术难度，在发展初期尽量避免采用过多的新技术，降低操控复杂性、技术难度和技术风险。

星载原子钟和精密定轨要求地面系统实施频繁的修正，以有效降低卫星钟漂移和轨道外推带来的误差。根据初步设计，地面系统需要每小时对卫星钟进行一次校正，为此要求地面系统在部署地面站时应对卫星轨道绝大部分时间可见。

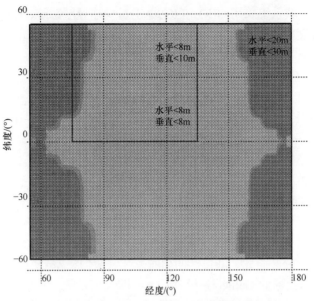

图 6.8　4GEO+3IGSO 子星座定位精度分布

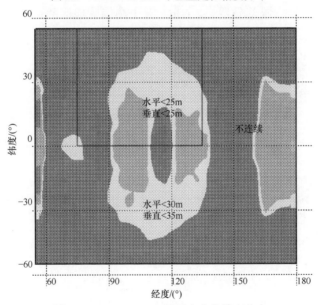

图 6.9　3GEO+4MEO 子星座定位精度分布

考虑目前仅能在国内建设地面监测站,这就在一定程度上决定了导航系统必须采用对区域地区可见性最好的 GEO 和 IGSO 卫星组成星座。如果采用 MEO 卫星构建区域导航系统,当卫星运行到地面监测站和上行注入站的可见范围之外时,系统的误差会迅速变大,使定位精度下降,不具备使用价值。因此,在不能全球建站的情况下，区域系统采用 GEO 和 IGSO 卫星构建导航系统，可以有效降低系统实现的技术难度和风险。

因此，与方案三相比，方案一和方案二的技术风险更小。

6) 区域系统向全球系统过渡分析

根据星座设计的结果，从区域导航系统过渡到全球系统，主要在卫星轨道、星座构型、地面系统测站分布上会存在变化。区域导航系统存在多种选择，可以选择 GEO 卫星、IGSO 卫星或 MEO 卫星，全球系统一般均采用 MEO 卫星。这些变化既不会影响系统工作体制，也不会影响系统的控制方式和定位结果，但需要考虑在未来扩展全球建设中是否存在以下问题。

(1) 从区域到全球，卫星是否会浪费。

根据导航系统发展的趋势，单纯利用导航系统进行定位的精度一般能达到 5m，为了进一步提高精度必须采用导航系统增强(包括差分)技术，将系统的定位精度提高到 1～2m。为此，新设计的导航系统一般均将差分增强技术直接融合在系统方案中，如欧洲的 Galileo 系统和日本的准天顶系统。而为了获得稳定的区域增强功能，需要采用 GEO 卫星以实现增强和区别服务，如美国的 WAAS、欧洲EGNOS 和我国的广域差分系统。GEO 对于高纬度地区的可见性不好，若采用IGSO 卫星进行区域增强，则可极大地改善高纬度地区的可见性。日本的准天顶系统就采用 IGSO 卫星进行区域增强。

由此看来，如果在区域系统建设中采用 GEO 和 IGSO 卫星，在整个系统发展为 MEO 全球系统时，GEO 和 IGSO 卫星完全可以用于进行区域增强以提高系统在特定地区的定位精度和系统可用性，其中 IGSO 卫星可以获得更好的效果。因此，尽管区域系统和全球系统采用不同的卫星轨道方案，但我们可以对多种卫星轨道方案进行有机结合，确保区域系统中采用的高轨技术会在全球系统中得到持续应用。

区域系统中用于增强的卫星数量一般需要 3 至 4 颗，方案一、方案二中的卫星在全球系统阶段并不完全需要。

如果区域系统采用 MEO 卫星，则发展为全球系统时可以直接在系统中得到利用，也不存在浪费问题。

(2) 如何确保区域到全球过渡期间服务的连续性和平稳性。

在区域系统服务期间，由于已经装备了大量用户机，为了用户的利益必须确保区域系统在向全球系统过渡期间提供服务的连续性和平稳性。对于方案三，由于过渡方案是在原方案基础上补卫星，不存在服务中断问题。对于方案一和方案二，它们由区域系统发展为全球系统时需要补充大量的 MEO 卫星，这与两个星座方案原先的 GEO 和 IGSO 轨道类型不同，无法确保系统过渡期间的区域服务的延续性。因此未来全球建设时，最基本的过渡方案是必须确保 4GEO+ 3IGSO 子星座的存在。

3.　星座比较分析结论

综合上述分析，可以得出以下基本结论。

(1) 方案一 5GEO+5IGSO 星座能基本满足区域系统指标要求。系统建设早期阶段效能较好，可满足军事斗争准备急需，建设经费和维持经费较低，鲁棒性较好，卫星可测控弧段较长，可以降低我国区域测控网的不利因素，但没有能力验证全球系统的相关 MEO 技术。

(2) 方案二 5GEO+4MEO+3IGSO 星座能基本满足区域系统指标要求，能完成建设全球系统所需的全部技术试验，并具备快速过渡到全球系统的技术条件。系统建设早期阶段性能较好，可满足军事斗争准备急需，且可验证全球系统相关的 MEO 技术，建设经费和维持经费居中，是一个比较灵活的方案。

(3) 方案三 4GEO+12MEO 星座能满足区域系统指标要求，并具备快速过渡到全球系统的条件，但是在系统建设早期的阶段效能较差，且当时的地面段能力不足，难以满足需要。此外，系统的建设和维持的经费较高。

4.　其他星座方案分析

在顶层设计的不同阶段，可以从不同的角度提出多种星座方案，具有代表性的还有 3GEO+9IGSO 和 3GEO+18MEO 两种。下面对两种方案具体进行分析。

1) 3GEO+9IGSO

采用 GEO 和 IGSO 卫星的混合星座，星座构型为 3GEO+9IGSO。9 颗 IGSO 卫星倾角为 55°，卫星分布在三个轨道面上，星下点轨迹为三个"8"字，交叉点经度分别为东经 75°、东经 110° 和东经 140°。3 颗 GEO 卫星定点位置为东经 80°、东经 110.5° 和东经 140°。3GEO+9IGSO 星座地面轨迹如图 6.10 所示。3GEO+9IGSO 星座的定位精度分布如图 6.11 所示。

可以看出，该星座方案性能较好，尤其在我国及周边地区性能较好，可以较好地满足技术指标要求。该星座采用了数量较多的 IGSO 卫星，由区域系统发展为全球系统时该星座的 IGSO 卫星的服务将无法延续，不满足我国区域导航系统发展思路关于全球系统的表述。

2) 3GEO+18MEO

该方案主要的特点是采用 MEO 卫星组网，直接建成基本的全球星座，同时在我国上空利用 GEO 卫星进行增强。这样可以在我国及周边地区获得较好的性能，同时在全球形成基本的导航能力。

该方案主要有如下问题：一是当时我国用户对全球导航的需求并不迫切；二是初期经费投入较多，国家难以承受；三是直接发展全球导航系统将面临较大的技术风险；四是不能在较短的时间内形成导航能力，不满足 2012 年基本实用的要求；五是与任务要求相比，地面对空间段的管理能力还存在一定的差距。因此，该方案不予考虑。

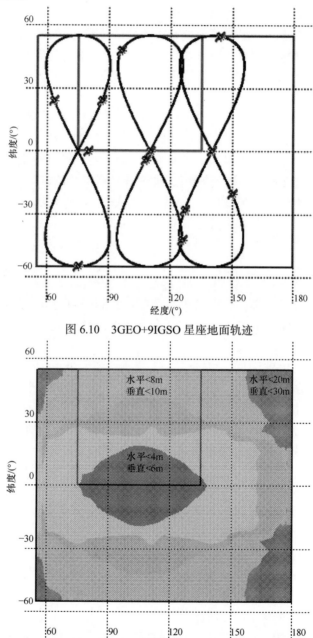

图 6.10　3GEO+9IGSO 星座地面轨迹

图 6.11　3GEO+9IGSO 星座的定位精度分布

6.2.3　区域导航星座设计小结

基于区域导航系统用户需求和设计约束，考虑区域基本覆盖、重点增强及发展到全球服务等需求，本节开展区域导航星座设计建模，在同样单星可靠性指标的约束下，星座构型的初步设计结果为 5 颗 GEO、3 颗 IGSO 和 4 颗 MEO。其中，5 颗 GEO 卫星定点位置分别为东经 60°、东经 80°、东经 110.5°、东经 140° 和东经 160°；3 颗 IGSO 卫星倾角为 55°，星下点轨迹重合，交叉点经度为东经 118°，3 颗卫星位于相差 120° 的三个轨道平面；4 颗 MEO 卫星轨道高度为 21528km，从星座构型 Walker24/3/1 选择其轨位。具体相位位置为第一轨道面 7、8 相位和第二轨道面 3、4 相位。

6.3　区域导航星座组网与维护策略

6.3.1　区域导航星座部署策略

1. 部署原则及评价指标

完成导航星座组网通常需要几年时间，因此确定导航星座的早期部署策略就显得尤为重要。确定部署策略的主要约束条件是初期星座能对其指定覆盖区域提供较多时段的基本导航信息服务，以便充分验证系统性能，为后续卫星的研制、发射、入轨和维持提供科学依据。

评价导航星座部署方案的指标包括指定覆盖区域、地面试验站分布、连续覆盖时间和 PDOP 值等。下面结合区域导航系统工程建设实例，介绍导航星座部署方案的具体评价指标。

1) 指定覆盖区域

区域导航系统星座的重点覆盖区域为我国全境及周边地区，从满足我国国防建设和国民经济发展需求方面考虑，指定区域导航星座初期覆盖区域为华中、华东、华南及台湾海峡地区，以便系统的早期开发和利用。

2) 地面试验站分布

在考虑星座早期部署覆盖区域的同时，还要兼顾地面试验站的分布、建设进度和能力，以便地面连续跟踪监测卫星信号，验证系统导航定位性能。同时，充分利用我国现有的地面测控设施，以便实现对卫星的有效跟踪、监测和控制。

3) 连续覆盖时间

连续覆盖是考查导航星座性能的重要技术指标之一，要求星座具有对覆盖区域不间断地提供 4 重以上信号覆盖的能力，以满足用户导航定位的基本解算要求。然而，在部署早期，由于卫星数量较少，星座通常难以满足连续覆盖要求，通常采用星座的连续覆盖时间来考查部署星座的性能。

4) PDOP 值

考查用于导航定位计算的卫星所处空间位置分布所形成的几何图形强度，通常采用 GDOP。GDOP $= \sqrt{\mathrm{PDOP}^2 + \mathrm{TDOP}^2}$，在实际星座性能的分析计算中，采用 PDOP 值衡量可以直接评估系统提供导航定位的精度。

尽管区域导航星座由 3 种轨道类型的卫星组成，但是 GEO 和 IGSO 卫星在区域导航定位中起主要作用，MEO 卫星仅起到周期性辅助定位试验作用，主要目的是验证全球系统关键技术。因此，将分别针对 5GEO+3IGSO 卫星和 4MEO 卫星进行星座部署优化与星座性能分析。

2. 5GEO+3IGSO 卫星的部署顺序

提供 4 重信号覆盖是对导航星座初期性能的基本要求，也是早期星座部署重要约束条件。针对 5GEO+3IGSO 星座构型，采用被动式导航体制，若先期部署 4 颗或 5 颗 GEO 卫星显然不具备导航定位功能。因此，早期部署的 4 颗卫星应是 3IGSO+1GEO，或者 2IGSO+2GEO。就前一种情况而言，从 5 颗 GEO 卫星中选择 1 颗卫星与 3 颗 IGSO 组合，依据上述星座部署原则，以及部署方案评价指标，可以优化部署初期 4 颗卫星星座。

5GEO+3IGSO 卫星地面轨迹如图 6.12 所示，需要从 5 颗 GEO 卫星中优选 1 颗与 3 颗 IGSO 组合配置初期星座。西安、南宁和厦门 3 站的 PDOP 值分布(3IGSO+GEO04 星座)如图 6.13 所示。若 PDOP≤6，考查西安、南宁和厦门等测控站的连续覆盖情况，得到 3 站可利用 3IGSO+1GEO 星座进行导航定位的平均时间。3IGSO+1GEO 星座的平均可利用时间(PDOP≤6)如图 6.14 所示。可见，选择 GEO04 卫星与 3 颗 IGSO 卫星组成的星座，可以获得较多的平均可利用时间，达到 9.0h。其中，PDOP>10 被视为 10 处理(以下相同)，并认为星座不能有效提供导航定位信息。当 PDOP<10 时，星座构型可以满足导航定位要求，其平均连续覆盖时间可达 11.4h。因此，早期 4 颗卫星星座部署顺序应为 IGSO01→GEO04→IGSO02→IGSO03。

如果考虑发射窗口对 IGSO01 和 IGSO02 卫星连续部署任务的制约，可以采用 2IGSO+2GEO 星座配置方案，可以看到，采用 GEO04 和 GEO05 卫星与 IGSO01 和 IGSO02 卫星组合，可以获得较多的星座连续覆盖时间。星座部署顺序应为 IGSO01→GEO04→IGSO02→GEO05。基于该部署方案，针对西安、南宁和厦门站 24h 的 PDOP 分布情况进行分析可知，PDOP≤6 和 PDOP<10 的平均可利用时间分别为 10.3h 和 12.7h。尽管采用该方案比 3IGSO+1GEO 星座方案的可利用时间更长，但是该方案的服务中断时间较长，单次中断时间可能达到 4h 以上，因此

该方案比 3IGSO+1GEO 方案的实际应用效果差。

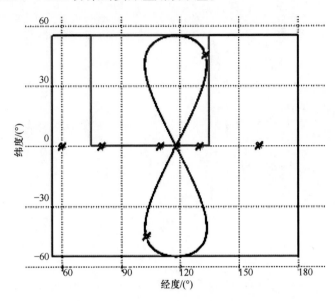

图 6.12　5GEO+3IGSO 卫星地面轨迹

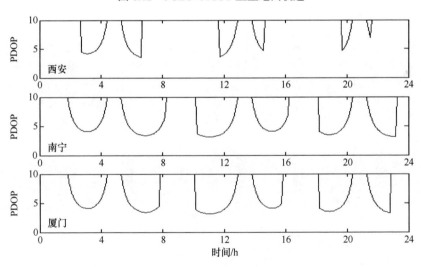

图 6.13　西安、南宁和厦门 3 站的 PDOP 值分布(3IGSO+GEO04 星座)

若选择 2 颗 GEO 卫星与 3IGSO 卫星组成的星座，可以得到所有可能组合的星座平均可利用时间。3IGSO+2GEO 星座的平均可利用时间(PDOP≤6)如图 6.15 所示。可以看到，选择 GEO04 和 GEO05 卫星与 3 颗 IGSO 卫星组合，其平均可利用时间达到 19.8h(PDOP≤6)。

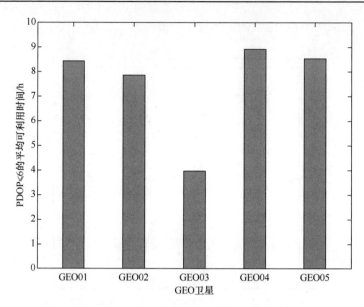

图 6.14　3IGSO+1GEO 星座的平均可利用时间(PDOP≤6)

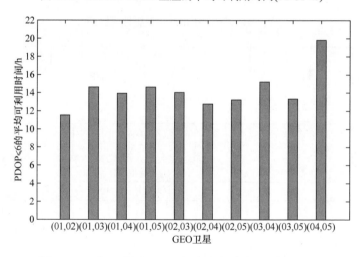

图 6.15　3IGSO+2GEO 星座的平均可利用时间(PDOP≤6)

综上所述,依据导航星座部署优化原理,可计算得到 5GEO+3IGSO 部署顺序。

(1) 部署方案Ⅰ: IGSO01→GEO04→IGSO02→IGSO03→GEO05→GEO01→GEO02→GEO03。

(2) 部署方案Ⅱ: IGSO01→GEO04→IGSO02→GEO05→IGSO03→GEO01→GEO02→GEO03。

3. 4MEO 卫星的部署顺序及可跟踪时段

采用 Walker24/3/1 星座构型，4 颗 MEO 卫星分别部署在两个轨道平面上，每个轨道面上布置 2 颗卫星。考虑 4MEO 卫星对中纬度地区的覆盖，西安可以获得较长的卫星跟踪监测时间，并对 5GEO+3IGSO 星座提供有效补充。初步计算和分析表明，4MEO 应部署在第一轨道面的 7、8 相位，以及第二轨道面的 3、4 号相位。在 7 天回归周期内，卫星经过西安的顺序为 Sat23→Sat18→Sat17→Sat24。这样，不但能在我国领土范围内获得较好的卫星跟踪弧段，而且可以得到较小的PDOP 值。

西安可跟踪 MEO 卫星数(20d)如图 6.16 所示。平均每天有 15.9h 至少可跟踪到 1 颗卫星。西安可同时跟踪 4 颗 MEO 卫星时段及其 PDOP 值(24h)如图 6.17 所示。在 20d 内西安跟踪 4MEO 卫星的最佳时段如图 6.18 所示。其中 24h 内西安可见 MEO 卫星数目如图 6.19 所示。由图可知，在 7 天的回归周期内，最大持续跟踪 4 颗卫星的时间约 2.9h，且 PDOP<7。

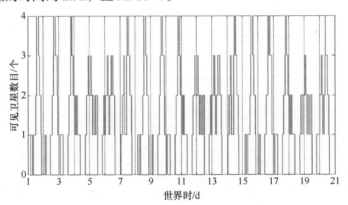

图 6.16　西安可跟踪 MEO 卫星数(20d)

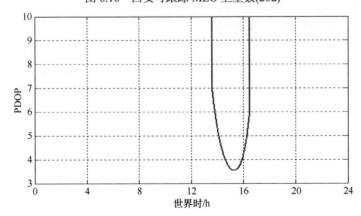

图 6.17　西安可同时跟踪 4 颗 MEO 卫星时段及其 PDOP 值(24h)

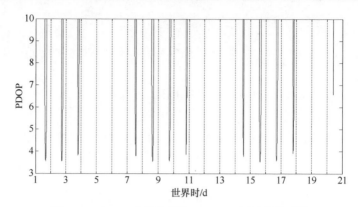

图 6.18　在 20d 内西安跟踪 4MEO 卫星的最佳时段

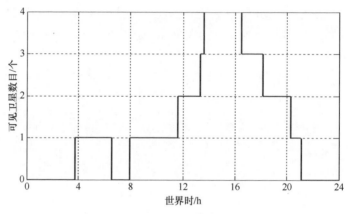

图 6.19　24h 内西安可见 MEO 卫星数目

参考以上设计结果，具体实施部署策略时，在必须保证用户利益的前提下，还需要考虑北斗一号双星定位系统服务的连续性约束，并加以修正。

6.3.2　区域导航星座卫星发射窗口设计

卫星的发射窗口指可提供卫星发射的时间集合，其中包括发射日期、发射时刻及时间区间，用火箭起飞时的北京时间表示，在窗口内发射卫星能满足飞行任务的若干特定要求。卫星发射窗口是由飞行任务要求与星地各系统工作条件共同决定的。本节针对构成区域导航星座的 GEO、IGSO 和 MEO 三类卫星，分析卫星发射窗口的特点及约束条件，给出发射窗口的分析计算结果和卫星在发射窗口后沿以后发射的影响分析。

1. 导航卫星发射窗口的约束条件

在优选卫星的预定轨道和运载火箭的弹道之后，卫星设计的首要任务是制定发射窗口，即发射的日期、时刻及时间区间。在该区间内发射卫星能满足飞行任务的若干特定要求。发射窗口的制定是根据每个限制条件计算对应的可发射卫星的时间集合，取其交集作为发射窗口。一般来说，卫星的发射窗口主要限制条件包括以下几个方面。

(1) 卫星处于地影内时间长短的要求。

(2) 卫星太阳电池正常供电所需太阳照射卫星的方向。

(3) 卫星姿态测量要求的地球、卫星和太阳的几何位置关系。

(4) 卫星热控要求的太阳光照射卫星的方向。

(5) 卫星的某些特殊部件对太阳光、地球反射光、月球反射光的要求。

(6) 卫星运行过程中，满足地面对卫星测控条件的要求(地球、卫星和太阳三者之间满足一定的几何关系)。

(7) 星座组网构型的要求。

GEO 卫星的发射窗口除了受到地面测控跟踪和卫星各分系统设计状态的约束外，还受到卫星处于特定轨道段时卫星、太阳和地球必须满足的几何关系的约束。IGSO 与 MEO 卫星发射窗口除了受到 GEO 卫星类似的发射窗口约束条件外，还受到卫星组网相位的约束。

2. 导航卫星发射窗口的特点

导航星座 IGSO 和 MEO 卫星发射窗口除受卫星自身约束和火箭的入轨偏差影响外，还受卫星组网相位要求的限制，所以发射窗口的分布与 GEO 卫星发射窗口的分布有所不同。

1) GEO 卫星发射窗口

GEO 卫星的发射窗口除了受到地面测控跟踪和卫星各分系统的约束外，还受到卫星处于特定轨道段时卫星、太阳和地球必须满足的几何关系的约束。GEO 卫星的发射窗口每天都存在，一般在午夜前后，窗口最短时间约 50min，窗口最长时间约 90min。

2) IGSO 卫星发射窗口

理论上讲，将 IGSO 卫星发射到某一轨道面，只能在某一时刻发射卫星，也就是说 IGSO 卫星的窗口只能是零窗口，但是工程实际中由于受到运载等因素的限制，对 IGSO 卫星的发射窗口有一定的宽度要求。窗口宽度的存在会导致卫星发射轨道面偏离标称轨道平面，每 4min 的窗口会带来升交点赤经 1°左右的偏差。

由于 3 颗 IGSO 卫星分布在间隔 120°的轨道面上，对于首发 IGSO 卫星来说，其发射窗口主要受地面测控和卫星自身的约束，后续发射的 2 颗 IGSO 卫星的发射窗口除受上述的约束外，还受到与已发射卫星轨道面相差 120°的限制与运载入轨偏差的约束。

根据不同的发射顺序，IGSO 卫星的发射窗口呈现不同的特点。如果将三个轨道面分别命名为 0、1、2，并且假定首颗发射的 IGSO 卫星位于 0 轨道面，对于首颗发射的 IGSO 卫星来说，如果考虑使用覆盖范围较大的对地面测控天线，其全年都存在发射窗口，只考虑背地面天线时，二月份到十月份存在发射窗口，其发射时刻决定了 0 轨道面的位置，这样 1、2 轨道面的位置就确定了；对于第 2 颗发射的 IGSO 卫星来说，有 1 和 2 两个轨道面可以选择，那么其发射窗口存在于间隔约 4 个月的两个时期，并且每天可能有两次发射机会；最后发射的 IGSO 卫星只能选择剩下的唯一的轨道平面，只能在某一固定时期发射。

总的来说，IGSO 卫星的发射窗口是相互关联、相互影响的，首颗发射的 IGSO 卫星发射时间会影响后 2 颗发射的 IGSO 卫星，前 2 颗 IGSO 卫星的发射时间决定了第 3 颗发射的 IGSO 卫星窗口。

3) MEO 卫星发射窗口

MEO 卫星一箭双星发射，理论上讲，将 2 颗 MEO 卫星发射到某一轨道面，只能在某一时刻发射卫星，也就是说 MEO 卫星的窗口只能是零窗口，但工程实际中由于受到运载等因素的限制，对 MEO 卫星的发射窗口有一定的宽度要求，窗口宽度的存在会导致卫星发射轨道面偏离设计轨道平面，每 4min 的窗口长度会引起升交点赤经 1°左右的偏差。

由于 4 颗 MEO 卫星分别分布在间隔 120°的两个轨道面上，对于首发的 2 颗 MEO 卫星来说，其发射窗口主要受地面测控卫星自身的约束。后续发射的 2 颗 MEO 卫星的发射窗口除受上述的约束外，还受相邻轨道面相差 120°的限制与运载入轨偏差的约束。

对于首发的 2 颗 MEO 卫星来说，如果考虑使用覆盖范围较大的对地面测控天线，其发射窗口全年存在，只考虑背地面天线时，其发射窗口只存在于一年中的某两个时期。对于后发射的 2 颗 MEO 卫星来说，其发射窗口受首发 2 颗 MEO 卫星窗口的影响，并且存在于某两个固定时期。在这两个发射时期中是否每天存在两次发射机会，将取决于首发 2 颗 MEO 卫星发射时间。

3. 导航卫星发射窗口的分析结果

1) GEO 卫星发射窗口分析结果

对于 GEO 卫星，需要分别计算满足各个约束条件的卫星可发射时间，然后取其交集得到卫星最终的发射窗口，分析可知 GEO 卫星发射窗口每天都存在，且每天位于午夜前后。

2) IGSO 卫星发射窗口分析结果

不同轨道面 IGSO 卫星可发射日期示意图如图 6.20 所示。图中浅色区域表示可发射时段，深色区域表示不可发射时段。

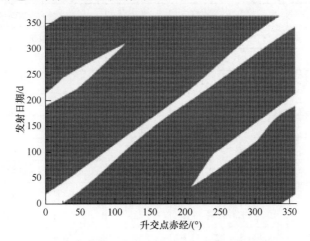

图 6.20　不同轨道面 IGSO 卫星可发射日期示意图

　　IGSO 卫星的发射窗口不受轨道面升交点赤经的限制，每天都存在发射机会，但是首发 IGSO 卫星的窗口一旦确定，将会影响后续 2 颗 IGSO 卫星发射窗口的选择，尤其是最先发射的 1 颗 IGSO 卫星，因此应该合理选择第 1 颗 IGSO 卫星的发射窗口，使 3 颗 IGSO 卫星按照一定的时间间隔在最短的时间内顺利发射。

　　不同轨道面 IGSO 卫星可发射日期与可发射天数如表 6.2 所示。

表 6.2　不同轨道面 IGSO 卫星可发射日期与可发射天数

升交点赤经/(°)	发射窗口 I		发射窗口 II	
	发射日期	天数/d	发射日期	天数/d
0	12 月 2 日～1 月 20 日	50	6 月 30 日～7 月 25 日	26
20	12 月 19 日～2 月 7 日	48	7 月 16 日～8 月 17 日	32
40	1 月 6 日～2 月 25 日	51	8 月 1 日～9 月 8 日	38
60	1 月 26 日～3 月 16 日	50	8 月 20 日～9 月 24 日	35
80	2 月 19 日～4 月 6 日	47	9 月 18 日～10 月 9 日	22
100	3 月 20 日～4 月 26 日	38	10 月 20 日～10 月 23 日	4
120	4 月 19 日～5 月 16 日	28		
140	5 月 15 日～6 月 5 日	22		

升交点赤经/(°)	发射窗口 I		发射窗口 II	
	发射日期	天数/d	发射日期	天数/d
160	6 月 6 日~6 月 24 日	19		
180	6 月 26 日~7 月 13 日	18		
200	7 月 14 日~8 月 3 日	21		
220	7 月 31 日~8 月 25 日	26		
240	8 月 18 日~9 月 18 日	32	2 月 28 日~3 月 24 日	25
260	9 月 4 日~10 月 12 日	39	3 月 17 日~4 月 19 日	34
280	9 月 22 日~11 月 5 日	45	4 月 3 日~5 月 7 日	35
300	10 月 9 日~11 月 26 日	48	4 月 21 日~5 月 27 日	37
320	10 月 26 日~12 月 15 日	50	5 月 16 日~6 月 15 日	31
340	11 月 14 日~1 月 2 日	40	6 月 10 日~7 月 4 日	25

3) MEO 卫星发射窗口分析结果

MEO 卫星不同轨道面发射日期示意图如图 6.21 所示。可以看出，背地面天线增加了两段可发射日期。对于首次发射的 2 颗 MEO 卫星，其发射窗口不受轨道面升交点赤经的限制，每天都存在发射机会，但是首次发射的 2 颗 MEO 卫星的窗口一旦确定，将会影响后续 2 颗 MEO 卫星发射窗口的选择。

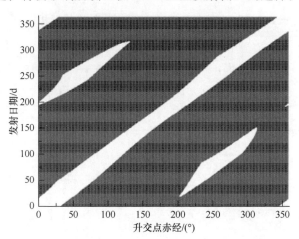

图 6.21　MEO 卫星不同轨道面发射日期示意图

不同轨道面 MEO 卫星可发射日期与可发射天数如表 6.3 所示。可以看出，如果首发 2 颗 MEO 卫星轨道面升交点赤经位于 120°~220°范围内，那么第二发 2

颗 MEO 卫星可以有两次发射机会可选。

表 6.3　不同轨道面 MEO 卫星可发射日期与可发射天数

升交点赤经/(°)	发射窗口 I		发射窗口 II	
	发射日期	天数/d	发射日期	天数/d
0	12 月 2 日~1 月 4 日	34		
20	12 月 15 日~2 月 2 日	49	7 月 20 日~8 月 2 日	14
40	1 月 11 日~3 月 3 日	52	8 月 4 日~9 月 10 日	38
60	1 月 30 日~3 月 24 日	54	8 月 19 日~9 月 23 日	36
80	2 月 13 日~4 月 9 日	56	9 月 8 日~10 月 8 日	31
100	3 月 12 日~5 月 4 日	55	10 月 2 日~10 月 19 日	18
120	4 月 11 日~5 月 24 日	44		
140	4 月 27 日~6 月 7 日	42		
160	5 月 25 日~6 月 25 日	32		
180	6 月 14 日~7 月 16 日	33		
200	7 月 4 日~8 月 10 日	38		
220	7 月 22 日~8 月 30 日	40		
240	8 月 9 日~9 月 24 日	46	2 月 21 日~3 月 25 日	34
260	8 月 28 日~10 月 18 日	52	3 月 10 日~4 月 15 日	37
280	9 月 18 日~11 月 3 日	46	3 月 28 日~4 月 30 日	34
300	10 月 7 日~11 月 14 日	39	4 月 15 日~5 月 12 日	28
320	10 月 26 日~12 月 1 日	37	5 月 21 日~5 月 27 日	7
340	11 月 15 日~12 月 12 日	28		

6.3.3　区域导航星座维护策略

1. 区域导航星座控制要求

星座构型保持是通过星座维持实现的。星座维持实际上是对星座中的卫星进行轨道保持和机动实现的。星座维持一般有两种方法：一是绝对保持；二是相对保持。绝对保持就是按照卫星三维控制盒的要求，将星座中每 1 颗卫星位置保持在各自标称位置附近；相对保持就是保持星座中卫星之间的相对位置基本不变，从而使整个星座的几何构型在一定精度范围内保持不变。相对保持所需的轨道机动次数少，但是其控制基准的确定往往比较复杂。相对保持不适合星下点轨迹有要求的星座，而绝对保持适用于各种星座。根据导航性能对星座轨道的约束分析，北斗区域导航星座保持的控制需求如下。

(1) GEO 卫星维持在标称定点经度东西±0.1°、南北±2°的保持环内，GEO 卫星需考虑与其共轨的国内外卫星的共位控制问题。

(2) 3 颗 IGSO 卫星星下点轨迹不要求重合，交点地理经度维持在标称值 118°±5°区域，相对相位差维持在 120°±5°的限幅内，对 IGSO 偏心率无严格控制要求，一般要求偏心率小于 0.01。IGSO 卫星轨道偏心率允许的变化范围为 0.001~0.002，近地点幅角允许的变化范围为 180°±10°。

(3) MEO 卫星对交点回归经度不进行维持控制，任意相邻卫星相对相位角维持在标称值±5°范围内，要求偏心率小于 0.003。

2. GEO 卫星轨道控制策略

1) GEO 经度控制策略

综合考虑卫星定点精度指标、定轨误差、控制误差、姿态控制、南北控制耦合误差、卫星摄动特点等因素，设计东西控制经度保持环，使控制周期达到最长，尽量减少对卫星的控制次数，维持卫星位于定点经度指标范围，漂移环的大小和形状取决于卫星轨道控制策略。

设卫星东西经度设计半宽为 $\pm\Delta\lambda_{max}$、卫星测量及定轨误差为 $\Delta\lambda_{Measure}$、控制误差为 $\Delta\lambda_{perform}$、偏心率不为零引起经度日周期振荡为 $\Delta\lambda_{DailyFromEcc}$、日月引力引起的经度长周期摄动为 $\Delta\lambda_{SunandMoon}$，则平经度漂移环半宽为

$$\Delta\bar{\lambda} = \Delta\lambda_{max} - \Delta\lambda_{SunandMoon} - \Delta\lambda_{Measure} - \Delta\lambda_{perform} - \Delta\lambda_{DailyFromEcc} \tag{6.1}$$

设卫星东西经度设计半宽 $\Delta\lambda_{max} = 0.1°$、卫星测量及定轨误差 $\Delta\lambda_{Measure} = 0.003°$、日月引力引起的经度长周期摄动 $\Delta\lambda_{SunandMoon} = 0.008°$、控制误差 $\Delta\lambda_{perform} = 0.007°$、偏心率控制圆半径暂取 $e_k = 4.0\times10^{-4}$、由偏心率引起的漂移量 $\Delta\lambda_{DailyFromEcc} = 0.0458°$，由式(6.1)可得平经度漂移环半宽为 0.0362°。

由以上分析可以看出，偏心率引起的卫星经度日周期振荡是消耗东西保持环的主要因素。为了维持卫星在较小的东西保持区内，应对偏心率的变化范围进行限制，但偏心率控制需要消耗额外的燃料，因此偏心率的变化范围需要折中考虑。

设定点位置平经度加速度为 $\ddot{\lambda}_n$、平经度漂移环半宽为 $\Delta\bar{\lambda}$，则东西控制周期由平经度漂移环确定，即

$$T = 4\left(\sqrt{\frac{\Delta\bar{\bar{\lambda}}}{\left|\ddot{\bar{\lambda}}_n\right|}}\right) \tag{6.2}$$

(1) $\ddot{\bar{\lambda}}_n \leqslant 0$。

对于定点在东经 80°、东经 110.5°、东经 140° 和东经 160° 的 GEO 卫星，$\ddot{\bar{\lambda}}_n \leqslant 0$，经度漂移环如图 6.22 所示。在漂移率矢量相位控制图中，抛物线开口向左，漂移率矢量在自由摄动周期内，状态转移按照由 A 到 B 再到 C 的顺序变化。在平经度漂移相位图中，卫星在漂移环西边界具有向东的漂移率 $D_A = -1/2\ddot{\bar{\lambda}}_n T$。当卫星经过 $T/2$ 后到达平经度东边界时，卫星开始向西漂移率，经过 $T/2$ 后到达平经度西边界，向西漂移率达到最大。漂移率为 $D_C = 1/2\ddot{\bar{\lambda}}_n T$，当卫星到达 C 点时，利用切向速度增量，降低轨道半长轴，使轨道漂移率矢量状态到达 A 点，完成一个周期的东西控制。

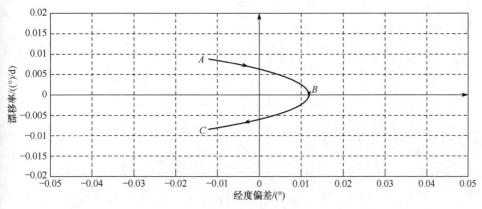

图 6.22　经度漂移环(一)

(2) $\ddot{\bar{\lambda}}_n > 0$。

对于定点在东经 60° 的 GEO 卫星，$\ddot{\bar{\lambda}}_n > 0$，经度漂移环如图 6.23 所示。在漂

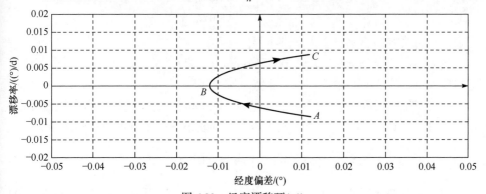

图 6.23　经度漂移环(二)

移率矢量相位控制图中，抛物线开口向右，漂移率矢量在自由摄动周期内，状态转移按照由 A 到 B 再到 C 的顺序变化，在平经度漂移相位图中，卫星在漂移环东边界具有向西的漂移率 $D_A = -1/2\ddot{\lambda}_n T$。当卫星经过 $T/2$ 后到达平经度西边界时，卫星开始向东漂移，经过 $T/2$ 后到达平经度东边界，向东漂移率达到最大。漂移率为 $D_C = 1/2\ddot{\lambda}_n T$。当卫星到达 C 点时，利用切向速度增量，升高轨道半长轴，使轨道漂移率矢量状态到达 A 点，完成一个周期的东西控制。

设卫星在轨质量为 1500kg，轨控推力为 20N，发动机比冲为 270s，按漂移环分配策略，GEO 卫星经度控制策略如表 6.4 所示。

表 6.4 GEO 卫星经度控制策略

GEO 定点位置	东经 60°	东经 80°	东经 110.5°	东经 140°	东经 160°
漂移加速度/((°)/d²)	0.00111495	−0.000363	−0.00192	−0.00135	−0.0001214
经度控制周期/d	22	40	17	20	69
速度增量/(m/s)	+0.072	−0.041165	−0.09467	−0.079386	−0.02380
燃料需求/kg	0.05	0.03	0.07	0.06	0.02
一年控制速度增量/(m/s)	1.15	−0.376	−1.99	−1.40	−0.13
一年控制燃料需求/kg	0.84	0.27	1.45	1.02	0.10

2) GEO 偏心率控制策略

在东西漂移环分配指标中，允许的偏心率最大值随太阳视线运动的轨迹称为偏心率限制圆，也称为偏心率控制圆。其半径为东西漂移环分配的最大偏心率，当卫星平均偏心率摄动圆半径与控制圆半径接近时，偏心率初始控制到原点为圆心的偏心率摄动圆上，且方向指向当前太阳视线方向。

设偏心率控制时刻太阳平赤经为 α_{s0}，在该时刻偏心率控制目标为

$$e_f = \begin{bmatrix} e_x \\ e_y \end{bmatrix} = r_e \begin{bmatrix} \cos\alpha_{s0} \\ \sin\alpha_{s0} \end{bmatrix} \tag{6.3}$$

式中，r_e 为轨道偏心率自由摄动圆半径。

当太阳位于春分点时，太阳平赤经 $\alpha_{s0} = 0$，偏心率控制目标是将轨道近地点指向春分点，轨道偏心率等于偏心率摄动圆半径。

如果卫星帆板面积 S 为 27m²，质量 m 为 1500kg，光压面积仅考虑帆板面积，光压反射系数 C_R 为 1.5，则由太阳光压引起的轨道偏心率自由摄动圆半径为

$$r_e \approx 0.011 C_R \left(\frac{S}{m}\right) = 3.0 \times 10^{-4} \tag{6.4}$$

如果东西漂移环的设计允许偏心率控制圆半径接近摄动圆半径，假设在 2007

年 6 月 10 日进行偏心率集中控制,则偏心率目标为太阳指向控制目标,当天太阳平赤经为 77.8°。轨控目标轨道参数如表 6.5 所示。

表 6.5　轨控目标轨道参数

参数	数值
历元	2007-6-10(00:00:00)
半长轴/km	42165.694424
偏心率	0.000299868
倾角/(°)	0.001
升交点赤经/(°)	359.999696
近地点幅角/(°)	78.000295
平近点角/(°)	0.000008

控后轨道偏心率变化趋势如图 6.24 所示。由偏心率初始位置出发,随太阳视线沿偏心率摄动圆运动,轨道一年内大小基本保持不变。

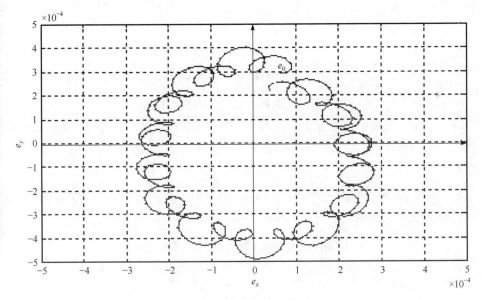

图 6.24　控后轨道偏心率变化趋势

3) GEO 倾角控制策略

倾角控制目标选择的约束条件是使得控后倾角矢量在平倾角控制圆内自由摄动运动的时间最长,因此倾角控制目标的选择与当年平倾角的平均摄动方向 Ω_d 和控制圆分配区间有关。设当年平倾角平均摄动方向为 Ω_d、控制圆半径为 i_d,GEO

卫星倾角摄动与控制示意图如图 6.25 所示。假定倾角控制目标为 $\left(i_{fx}, i_{fy}\right)$，当平均倾角摄动曲线经过坐标原点时，平均倾角的自由摄动距离达到最长，为控制圆直径 $2i_d$。因此，倾角控制目标 $\left(i_{fx}, i_{fy}\right)$ 选择为

$$\begin{bmatrix} i_{fx} \\ i_{fy} \end{bmatrix} = i_d \begin{bmatrix} \cos\left(\pi + \Omega_d\right) \\ \sin\left(\pi + \Omega_d\right) \end{bmatrix} \tag{6.5}$$

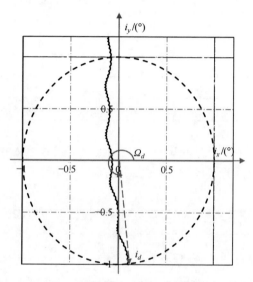

图 6.25　GEO 卫星倾角摄动与控制示意图

设当年平倾角的摄动速率为 $\delta i / \delta t$，则平倾角在倾角控制圆的自由摄动时间为 $T = 2i_d / (\delta i / \delta t)$。以 2010 年为例，当年平倾角平均摄动方向为 $\Omega_d = 87°$，控制圆半径为 $i_d = 2.0°$，当年平倾角的摄动速率为 $\delta i / \delta t = 0.89°$，则当年倾角控制目标 $\left(i_{fx}, i_{fy}\right)$ 及倾角控制周期为 $\bar{i}_f\left(i_f = 2°, \Omega_f = 267°\right)$，$T$=4.5 年。不同倾角漂移范围的南北保持策略如表 6.6 所示。

表 6.6　不同倾角漂移范围的南北保持策略

倾角漂移范围/(°)	每次机动速度增量/(m/s)	连续式控制推力持续时间/s	两次机动的平均间隔时间/d
0.1	10.7	804.5	86.14
0.5	53.65	4033.8	430.7
1.0	107.30	8067.6	861.4
2.0	214.56	16165.4	1722.8
3.0	321.76	24192.4	2584.2

上述分析表明，对 GEO 卫星，在 8～10 年寿命期可以只进行一次南北控制，

法向控制量约为 215m/s，一年平均约 54m/s。对于倾角保持精度为±2°的情况，无论控制周期是 1 年还是 4 年，卫星都需提供 215 m/s 的法向速度增量。假定卫星质量为 1500kg、发动机比冲为 270s，卫星用于倾角保持的燃料为 148kg。

3. IGSO 卫星轨道控制策略

1) IGSO 交叉点地理经度漂移环控制策略

(1) 标称交点经度位于东经 118°的 IGSO 卫星。

地球三轴性摄动会引起对半长轴的长期漂移，对于交点经度位于东经 113°～东经 123°区间的 IGSO 卫星，轨道半长轴每天增加约 76m，交点地理经度的摄动漂移加速度约为 -9.79×10^{-4} $((°)/d^2)$；对于交点经度位于东经 95°的卫星，交点地理经度摄动加速度约为 -6.7×10^{-4} $((°)/d^2)$。这会引起升交点地理经度摄动运动，即

$$\frac{d\lambda_G}{dt} = -\frac{0.040235}{\pi}(a - a_s) \quad ((°)/d/) \tag{6.6}$$

式中，λ_G 为升交点地理经度；a_s 为 IGSO 卫星轨道标称半长轴；a 为 IGSO 卫星实际轨道半长轴。

对式(6.6)两端求导，得到的地球三轴性引起交点地理经度的摄动漂移加速度为

$$\frac{d}{dt}\left(\frac{d\lambda_G}{dt}\right) = -\frac{0.040235}{\pi}\frac{da}{dt} = \text{const} \quad ((°)/d^2) \tag{6.7}$$

IGSO 与 GEO 交点地理经度摄动加速度比较如图 6.26 所示。IGSO 与 GEO 交点地理经度摄动加速度(局部放大)如图 6.27 所示。

加速度为常值的运动呈现抛物线运动轨迹，因此交点经度在东经 113°～东经 123°区间的 IGSO 卫星，交点地理经度的漂移轨迹在相平面内为开口向左的抛物线。交点地理经度漂移环周期可按式(6.2)进行计算。

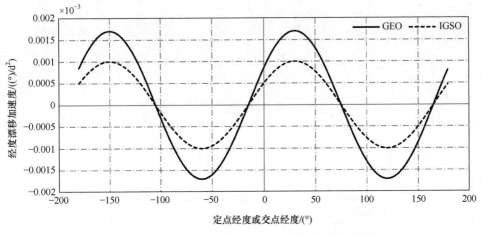

图 6.26 IGSO 与 GEO 交点地理经度摄动加速度比较

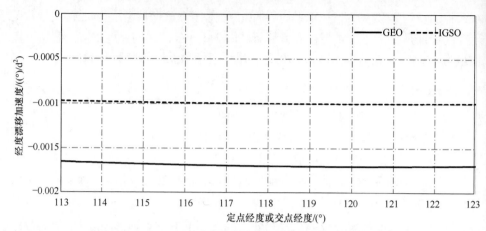

图 6.27　IGSO 与 GEO 交点地理经度摄动加速度(局部放大)

对于交点经度位于东经 118°的 IGSO 卫星，交点地理经度的摄动漂移加速度约为 -9.79×10^{-4} $((°)/d^2)$，交点地理经度漂移半宽为 $\Delta\lambda = \pm 2.5°$，则交点在东经 113°～东经 123°区间的 IGSO 卫星，克服地球三轴性控制周期约为 200 天，半长轴允许的最大漂移量为 7.65km，一次控制半长轴控制量为 15.3km。

IGSO 交点地理经度被动漂移周期如图 6.28 所示。IGSO 半长轴偏置与周期控制如图 6.29 所示。

交点在东经 113°～东经 123°区间的 IGSO 卫星，一次控制切向速度增量为 0.56m/s，一年约进行两次控制，总的速度增量约 1.01m/s。若卫星质量为 1500kg，发动机比冲为 270s，则为保持交点地理经度，一年内燃料需求约为 0.7kg。

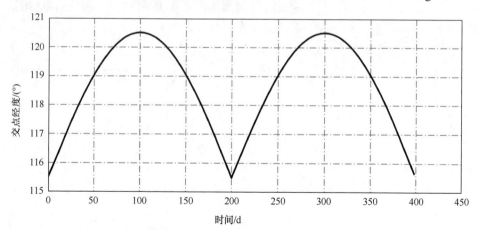

图 6.28　IGSO 交点地理经度被动漂移周期

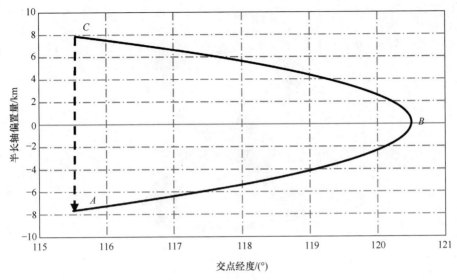

图 6.29　IGSO 半长轴偏置与周期控制

对于标称交点地理经度为 118°的 IGSO 卫星，交点地理经度漂移半宽为 $\Delta\lambda = \pm 2.5°$，则交点漂移环西边界为 115.5°，半长轴偏置量为−7.65km，因此捕获轨道半长轴为 42155.850km。从仿真结果分析，当前交点地理经度位于漂移环西边界，由于轨道半长轴小于标称轨道半长轴(42163.500km)，交点地理经度向东漂移，轨道半长轴逐渐增大。100 天后，轨道半长轴达到标称值，卫星交点地理经度达到漂移环东边界，轨道半长轴逐渐增大，大于标称半长轴，卫星调头向西漂移，200 天后卫星回到漂移环西边界。此时，轨道半长轴约为 42170.300km，然后卫星进行一次减速控制，使半长轴回到下一个漂移环的初始值。

IGSO 轨迹漂移如图 6.30 所示。一个漂移周期内 IGSO 半长轴变化如图 6.31 所示。

(2) 标称交点经度位于东经 95°的 IGSO 卫星。

对于交点位于东经 95°的 IGSO 卫星，与交点在东经 118°的 IGSO 卫星采用相同的交点经度维持策略。

对于交点经度位于东经 95°的 IGSO 卫星，交点地理经度的摄动漂移加速度约为 $-6.7 \times 10^{-4}((°)/d^2)$，交点地理经度漂移半宽为 $\Delta\lambda = \pm 2.5°$，则交点在东经 95°的 IGSO 卫星，克服地球三轴性控制周期约为 240 天，半长轴允许的最大漂移量为 6.276km，一次控制半长轴控制量为 12.552km，一次控制切向速度增量为 0.46m/s，一年约进行两次控制，总的速度增量约 0.92m/s。若卫星质量为 1500kg，发动机比冲为 270s，则为保持交点地理经度，一年内燃料需求约为 0.6kg。

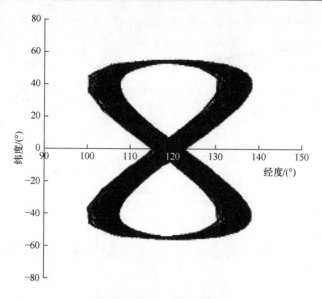

图 6.30　IGSO 轨迹漂移

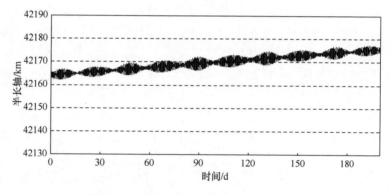

图 6.31　一个漂移周期内 IGSO 半长轴变化

2) IGSO 相对相位差控制策略

(1) 标称交点经度位于东经 118° 的 IGSO 卫星。

初始相位差根据轨道面升交点赤经差确定。当轨道面升交点赤经差小于±2.5°时，若三星不要求轨迹重合，初始相位差按 120° 均匀分布捕获，这样升交点地理经度可以捕获在 118°±5° 区域；若三星要求星下点轨迹重合，初始相位差最大偏置不超过 120°±5° 的限幅。

设三星初始相位差分别为 $\Delta\varphi_0(i,j), i \neq j, i=1,2,3, j=1,2,3$，交点地理经度的周期控制对相位角的偶合控制如下。

轨道偏置控制后，i 星相位变化为

$$\varphi_t(i) = \varphi_0(i) + \dot{\varphi}(i)(t-t_0)$$
$$= \varphi_0(i) - \frac{0.04035}{\pi}(a_t(i)-a_s)(t-t_0) \tag{6.8}$$

式中，a_t 表示当前的卫星轨道平均半长轴。

j 星相位变化为

$$\varphi_t(j) = \varphi_0(j) + \dot{\varphi}(j)(t-t_0)$$
$$= \varphi_0(j) - \frac{0.04035}{\pi}(a_t(j)-a_s)(t-t_0) \tag{6.9}$$

因此，当前相位差满足

$$\Delta\varphi_t(i,j) = (\varphi_0(i)-\varphi_0(j)) - \frac{0.04035}{\pi}(a_t(i)-a_t(j))(t-t_0)$$
$$= \Delta\varphi_0(i,j) - \frac{0.04035}{\pi}(a_t(i)-a_t(j))(t-t_0) \tag{6.10}$$

在一个偏置控制周期内,若使卫星相位差维持在±5°范围内,则任意 2 颗 IGSO 卫星平均半长轴差满足

$$|a_t(i)-a_t(j)| \le \frac{1}{40} \times \frac{\pi}{0.04035} = 1.945\text{km} \tag{6.11}$$

这表明，当三星采用基本相同的漂移环时，漂移环中心可以不同；基本保持同步控制时，偏置控制能够保证一个偏置控制周期内，相位差维持在±5°范围内。假定以 IGSO-1 卫星为控制基准，IGSO-2 和 IGSO-3 卫星 200 天的相对相位差变化曲线如图 6.32 所示。

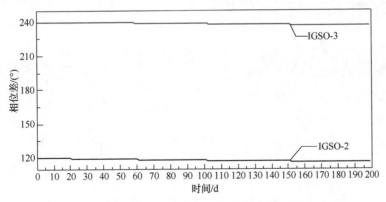

图 6.32　IGSO-2 和 IGSO-3 卫星 200 天的相对相位差变化曲线

值得注意的是，由于 IGSO 卫星交点地理经度漂移环较大，且瞬运动半长轴与平运动半长轴之间的差约为 1km，控制 IGSO 卫星时，可以考虑直接采用瞬时

轨道根数进行漂移环设计，进行周期性的交点地理经度维持控制。

(2) 交点经度位于东经 95°的 2 颗 IGSO 卫星。

2 颗位于东经 95°的 IGSO 卫星的相位控制采用与 3 颗东经 118°的 IGSO 卫星相同的控制策略。

3) IGSO 卫星轨道控制小结

受到日月引力的影响，IGSO 卫星轨道倾角长周期项摄动每年约 0.3°～0.5°，8 年寿命期间 IGSO 卫星的轨道倾角变化不超过 4°。导航性能分析计算结果表明，在卫星的寿命期间内，IGSO 卫星的轨道倾角可以不作保持。

交点地理经度和相对相位角维持控制，可以采用半长轴偏置同步控制方式。当三星采用基本相同的漂移环时，漂移环中心可以不同。基本保持同步控制时，偏置控制能够保证一个偏置控制周期内相位差维持在±5°范围内。

IGSO 卫星轨道控制策略如表 6.7 所示。

表 6.7　IGSO 卫星轨道控制策略

轨道参数	控制指标/漂移范围	控制策略	每年控制次数/次	每次控制量/(m/s)	每年控制量/(m/s)
倾角/(°)	标称值±4	不进行控制	0	0	0
升交点赤经/(°)	标称值−30	不进行控制	0	0	0
轨道半长轴/km	42163.5±8.0	半长轴偏置控制策略	1～2	−0.56/−0.46	−1.1/−0.92
交点经度/(°)	118±5/95±5	半长轴偏置同步控制			
相对相位角/(°)	120±5				
偏心率	0.001～0.002	与交点经度联合控制			
近地点幅角/(°)	180±10				

4. MEO 卫星轨道控制策略

1) MEO 相对相位保持策略

任意相邻 MEO 卫星相对相位角应维持在标称值±5°范围内。由相位相对摄动运动方程可知，MEO 相对相位变化率主要由 MEO 卫星轨道半长轴控制误差、半长轴测量误差、偏心率入轨误差和倾角入轨误差引起。相位角相对漂移率方程为

$$\Delta\dot{\varphi} = -\frac{3}{2}\left(\frac{n^*}{a^*}\right)\Delta a + \left[\dot{\omega}\left(\frac{4e}{1-e^2}\right) + \dot{m}\left(\frac{3e}{1-e^2}\right)\right]\Delta e + 2\dot{\Omega}\sin(i)\Delta i \qquad (6.12)$$

式中，n^* 为标称轨道角速度；$\dot{\omega}$ 为近地点幅角变化率；$\dot{m}$ 为轨道角速度与平近点角变化率之差，$\dot{m} = n - \dot{M}$；$\dot{\Omega}$ 为升交点赤经变化率；a^* 为标称轨道半长轴；Δa

为半长轴捕获误差；Δe 为偏心率偏差；Δi 为倾角入轨误差。

按照 MEO 标称轨道参数，MEO 卫星相位角相对漂移率方程为

$$\Delta\dot\varphi = \begin{bmatrix} -\dfrac{0.113224747}{\pi} & 0 & -\dfrac{0.1684}{180} \end{bmatrix} \begin{bmatrix} \Delta a \\ \Delta e \\ \Delta i \end{bmatrix} \tag{6.13}$$

如果 8 年寿命期对相位角不进行控制，为了维持相位角在标称值±5°范围，按照式(6.13)，可以得到半长轴的控制精度和对倾角的入轨精度分别为 0.0475km 和 1.84°。目前运载火箭发射卫星的倾角入轨精度可以满足上述要求。考虑到 8 年寿命期间不同轨道平面的倾角摄动偏差将超出上述要求范围，因此 MEO 卫星需要进行必要的控制，以确保相对相位角保持在标称值±5°范围内。

上述相对运动方程分析表明，相对相位角的维持可以通过调整半长轴或倾角实现，倾角调整消耗的燃料较多，因此一般通过调整半长轴兼顾调整倾角偏差的策略实现相位维持。

设当前时刻为 T_0 ，MEO 任意双星相位差为 $\Delta\varphi_0$ ，如果要求双星在 T_f 时刻的相位差达到控制目标 $\Delta\varphi_f$ ，那么星座相位角漂移率控制量为

$$\Delta\dot\varphi = \frac{\Delta\varphi_f - \Delta\varphi_0}{T_f - T_0} \tag{6.14}$$

例如，相位角调整量为 2.5°，要求在 30 天内达到控制目标，按照式(6.14)可以得到相位角漂移为 0.0833°/d。由式(6.13)可得，半长轴的控制量为 2.31km。

MEO 卫星相位角漂移随半长轴偏差的变化如图 6.33 所示。

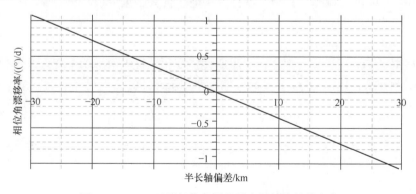

图 6.33　MEO 卫星相位角漂移随半长轴偏差的变化

2) MEO 卫星轨道控制策略小结

MEO 任意相邻卫星相对相位角维持在标称值±5°范围内，由相位相对摄动运动方程可知，MEO 相对相位变化率主要由轨道半长轴控制误差、半长轴测量误差、

偏心率入轨误差和倾角入轨误差引起。

MEO 卫星相位角维持可以通过调整半长轴和倾角实现。倾角调整消耗的燃料较多，因此可以采用调整半长轴、兼顾调整倾角偏差的策略实现相位维持。

考虑升交点赤经维持所需的大量推进剂消耗，MEO 相对升交点赤经不进行调整。

6.4　区域导航星座设计结果与评估

北斗二号区域导航系统空间标称星座由 5 颗 GEO、3 颗 IGSO 和 4 颗 MEO 卫星组成。本节针对星座各卫星具体轨道参数与星座性能进行分析。

6.4.1　区域导航星座设计结果

1. GEO 卫星标称轨道参数

区域导航星座包含 5 颗 GEO 卫星，其定点位置分别为东经 58.75°、东经 80°、东经 110.5°、东经 140°和东经 160°。

1) GEO 卫星平均半长轴

如果对地球引力场带谐调和项和三体引力的摄动影响进行补偿，那么 GEO 卫星标称半长轴大于二体问题半长轴。其标称半长轴根据标称定点经度不同会有微小变化，平均值为 42165.8km。

2) GEO 卫星倾角

根据 GEO 卫星倾角变化对地面运控、地面跟踪及服务区等的影响分析，建议 GEO 卫星轨道倾角小于 2°。实际发射时，需要根据卫星倾角的摄动变化规律在该范围内适当调整。

3) GEO 卫星偏心率

根据 GEO 卫星偏心率变化对星座性能变化、接收信号功率变化及星历拟合等的影响分析，建议 GEO 卫星标称偏心率小于 0.0005。

2. IGSO 卫星标称轨道参数

区域导航星座包含 3 颗 IGSO 卫星，分布在 3 个轨道面，升交点赤经相差 120°，3 颗卫星星下点轨迹重合，回归经度为东经 118°。

1) IGSO 卫星轨道平半长轴

IGSO 卫星轨道回归周期为 1 个平恒星日，1 圈回归。考虑地球自转与轨道面的进动 $\dot{\Omega}$，轨道周期应满足

$$T_p = \frac{2\pi}{\omega_e - \dot{\Omega}} \tag{6.15}$$

因此，IGSO 卫星标称轨道周期为 86162.3s，标称半长轴为 42163.5km。

2) IGSO 卫星轨道平倾角

地球扁状摄动引起轨道半长轴的长期项摄动为

$$r_c = r_s \left[1 - \frac{J_2 R_e^2}{2 r_s^2} \left(\frac{3}{2} \sin^2 i - 1 \right) \right] \tag{6.16}$$

式中，r_c 为半长轴摄动量；r_s 为标称半长轴。

可见，当 $\sin^2 i = 2/3$，即轨道倾角 $i = 54.74°$ 时，地球扁状摄动对倾斜轨道半长轴没有长期摄动。因此，IGSO 标称轨道倾角为 54.74°。

3) IGSO 卫星轨道偏心率

根据 IGSO 卫星偏心率变化对星座性能变化、接收信号功率变化及星历拟合等的影响分析，建议 IGSO 卫星标称偏心率小于 0.01。

此外，为了确保 IGSO 卫星经过升交点时与定点于东经 118°附近的 GEO 卫星保持足够的安全距离，IGSO 卫星在轨长期运行时应满足偏心率 0.001～0.002，近地点幅角变化范围为 180°±10°。

3. MEO 卫星标称轨道参数

4 颗 MEO 卫星分布在两个轨道面上，轨道升交点赤经相差 120°。本部分首先从摄动角度简要分析 MEO 卫星轨道半长轴和轨道倾角的标称值，然后从全球星座优化的角度出发，系统地对 MEO 各轨道参数进行优化分析，以便为确定 MEO 标称轨道参数提供依据。

1) MEO 卫星轨道半长轴

MEO 卫星轨道回归周期为 13 圈/7 天。考虑地球自转与轨道面的进动 $\dot{\Omega}$，轨道周期满足

$$T_p = \left(\frac{7}{13} \right) \left(\frac{2\pi}{\omega_e - \dot{\Omega}} \right) \tag{6.17}$$

式中，$\dot{\Omega}$ 为轨道升交点赤经变化率，对于 MEO 卫星，$\dot{\Omega} = -6.51 \times 10^{-9}$(rad/s)。

MEO 卫星轨道周期约为 7/13 个恒星日，半长轴为 27907km，考虑 J_2 项引起的轨道面进动，MEO 卫星轨道周期约为 46391.9s，约小于二体问题回归周期 4s，半长轴为 27905km。

因此，13 圈/7 天回归的 MEO 标称轨道高度为 27905km。

2) MEO 卫星轨道倾角

为使 MEO 回归周期不变，即轨道半长轴没有长期项摄动，由地球扁状摄动引起轨道半长轴的长期项摄动按式(6.16)计算。当 $\sin^2 i = 2/3$，即轨道倾角 $i = 54.74°$ 时，地球扁状摄动对倾斜轨道半长轴没有长期摄动。因此，13 圈/7 天

回归的 MEO 卫星标称倾角为 54.74°。

3) MEO 卫星轨道偏心率

根据 MEO 卫星偏心率变化对星座性能变化、接收信号功率变化及星历拟合等的影响分析，建议 MEO 卫星标称偏心率小于 0.01。在卫星实际执行发射任务时，需要根据飞行任务要求和偏心率的变化规律在该范围内进行适当调整。

6.4.2　区域导航星座性能评估

1. 5GEO+3IGSO 星座标称性能分析

根据 6.2 节星座建模与仿真，我们可以确定区域导航星座的构型为 5GEO+3IGSO。在不考虑卫星故障的情况下(标称星座)，最小高度角为 5°时，5GEO+3IGSO 星座最大 PDOP 分布如图 6.34 所示。5GEO+3IGSO 星座平均 PDOP 分布如图 6.35 所示。可以看到，5GEO+3IGSO 星座能够对我国境内及周边广大区域提供连续、4 重以上信号覆盖，其中绝大多数重点覆盖区域的最大 PDOP 值不大于 5。若 UERE 取为 2m，则系统提供定位精度优于 10m，可以满足系统导航定位精度指标要求。卫星最小高度角从 5°增加到 10°，5GEO+3IGSO 星座最大 PDOP 分布(卫星最小高度角为 10°)如图 6.36 所示。当卫星最小高度角由 5°变为 10°时，区域导航星座的覆盖性能变化较小。区域导航系统中采用 GEO 和 IGSO 卫星可以降低对流层延迟误差改正模型的要求。

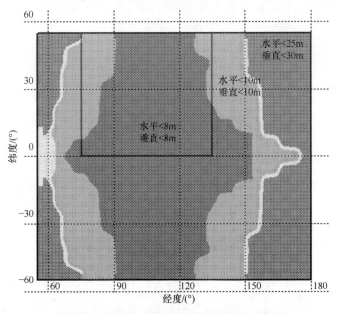

图 6.34　5GEO+3IGSO 星座最大 PDOP 分布

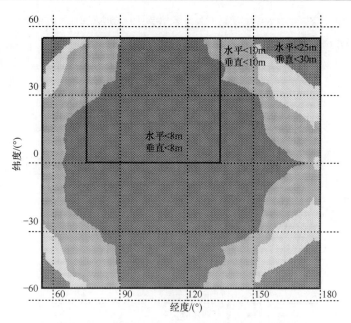

图 6.35　5GEO+3IGSO 星座平均 PDOP 分布

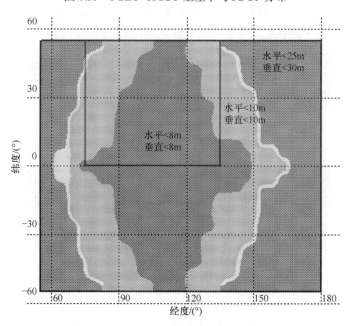

图 6.36　5GEO+3IGSO 星座最大 PDOP 分布(卫星最小高度角为 10°)

　　选取北京、哈尔滨、乌鲁木齐、拉萨、西安、海口、台北和上海等 8 个观测点,针对 5GEO+3IGSO 星座 24h PDOP 连续变化情况进行分析,北京和哈尔滨观测点的 PDOP 分布如图 6.37 所示。乌鲁木齐和拉萨观测点的 PDOP 分布如图 6.38 所示。西安和海口观测点的 PDOP 分布如图 6.39 所示。可以看到，各观测点每天约有 1 次出现较高的 PDOP 值。此外，尽管观测站的最大 PDOP 小于 4(除乌鲁木齐外)，但是最小 PDOP 不小于 2.3。这是由 GEO 和 IGSO 卫星构成星座的几何构型决定的。对于 GEO 和 IGSO 卫星构成的星座，即使增加卫星的数量，星座的 PDOP 也不会明显降低。因此，欲改善星座的空间几何构图强度，必须加入其他轨道类型卫星。

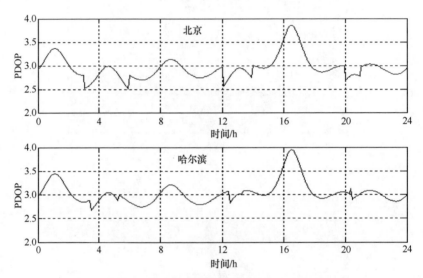

图 6.37　北京和哈尔滨观测点的 PDOP 分布

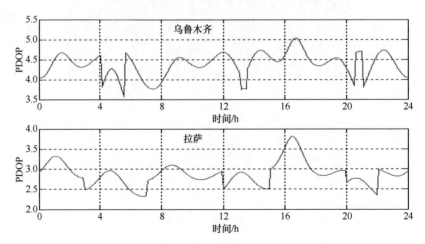

图 6.38　乌鲁木齐和拉萨观测点的 PDOP 分布

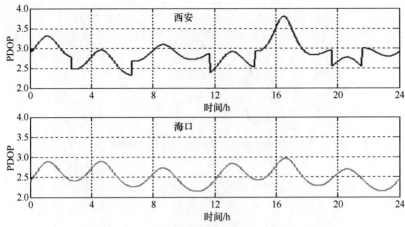

图 6.39　西安和海口观测点的 PDOP 分布

2. 5GEO+3IGSO+4MEO 星座标称性能分析

当 5GEO+3IGSO+4MEO 星座部署完成时，覆盖区域的导航定位精度将得到周期性的改善。5GEO+3IGSO 星座的地面轨迹如图 6.40 所示。在 1 个回归周期内，有 1 天可以获得对 MEO 卫星最佳跟踪状态，即对区域导航星座起到周期性的增强作用。对于 5GEO+5IGSO+4MEO 星座，最佳观测日的最大 PDOP 分布如图 6.41 所示。最佳观测日的平均 PDOP 分布如图 6.42 所示。

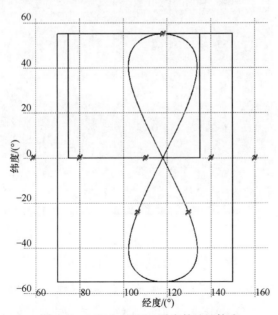

图 6.40　5GEO+3IGSO 星座的地面轨迹

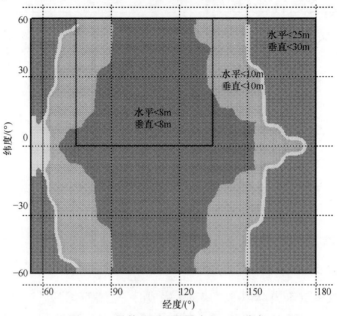

图 6.41　最佳观测日的最大 PDOP 分布

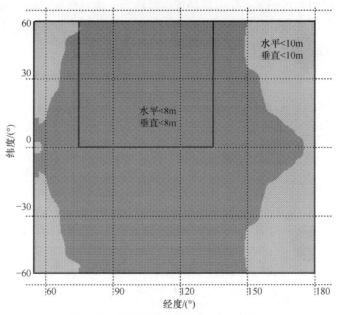

图 6.42　最佳观测日的平均 PDOP 分布

　　选取北京、哈尔滨、乌鲁木齐、拉萨、西安、海口、台北和上海等 8 个观测点，针对 5GEO+3IGSO+4MEO 星座的 PDOP 连续变化进行分析。最佳观测日北京和哈尔滨观测点的 PDOP 分布如图 6.43 所示。最佳观测日乌鲁木齐和拉萨观测点的 PDOP 分布如图 6.44 所示。最佳观测日西安和海口观测点的 PDOP 分布如图 6.45 所示。最佳观测日台北和上海观测点的 PDOP 分布如图 6.46 所示。可以看到，若 UERE 为 2m，则约有 6～8h 时段的 PDOP 小于 2，系统能提供的导航定位精度可达 4m。这说明，在 GEO 和 IGSO 卫星构成的星座中加入 MEO 卫星能够明显改善星座的几何构型性能，获得较高的导航定位精度。

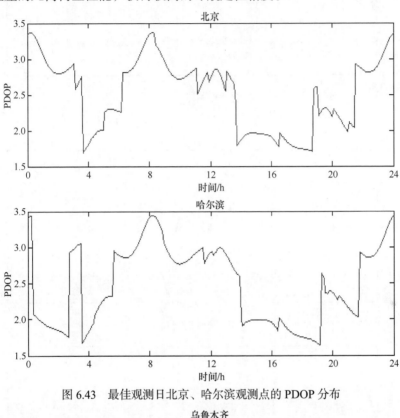

图 6.43　最佳观测日北京、哈尔滨观测点的 PDOP 分布

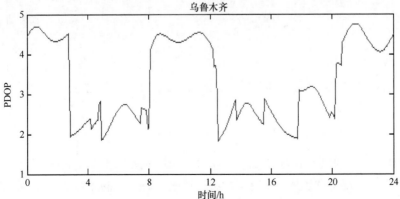

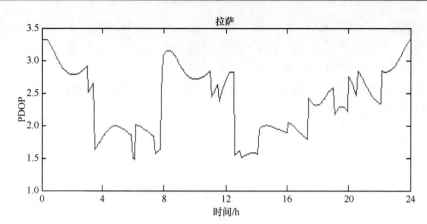

图 6.44　最佳观测日乌鲁木齐、拉萨观测点的 PDOP 分布

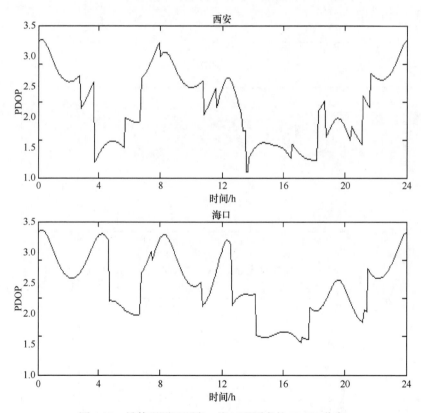

图 6.45　最佳观测日西安、海口观测点的 PDOP 分布

　　当然，仅有 4 颗 MEO 卫星，不能对区域构成连续无缝覆盖(至少 1 颗 MEO 可见)，因此，增加 4 颗 MEO 卫星之后，星座部分时段的覆盖性能提高，但整个回归周期的星座覆盖性能并未得到显著提高。

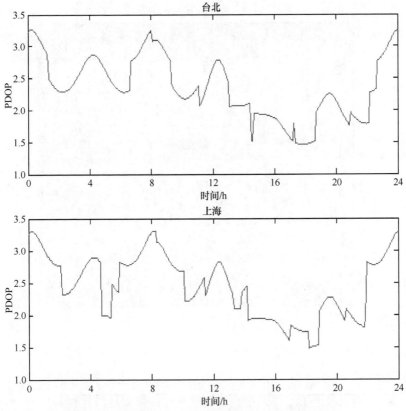

图 6.46　最佳观测日台北、上海观测点的 PDOP 分布

6.5　区域导航星座备份策略

6.5.1　星座冗余特性分析

1. 5GEO+3IGSO 星座冗余性能分析

6.4 节分析表明，5GEO+3IGSO 标称星座能够对我国及周边区域实现连续、四重以上覆盖。其中重点覆盖区域的最大 PDOP 值不大于 4。若等效用户测距精度为 2m，则该星座能够满足系统导航定位精度指标要求。本节针对星座的冗余性能进行分析，星座的冗余性能是指当 1 颗或多颗卫星出现故障时，星座能够对重点区域提供不间断多重信号覆盖或降级使用的导航定位服务的能力。图 6.47～图 6.52 分别给出 GEO01、GEO02、GEO03、GEO04、GEO05、IGSO02 卫星出现故障后星座的最大 PDOP 分布。此外，由于 IGSO01 或 IGSO03 卫星出现故障的星座覆盖情况与 IGSO02 卫星出现故障类似，这里不再展示。

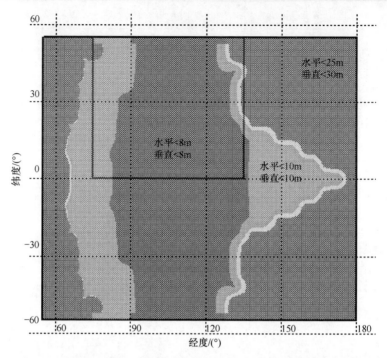

图 6.47　GEO01 卫星出现故障的 4GEO+3IGSO 星座的最大 PDOP 分布

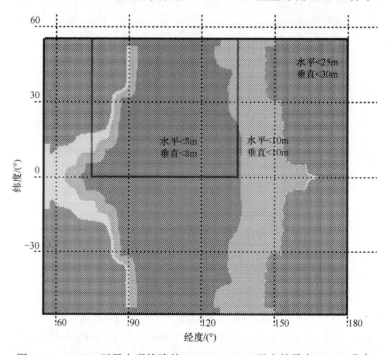

图 6.48　GEO02 卫星出现故障的 4GEO+3IGSO 星座的最大 PDOP 分布

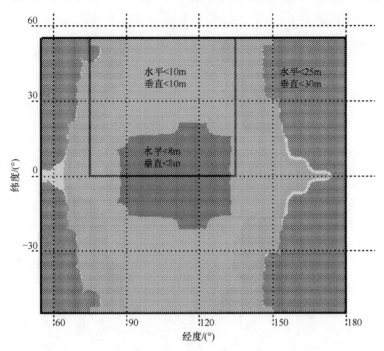

图 6.49　GEO03 卫星出现故障的 4GEO+3IGSO 星座的最大 PDOP 分布

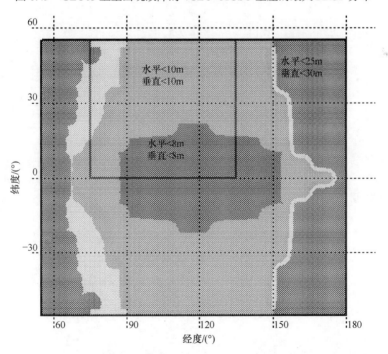

图 6.50　GEO04 卫星出现故障的 4GEO+3IGSO 星座的最大 PDOP 分布

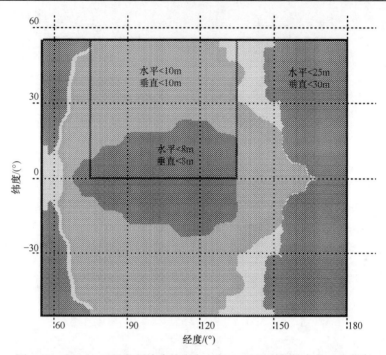

图 6.51　GEO05 卫星出现故障的 4GEO+3IGSO 星座的最大 PDOP 分布

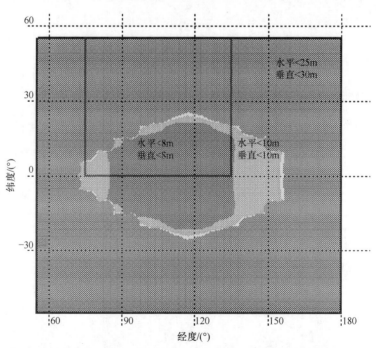

图 6.52　IGSO02 卫星出现故障的 5GEO+2IGSO 星座的最大 PDOP 分布

　　可以看到，考虑 1 颗 GEO 卫星出现故障的情况，除西北角外，重点覆盖区域的最大 GDOP 值仍小于 6，对系统覆盖性能不会产生多大影响。然而，如果 1 颗 IGSO 卫星出现故障，将造成系统性能严重下降，重点覆盖区域每天约有 2～4h 不能进行导航定位。可见，5GEO+3IGSO 星座的冗余维持性能有待进一步增强。

　　2. 5GEO+3IGSO+4MEO 星座冗余性能分析

　　6.5.1 节第 1 部分分析表明，5GEO+3IGSO 星座具有 1 颗 GEO 卫星冗余的能力；1 颗 IGSO 卫星呈现故障，将造成星座覆盖性能严重下降。因此，需要考虑 1 颗 IGSO 卫星出现故障时，4 颗 MEO 卫星对 5GEO+2IGSO 星座的增强作用。图 6.53 和图 6.54 分别给出 IGSO01、IGSO02 卫星出现故障的 5GEO+2IGSO+4MEO 星座的最大 PDOP 分布情况(IGSO03 卫星出现故障的情况类似)。

　　对北京、哈尔滨、乌鲁木齐、拉萨、西安、海口、台北和上海等观测点，在 MEO 卫星的 7 天回归周期内，考虑 1 颗 IGSO 卫星故障的各观测点导航定位间断时间统计如表 6.8 所示。可以看到，当 1 颗 IGSO 卫星出现故障时，4 颗 MEO 卫星能够明显改善星座的冗余性能，尤其对台湾海峡地区，但尚未达到对系统重点区域的无缝覆盖，在 7 天回归周期内，各地有 2～6h 的间断时间。

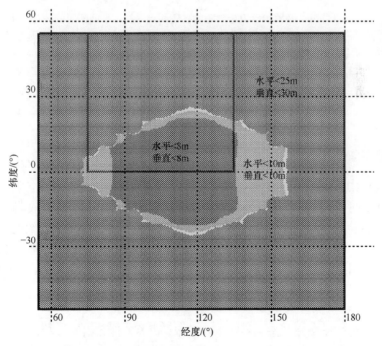

图 6.53　IGSO01 卫星出现故障的 5GEO+2IGSO+4MEO 星座的最大 PDOP 分布

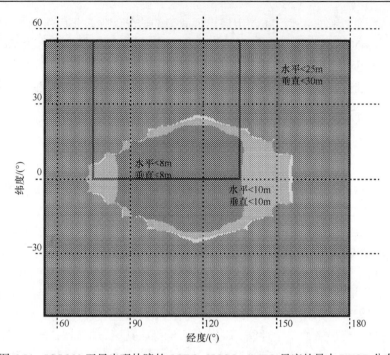

图 6.54　IGSO02 卫星出现故障的 5GEO+2IGSO+4MEO 星座的最大 PDOP 分布

表 6.8　考虑 1 颗 IGSO 卫星故障的各观测点导航定位间断时间统计　（单位：h）

故障卫星	北京	哈尔滨	乌鲁木齐	拉萨	西安	海口	台北	上海
IGSO01	2.7	2.7	4.4	3.9	2.8	0	0	2.1
IGSO02	6.1	6.4	5.9	3.9	5.3	0	0	4.4
IGSO03	6	5.5	5.8	3.5	5.6	0	0	3.8

6.5.2　星座备份策略

　　根据 6.5.1 节的分析，在北斗二号区域导航系统的基本星座中，各类卫星对系统的贡献不同，导致导航服务性能在整个服务区分布不均匀。分析表明，GEO 是星座的重要卫星，其失效会导致整个服务区的定位精度下降，部分地区 PDOP 可用性下降；IGSO 对星座性能影响最大，是整个星座性能实现的关键；MEO 对星座性能会起到一定的增强作用，是改善重点地区以外区域系统性能的卫星。

　　1. 组网阶段备份策略

　　备份方案选择充分考虑了系统指标要求、边界条件和组网成功率。研究表明，对于同类卫星，两次和两次以上的备份是不必要的；为提高组网成功率，GEO 和

IGSO 卫星都是关键环节；在考虑通用性的情况下，我们应选择 IGSO 卫星作为备份卫星。备份 2 次发射的可选方案的成功概率如表 6.9 所示。

表 6.9　备份 2 次发射的可选方案的成功概率

序号	GEO	IGSO	MEO	成功概率
1	备份 1 次，6 次发射至少 5 次成功	备份 1 次，4 次发射至少 3 次成功	2 次发射 4 星成功	0.77
2	备份 1 次，6 次发射至少 5 次成功	3 次发射 3 次成功	备份 1 次，3 次发射至少两次 4 星成功	0.78
3	5 次发射 5 次成功	备份 1 次，4 次发射至少 3 次成功	备份 1 次，3 次发射至少两次 4 星成功	0.72
4	备份 2 次，7 次发射至少 5 次成功	3 次发射 3 次成功	2 次发射 4 星成功	0.69
5	5 次发射 5 次成功	备份 2 次，5 次发射至少 3 次成功	2 次发射 4 星成功	0.61
6	5 次发射 5 次成功	3 次发射 3 次成功	备份 2 次，4 次发射至少两次 4 星成功	0.63

2. 运行阶段备份策略研究

运行阶段备份策略需重点考虑两方面的因素：一方面是在全球系统组网卫星提供服务前，要保证北斗二号组网卫星故障时有备份手段；另一方面是保证全球系统进度稍有滞后，全球与区域两个星座更替时，可以适当起到备份作用。经研究论证提出采用 2GEO+3IGSO 的 5 星备份方案，首先投产 3 颗 IGSO 卫星，主要解决北斗二号卫星工程稳健性问题；2014 年底生产另外 2 颗 GEO 卫星，主要实现 2018～2020 年的平稳过渡。

6.5.3　星座备份卫星轨道选择

1. 备份 IGSO 卫星轨道参数

1) 标称交叉点选择

新增 IGSO 卫星与原来 3 颗 IGSO 卫星两两处于同轨道面，且在轨备份 IGSO 卫星处于同一交点地理经度。与基本星座中同轨道面 IGSO 卫星的相位差异导致备份卫星交点地理经度的东西方向漂移。备份 IGSO 卫星与同轨道面的相位差导致交点地理精度偏差。基本星座和新增 IGSO 星座星下点轨迹如图 6.55 所示。

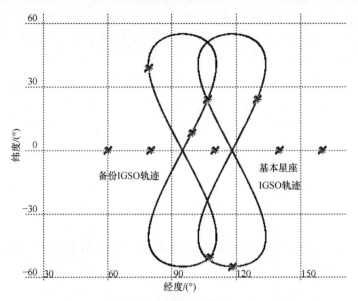

图 6.55　基本星座和新增 IGSO 星座星下点轨迹

　　为了确定新增 IGSO 卫星的标称升交点经度，我们需要分析重点地区和非重点地区星座 CV 与交点地理经度的变化关系。重点关注增加 3 颗备份 IGSO 卫星时非重点地区星座性能，遍历计算交点地理精度从东经 85°～东经 100°所有 3 颗 IGSO 备份位置。

　　不同地理经度对应 5GEO+6IGSO 星座在重点地区 CV 如图 6.56 所示。对重点地区，新增 IGSO 交点经度在东经 85°～东经 100°的任意位置，CV 均能达到 100%。

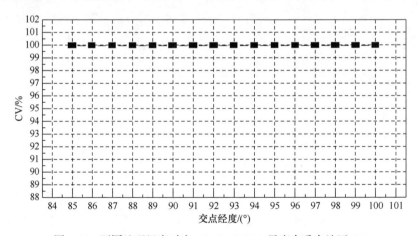

图 6.56　不同地理经度对应 5GEO+6IGSO 星座在重点地区 CV

不同地理经度对应 5GEO+6IGSO 星座在非重点地区 CV 如图 6.57 所示。当 IGSO

备份卫星交点地理经度位于东经93°~东经95°时,非重点区域的星座CV达到最大。

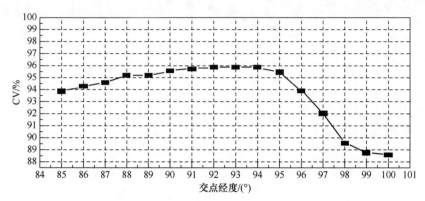

图 6.57 不同地理经度对应 5GEO+6IGSO 星座在非重点地区 CV

考虑到部署 IGSO 备份卫星的目的是提升星座的冗余性能,我们也需要分析 IGSO 备份卫星选择不同交点地理经度对于星座冗余性能的影响,即分析 1 颗 IGSO 卫星失效且 IGSO 备份卫星选择交点地理经度选择不同的位置时的星座覆盖性能。单颗 IGSO 卫星失效时,备份 IGSO 星座交叉点经度的 CV(重点地区)如图 6.58 所示。单颗 IGSO 卫星失效时,备份 IGSO 星座交叉点经度的 CV(非重点地区)如图 6.59 所示。如果基本星座中有 1 颗 IGSO 卫星失效,交点地理经度的选择应大于东经 95°,可以保证重点地区星座值达到 100%。从非重点区域来看,选择交点地理经度东经 94°时星座值最大。如果优先考虑星座在重点地区的覆盖性能,综合考虑以上结果,备份 IGSO 卫星的交点地理经度应选择东经 95°。

综上所述,无论从增强区域星座性能,还是备份 IGSO 基本星座的目的,新增 IGSO 卫星交叉点经度位于东经 95°是最优的。

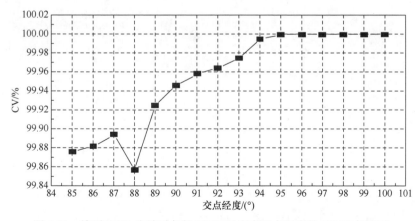

图 6.58 单颗 IGSO 失效时备份 IGSO 星座交叉点经度的 CV(重点地区)

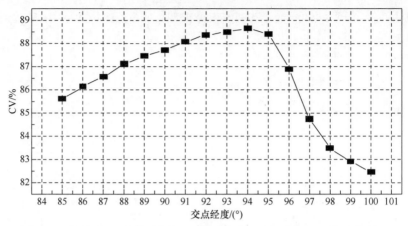

图 6.59　单颗 IGSO 失效时备份 IGSO 星座交叉点经度的 CV(非重点地区)

2) 轨道面分布

为了同时实现基本星座导航性能增强和基本星座备份两个目标，新增 IGSO 卫星采用与基本星座 IGSO 卫星位于相同轨道面的部署策略。下面介绍 IGSO 在轨备份的轨道策略。

(1) 3 颗 IGSO 均采用共轨道面在轨备份。

如果 3 颗 IGSO 备份星均采用与 IGSO 基本星座共轨道面部署策略，除 MEO 外，北斗区域星座为 6IGSO+5GEO。3 颗 IGSO 备份星均采用共轨道面在轨部署策略，如图 6.60 所示。

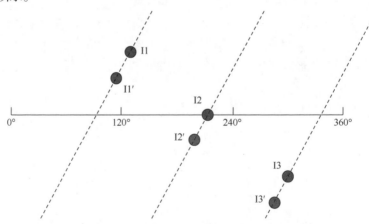

图 6.60　3 颗 IGSO 备份星均采用共轨道面在轨部署策略

假定 3 颗 IGSO 均采用共轨道面在轨备份，对 IGSO(I1、I2、I3)基本星座的备份作用，分析 6IGSO+5GEO 星座性能，按照重点地区和服务区给出星座值，重点地区 PDOP 阈值为 5.0，整个区域为 7.0。计算单颗卫星失效和 2 颗 IGSO 失效情况 CV，IGSO 基本星座卫星失效时 5GEO+6IGSO 星座性能分析如表 6.10 所示。因此，在 3 颗 IGSO 备份下，IGSO 失效时，星座性能下降可以得到弥补，达到备份基本星座的作用。

表 6.10　IGSO 基本卫星失效时 5GEO+6IGSO 星座性能分析

卫星	重点区域 PDOP<5 的可用性/%	全服务区域 PDOP<7 的可用性/%
完整	100.0	97.5
I1 失效	100.0	92.6
I2 失效	100.0	92.6
I3 失效	100.0	92.6

6IGSO+5GEO 星座完整服务性能如图 6.61 所示。I1 失效的星座服务性能如图 6.62 所示。I2 失效的星座服务性能如图 6.63 所示。I1 和 I2 同时失效的星座服务性能如图 6.64 所示。

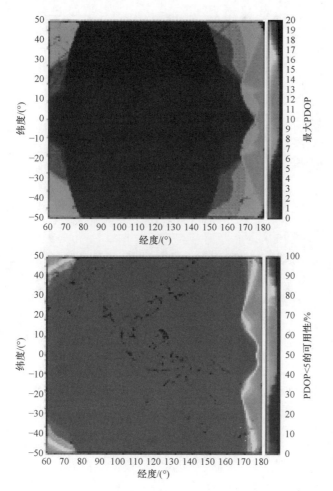

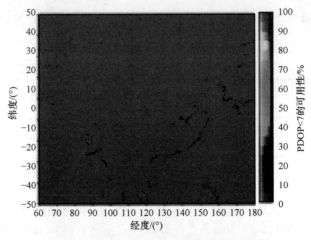

图 6.61　6IGSO+5GEO 星座完整服务性能

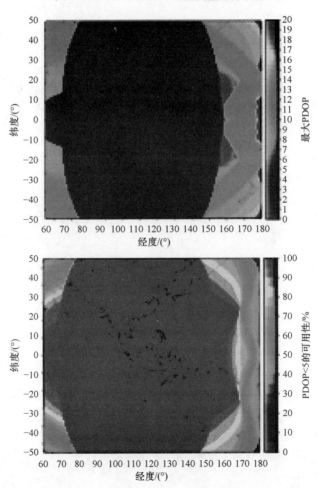

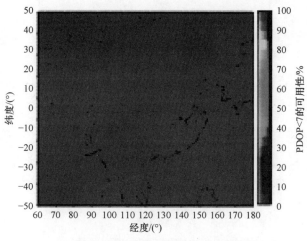

图 6.62　I1 失效的星座服务性能

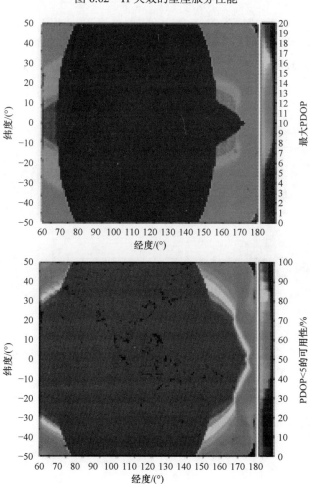

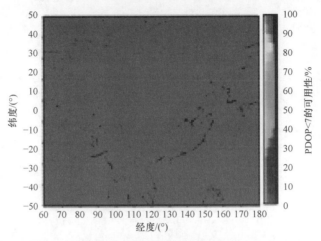

图 6.63　I2 失效的星座服务性能

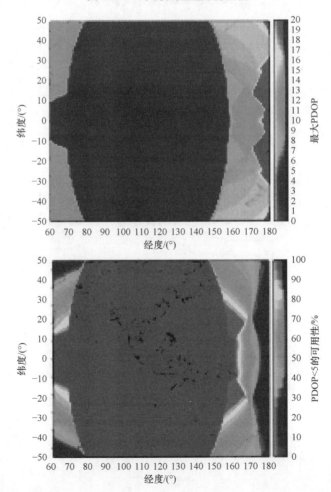

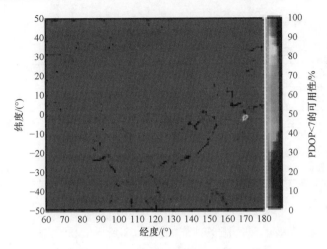

图 6.64　I1 和 I2 同时失效的星座服务性能

分析表明，若 3 颗 IGSO 备份卫星均采用与 IGSO 基本星座共轨道面部署策略，基本星座中任意 1 颗 IGSO 卫星失效，即使不进行同轨面相位捕获，新增 IGSO 卫星也能达到星座备份和功能增强的目的；若基本星座中任意 2 颗 IGSO 卫星失效，备份 IGSO 卫星需要进行相位捕获控制，进入基本星座的标称升交点轨位，达到备份基本星座的目的。

(2) 2 颗 IGSO 卫星共轨道面在轨备份。

如果 2 颗 IGSO 卫星共轨道面在轨备份，1 颗 IGSO 卫星作为地面备份，假设在轨备份卫星与基本星座中的 I1 和 I2 分别在同一轨道面上，2 颗 IGSO 卫星共轨道面在轨备份的部署策略如图 6.65 所示。

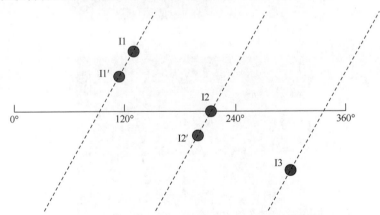

图 6.65　2 颗 IGSO 共轨道面在轨备份的部署策略

下面分析 5IGSO+5GEO 星座的性能，按照重点地区和服务区给出星座值，重点地区 PDOP 阈值为 5.0，整个区域为 7.0。本节针对 1 颗 IGSO 卫星失效情况计算星座的 CV。不同卫星失效时 5IGSO+5GEO 星座的 CV 如表 6.11 所示。

表 6.11　不同卫星失效时 5IGSO+5GEO 星座的 CV

卫星	重点区域 PDOP<5 的 CV/%	全服务区域 PDOP<7 的 CV/%
完整	100.0	93.1
I1 失效	100.0	87.2
I2 失效	99.4	86.4
I3 失效	96.6	86.2

5IGSO+5GEO 星座完整服务性能如图 6.66 所示。I1 失效的星座服务性能如图 6.67 所示。I2 失效的星座服务性能如图 6.68 所示。I3 失效的星座服务性能如图 6.69 所示。

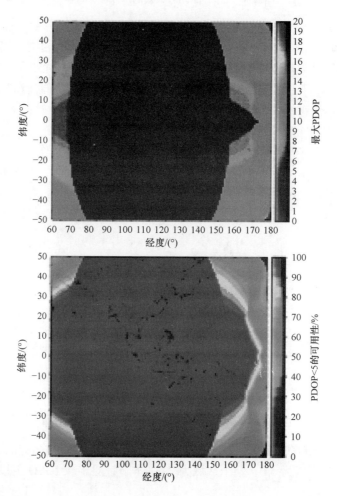

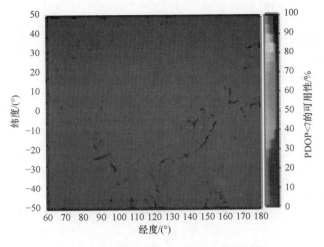

图 6.66　5IGSO+5GEO 星座完整服务性能

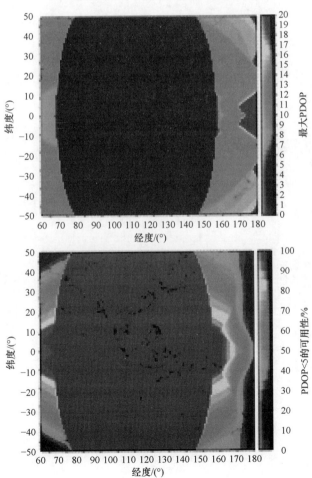

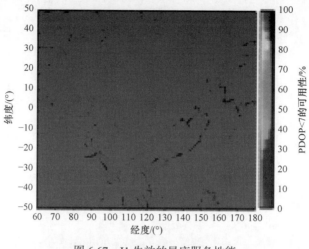

图 6.67 I1 失效的星座服务性能

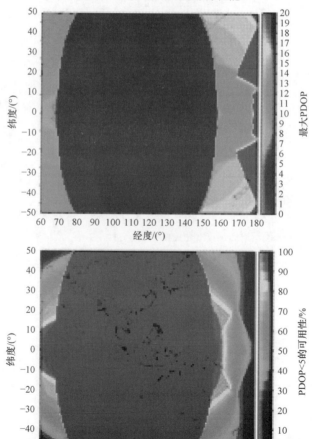

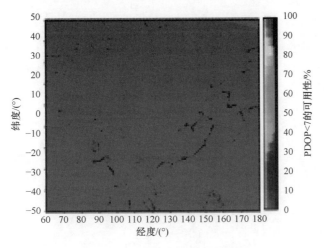

图 6.68 I2 失效的星座服务性能

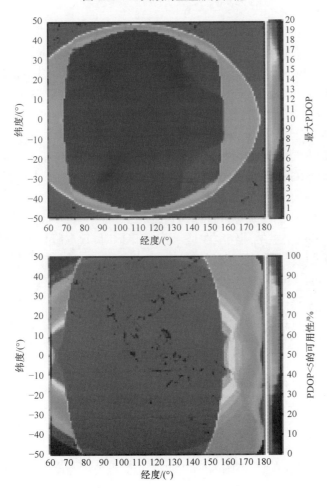

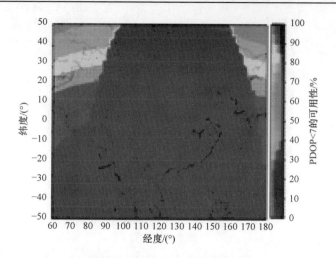

图 6.69　I3 失效的星座服务性能

　　分析表明，若采用 2 颗 IGSO 卫星在轨备份与 1 颗 IGSO 卫星地面备份方式，可以增强 IGSO 星座满足区域导航精度；若备份轨道面内基本星座 IGSO 卫星失效，在不进行相位调整的情况下，重点区域和扩展区域的东边界导航精度将降低一些，备份 IGSO 进行快速相位调整，将达到备份基本星座 IGSO 的目的；若基本星座轨道面内单星故障，重点区域星座 CV 将比完整星座下降 4%，而且工程上不容许进行异轨道转移控制补充 IGSO 轨位。

　　3) 标称轨道变化对导航性能的影响

　　下面将新增 IGSO 交点地理经度在以标称位置 95°为中心，东西±5°范围内变化时的轨位作为导航性能分析研究条件。

　　(1) 由相位引起的交点地理经度的变化。

　　由相位引起的交点地理经度在±5°变化范围内时，重点服务区导航性能变化不大。PDOP 最大值全部保持在 5 以内，VDOP<4，CV 统计变化量保持在 0.4%范围内，HDOP<4，CV 统计变化量保持在 0.01%。PDOP、HDOP、VDOP 平均值分别约为 2.5、1.5、1.9。

　　当交点地理经度向西变化时，系统服务区导航性能相对下降。对应 VDOP<4，CV 统计变化量保持在 0.5%范围内，对应 HDOP<4，CV 统计变化量保持在 0.5%范围内。

　　当交点地理经度向东变化时，系统服务区导航性能相对提高，对应 VDOP<4，CV 统计变化量保持在 0.6%范围内；对应 HDOP<4，CV 统计变化量保持在 0.5%范围内。PDOP、HDOP、VDOP 平均值分别约为 2.8、1.7、2.0。

　　(2) 由升交点赤经引起的交点地理经度的变化。

　　当交点地理经度在±5°范围内变化时，无论交点地理经度变化是由升交点赤经引起，还是由相位引起，二者对应的星座 CV 统计变化规律基本相同。交点地理经度由升交点赤经引起时，相同交点地理经度变化幅度引起的导航性能变化程度略小。PDOP、HDOP、VDOP 平均值也与(1)基本相同。

(3) 相位和升交点赤经组合引起的交点地理经度的变化。

相位和升交点赤经组合引起交点地理经度变化对导航性能影响同样较小。对重点地区，VDOP<4，CV 统计变化量保持在 0.2%范围内；HDOP<4，CV 统计变化量保持在 0.05%范围内。对系统服务区，对应 VDOP<4，CV 统计变化量保持在 0.3%范围内；对应 HDOP<4，CV 统计变化量保持在 0.2%范围内。

(4) IGSO 卫星轨道偏心率对精度的影响。

IGSO 卫星轨道偏心率对导航精度的影响归结为以下 3 点。

① IGSO 卫星轨道偏心率对导航性能没有产生明显影响，性能影响不高于 0.06%。

② 在相同轨道偏心率下，IGSO 卫星近地点幅角变化不会对导航性能产生影响。

③ 卫星偏心率对卫星利用率的影响较小，对 IGSO 卫星，在偏心率等于 0.1 时，不同轨道近地点的设计最大会引起卫星可用率变化为 3%(最小高度角 5°)或 5%(最小高度角 10°)。在区域导航系统服务区内，其他卫星偏心率的变化对卫星可用率的影响变化小于 1%。

4) 小结

(1) 无论从增强区域星座性能，还是备份 IGSO 基本星座来看，新增 IGSO 卫星交叉点经度位于 95°是最优的。

(2) 为了既能达到对基本星座导航性能增强的目的，又能对基本星座起到备份卫星的作用，新增 IGSO 应采用同 IGSO 基本星座共轨道面的部署策略。

(3) 建议 3 颗 IGSO 均采用与 IGSO 基本星座共轨道面部署策略，若基本星座中任意 1 颗 IGSO 卫星失效，即使不进行同轨面相位调整，新增 IGSO 卫星也能达到星座备份和性能增强的目的；若基本星座中任意 2 颗 IGSO 卫星失效，备份 IGSO 卫星需要进行相位性能控制，进入基本星座的标称升交点轨位，达到备份基本星座的目的。

(4) 区域导航星座计划有 3 颗 IGSO 备份卫星。3 颗 IGSO 备份卫星分布在与 IGSO-1、IGSO-2 和 IGSO-3 卫星相同的轨道面，升交点赤经相差 120°。3 颗 IGSO 备份卫星星下点轨迹重合，回归经度位于东经 95°。

(5) 新增 IGSO 交点地理经度在以标称位置东经 95°为中心，东西±5°范围内变化时，导航性能没有明显下降。

(6) IGSO 卫星轨道偏心率对导航性能没有产生明显影响，性能影响不高于 0.06%。在相同轨道偏心率下，IGSO 卫星近地点幅角变化不会对导航性能产生影响。

2. 备份 GEO 卫星轨道参数

区域导航系统还计划部署 2 颗 GEO 备份卫星。下面对 GEO 备份卫星轨位选择的因素进行描述。

1) 轨位频率资源限制

GEO 卫星的定点位置应提前向 ITU 提交频率申请。按照目前 GEO 卫星的轨位频率申请资源，在 5 颗 GEO 卫星均已部署的情况下，2 颗 GEO 备份卫星仅有东经 84.6° 和东经 144.5° 两个位置可供备份卫星使用。

2) RDSS 容量需求

GEO 备份卫星轨位选择需要考虑不同服务区用户对 RDSS 的容量需求不同的约束，按照北斗区域系统在轨实际应用情况，对于我国周边的服务区域，东边的用户分布更为密集，对 RDSS 的容量需求更高。因此，在单颗 GEO 卫星 RDSS 容量受限的情况下，GEO 备份卫星轨位应尽可能选择东边的轨位进行部署，以提高系统 RDSS 的可用性。

3) 站间时间频率传递需求

卫星双向时间频率传递是北斗区域导航系统实现地面站之间时间频率传递的重要方法。与通常的站间时间频率传递系统不同，北斗卫星导航系统的一些地面站通过 2 颗 GEO 卫星实现双向时间频率传递比对链路。因此，GEO 备份卫星的轨位选择还应考虑站间时间频率传递的需求。

4) 不同轨位卫星的可用性

GEO 卫星需要定期进行东西位置保持，以满足 ITU 规定的经度漂移范围要求。地球非球形引力摄动影响不同，且某些轨位还存在多星共位的情况，这些因素会导致卫星东西位置保持频率不同。GEO 卫星东西位置保持期间无法提供服务，因此为了提高区域导航系统服务的可用性，GEO 备份卫星应选择东西位置保持周期更长的轨位进行部署。

6.6 结　　论

作为世界上首个多轨道混合导航星座，北斗区域导航星座完善了现有星座设计理论，可以实现我国卫星导航系统建设多项任务目标。本章全方位总结了我国北斗区域星座系统顶层设计研究与工程实现中取得的成果，主要结论如下。

(1) 我国军民用户对区域导航系统的需求是在特定区域范围内提供分等级的连续实时无源定位、测速，以及授时和位置报告服务，定位精度优于 10m，测速精度为 0.2m/s，授时精度优于 50ns。充分考虑我国当时的经济实力与技术发展水平等条件，北斗区域导航系统应选择相对卫星数目少且国内地面段可操控的多轨道类型混合星座构型，以满足我国及周边区域的三维无源定位、授时等需求，并可扩展为全球导航系统。

(2) 充分考虑系统性能要求和我国特有的约束条件，北斗区域导航星座初选设计结果为 5 颗 GEO 卫星、3 颗 IGSO 卫星和 4 颗 MEO 卫星。其中，5 颗 GEO 卫星定点位置分别为东经 60°、东经 80°、东经 110.5°、东经 140°和东经 160°；3 颗 IGSO 卫星倾角为 55°，星下点轨迹重合，交叉点经度为东经 118°，相位差 120°；4 颗 MEO 卫星轨道高度为 21528km，从星座构型 Walker24/3/1 选择其轨位，具体相位位置为第一轨道面 7、8 相位，第二轨道面 3、4 相位。

(3) 北斗区域导航系统部署考虑初期星座能对其指定覆盖区域提供较多时段的基本导航信息服务，以便充分验证系统性能。构成星座的 GEO、IGSO 和 MEO 卫星的发射窗口可以满足星座组网与部署任务要求。GEO 卫星通过定期实施东西和南北位置保持，可以满足维持在标称定点位置东西±0.1°、南北±2°的精度范围。IGSO 卫星通过对轨道偏心率的初值限制与三星协调的交叉点地理经度漂移环控制，可以满足卫星交点地理经度维持在东经 118°±5°区域的要求。MEO 卫星通过定期进行半长轴控制，可以满足星座保持任务需求。

(4) 分析给出 GEO 卫星、IGSO 卫星和 MEO 卫星详细的标称轨道参数，5GEO+3IGSO+4MEO 星座构型能够对我国境内及周边广大区域提供连续、四重以上信号覆盖。其中重点覆盖区域的最大 PDOP 值不大于 4，系统提供定位精度优于 10m，可以满足系统导航定位精度指标要求。

(5) 5GEO+3IGSO+4MEO 星座冗余性能分析表明，GEO 是星座的关键卫星，若失效会导致整个服务区的定位精度下降，部分地区 PDOP 可用性下降；IGSO 对星座性能影响最大，是整个星座稳健性的关键；MEO 对星座性能起到一定增强作用，可改善重点地区以外区域部分时段的系统性能，还是验证未来扩展全球的重要技术试验卫星。

第 7 章　北斗全球导航星座设计与实现

在北斗双星定位系统和北斗区域导航系统成功部署并广泛应用的基础上，针对国家战略和政治、军事、经济、科技、社会等方面的发展需求，我国基于"突出重点、面向全球"的思路，建设了北斗全球导航系统。该系统可以满足全球范围和近地空间的各类用户全天候、全天时、高精度导航定位的需求。与北斗区域导航系统相比，北斗全球导航系统服务的精度与可用性得到了全面提升，在轨采用了星间链路、自主导航等领先技术。本章对北斗全球导航系统星座设计与工程实现过程中的研究成果进行介绍。

7.1　全球导航星座任务分析

7.1.1　星座设计的基本约束

1. 国家战略

我国全球卫星导航系统方案设计，尤其是星座设计要充分尊重和体现国家战略意图，兼顾国家发展各方面的特点，以及国家整体实力快速上升的实际，"突出重点、面向全球"，设计符合国家实际需要的具有自身特点的卫星导航系统。

2. 用户需求和使用要求

1) 用户需求

(1) 在全球范围内具备独立提供基本的连续实时无源三维定位、测速和授时能力。定位精度优于 6m(双频)，测速精度优于 0.2m/s，授时精度优于 20ns。

(2) 向战略重点区提供高精度、高连续性、高可用性的应用能力，具备广域差分、完好性、导航通信一体化、功率增强等功能。

(3) 在局部地区，通过双频或多频接收机、RTK、局域差分、事后处理等手段提供精密定位和授时服务。

全球使用的典型服务水平如表 7.1 所示。

表 7.1　全球使用的典型服务水平

服务	A0	A1	B1
覆盖范围	全服务区 (一般业务)	局部地区 (交通服务)	局部地区 (一类精密进近)
精度(95%)/m	水平：10 垂直：10	水平：10 垂直：10	水平：16 垂直：4
可用性	>0.9	>0.7	>0.99
连续性	—	—	$8\times10^{-6}/15s$
最小高度角/(°)	5	25	5

考虑增强的典型服务水平如表 7.2 所示。

表 7.2　考虑增强的典型服务水平

服务	A2	B2
覆盖范围	城市地区 (智能交通服务)	局部地区 (二类精密进近)
精度(95%)/m	水平：2 垂直：2	水平：5 垂直：1
可用性	>0.7	>0.99
连续性	—	$8\times10^{-6}/15s$
最小高度角/(°)	25	5

根据以上服务要求，可以得到北斗全球导航星座构型指标要求，如表 7.3 所示。

表 7.3　北斗全球导航星座构型指标要求

服务	RNSS 全球服务	RNSS 重点区域服务	RNSS 增强服务	RDSS
覆盖区域	全球区域 高覆球 2000km	东经 75°～东经 135° 北纬 0°～北纬 55° 高覆球 2000km	东经 55°～东经 145° 南纬 55°～北纬 55° 高覆球 2000km	东经 55°～东经 145° 北纬 0°～北纬 55° 高覆球 2000km
PDOP	3	2.5	3	单重覆盖
CV/%	95	98	95	—
连续性 (服务间隙)/h	10^{-5}/h	10^{-7}/h	10^{-5}/h	—

续表

服务		RNSS 全球服务	RNSS 重点区域服务	RNSS 功率增强服务	RDSS
易维持性	补网窗口	全年大于300d可发射补网	全年大于300d可发射补网	全年大于300d可发射补网	全年可发射补网
	相位保持	频度优于1次/年	MEO卫星相位保持频度优于1次/年 IGSO频度优于1次/200d	IGSO卫星相位保持频度优于1次/200d	—
稳健性	单星故障	可用性降为90% 连续性降为10^{-4}/h	可用性为95% 连续性为10^{-5}/h	可用性降60% 连续性降10^{-4}/h	可覆盖区域面积大于标称覆盖区域面积的2/3
	两星故障	可用性降为85% 连续性降为10^{-3}/h	可用性降为90% 连续性降为10^{-6}/h	可用性降40% 连续性降10^{-3}/h	覆盖区缩小不大于2/3

说明：可用性指标指服务区域内 PDOP 值小于指标要求的百分比；连续性指标指服务区域内在任意小时内不满足 PDOP 值指标要求的持续时间所占比例的最大值。

北斗全球导航系统服务区域如图 7.1 所示。由图可知，北斗全球导航系统的服务区域为全球范围，重点服务区域为东经30°～东经180°，南纬70°～北纬70°；我国及周边服务区域为东经75°～东经135°，北纬0°～北纬55°。

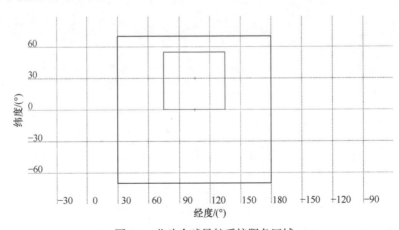

图 7.1　北斗全球导航系统服务区域

全球导航星座设计应满足的用户使用指标要求如表 7.4 所示。

表 7.4　全球导航星座设计应满足的用户使用指标要求

指标		RNSS 公开服务			
		重点区域		全球范围	
		单频	双频	单频	双频
定位精度 /m	水平	6	2.5	7	3
	高程	8	4	9	5
测速精度/(m/s)		0.1		0.2	
授时精度/ns		10		20	
完好性	告警时间/s	300		300	
	阈值/m	H:556		水平定位精度阈值: 556	
	风险概率	1×10^{-7}/h		1×10^{-7}/h	
连续性		$10^{-8} \sim 10^{-4}$/h		$10^{-8} \sim 10^{-4}$/h	
可用性/%		99		99	

2) 使用要求

全球范围定位精度优于 6m(双频)。

3) 主要特点

(1) 全球范围内提供独立基本服务,重点区域提供独立高性能服务。

(2) 对系统兼容性和稳定运行提出了明确要求。

3. 经费投入

星座设计要尽量压缩建设规模,简化卫星技术状态,达到节省建设经费和降低维持费用的目的,避免导航系统成为国家的财政负担。

4. 系统稳健性

星座设计时需要考虑系统可靠性和系统备份,设计适当的冗余,利用最少的备份卫星保证系统稳定工作。

5. 系统过渡和替换

星座设计必须考虑北斗区域导航系统向全球导航系统过渡和替换的问题,既要确保性能不出现下降,还要避免可能出现的浪费。在星座设计上要兼容区域系统,确保有利于充分继承区域系统积累的技术和资源,避免因星座构型出现较大变化造成的浪费。

6. 系统技术风险

要充分认识到，北斗区域导航系统作为我国发展全球系统的第一步，技术积累和技术基础比较薄弱，要避免在全球系统卫星上设计过于复杂的功能。尤其要切实简化数量最多的 MEO 卫星的状态，充分利用区域系统已经在 GEO 和 IGSO 等卫星上积累的设计经验，在星座设计上合理分配技术风险，尽量降低数量最大的 MEO 卫星的技术难度。

7. 工程建设风险

根据初步论证，全球卫星导航系统建设存在很多不确定性，可能影响全球系统的建设计划。北斗区域导航系统已于 2012 年投入使用，如何减小全球卫星导航系统建设可能出现的风险对现有用户使用的影响，是全球系统建设发展必须考虑的关键问题。综合考虑，如果在全球系统星座设计中继续保留区域系统的关键卫星，并在系统建设中优先考虑这些卫星，不但可以完全保证区域性能不受影响，而且可以为全球系统发展赢得充足的时间。

8. 继承性

经过多年发展，我国先后建立了北斗双星定位系统和北斗区域导航系统等有源和无源系统。在全球卫星导航系统建设前期，北斗区域导航系统应用稳步推进，同时系统也取得了一些先进的技术成果。如何在全球系统建设发展过程中处理好继承和过渡的关系，切实保障对已有用户的服务能力，是星座设计必须要考虑的问题，否则这些因素将影响全球导航系统的研制进展。

7.1.2 星座设计的基本思路

(1) 充分继承北斗区域导航系统形成的资源和基础，保留关键卫星，既可实现平稳过渡，又可在全球卫星导航系统建设初期保证区域系统稳定服务。3 颗 GEO 卫星和 3 颗 IGSO 卫星是区域导航系统的核心卫星，应当予以保留。

(2) 构建基本的全球星座，满足全球基本性能要求。根据全球系统设计经验，由 24 颗 MEO 卫星构成的全球星座在满足全球基本性能的同时已经具备一定的冗余度。为满足用户在重点地区使用的苛刻要求，需要在区域覆盖的卫星上实现性能增强。重点地区范围较大，尤其南北纬度跨度较大，仅采用 GEO 卫星增强不能满足要求，因此还需采用 IGSO 卫星进行增强。

(3) 充分利用区域导航卫星的优势，将功率增强等部分复杂功能在 GEO 卫星和 IGSO 卫星上实现，简化数量最多的 MEO 卫星的功能，降低 MEO 卫星成本和技术风险，减少整体投入。

(4) 北斗区域导航系统对已有授权用户提供的 RDSS 在北斗全球导航系统将继续保留。

7.2　全球导航星座建模与仿真

星座设计存在大量需要优化的参数，主要包括卫星轨道高度、倾角、轨道面、总卫星数量、卫星分布、卫星星下点轨迹、备份策略等。根据星座设计约束条件，我国全球导航星座应该是一个包含 GEO 卫星和 IGSO 卫星的全球导航星座。为此，星座设计将首先对全球基本星座进行设计和优化，在此基础上增加区域卫星，分析区域服务性能满足性能指标和各项要求的情况，然后优选区域卫星的轨道类型和卫星数量。

7.2.1　全球基本星座设计

1. 全球导航星座设计的基本前提

为了获得全球多重导航卫星信号的均匀覆盖，全球导航星座基本构型通常采用 Walker 星座，这是优化设计的约束条件之一。其余约束条件还包括：覆盖区域为全球覆盖、轨道类型为 MEO 圆轨道。优化参数主要包括星座卫星总数 T、轨道平面数 P、相位角系数 F、卫星轨道高度 H 和轨道倾角 i 等。导航卫星轨道设计应考虑如下基本约束条件。

(1) 避免占用或接近已有的导航卫星轨道高度，在 20000km 附近的轨道高度，已有 GPS 卫星轨道高度约为 20222km，Galileo 系统卫星轨道高度约为 23222km，GLONASS 卫星轨道高度约为 19129km。

(2) 采用较多回归圈数的卫星轨道有利于较好地匹配地球非中心引力摄动模型，削弱轨道共振效应，获取较高精度的卫星预报轨道。例如，GLONASS 卫星轨道回归周期为 8 天/17 圈，Galileo 系统卫星轨道回归周期为 10 天/17 圈。

(3) 采用较少回归天数的卫星轨道有利于初期星座部署，利用较少的卫星数构成子星座可以实现指定区域多重信号连续覆盖，或增强区域导航星座冗余性能，使卫星导航系统尽早投入实际工程应用。例如，GPS 卫星轨道回归周期为 1 天/2 圈。

(4) 在导航卫星信号地面最小接收功率一定的情况下，使用具有较低高度的回归轨道，可以降低对卫星等效全向辐射功率(equivalent isotropically radiated power，EIRP)的要求。

2. 星座参数与星座性能的关系

1) 星座卫星总数、轨道平面数与星座性能之间的关系

星座卫星总数的优选范围取 18～40 颗，轨道平面数取 3～7 个。卫星总数、轨道平面数与星座可用性之间的变化关系如图 7.2 所示。

可以看到，随着星座卫星总数的增加，星座可用性百分比显著提高，当卫星总数大于 32 颗时，星座可用性百分比变化较小；轨道平面数取为 3、4 和 6 的星座可用性性能均优于轨道平面数为 5 和 7 的星座；当轨道平面数为 4 时，可以获得较高的星座可用性百分比；当卫星总数为 24 颗时，采用 6 个轨道平面的 Walker 星座能够获得最好的可用性百分比。

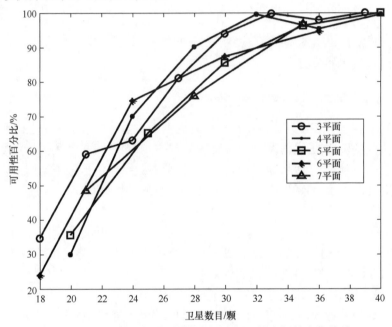

图 7.2　卫星总数、轨道平面数与星座可用性之间的变化关系

2) 轨道高度、卫星总数与星座性能之间的关系

卫星轨道高度的取值范围为 10000～36000km，当星座卫星总数分别为 18、21 和 24 颗时，轨道高度和卫星总数与星座可用性性能的关系(PDOP≤6)如图 7.3 所示。

可以看到，当轨道高度小于 12000km 时，星座可用性随着轨道高度的增加而迅速提高，即使卫星数目为 24，仍无法满足可用性达到 100%；当卫星轨道高度为 12000～20000km 时，星座可用性随着轨道高度的增加而缓慢提高；当卫星轨道高度大于 20000km 时，在卫星总数一定的情况下，增加轨道高度，星座可用性几乎保持不变。

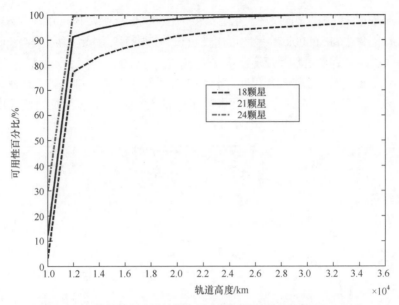

图 7.3　轨道高度和卫星总数与星座可用性性能的关系(PDOP≤6)

当星座卫星总数为 24 时，轨道高度与星座可用性百分比的关系(星座卫星总数为 24)如图 7.4 所示。可以看到，随着卫星轨道高度的增加，PDOP≤6 和 PDOP≤4 的星座可用性差异不大，轨道高度大于 20000km 时，星座可用性均达到 100%；

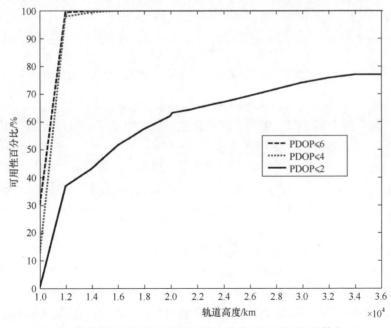

图 7.4　轨道高度与星座可用性百分比的关系(星座卫星总数为 24)

PDOP≤2 的星座可用性相对较低, 轨道高度为 20000km 时, 星座可用性为 61.77%, 即使轨道高度达到 36000km, 星座可用性也仅为 76.73%。因此, 为了提高 PDOP≤2 的星座可用性, 必须增加星座卫星总数。

　　轨道高度和卫星总数与星座可用性性能的关系(PDOP≤2)如图 7.5 所示。可以看到, 增加星座卫星总数将大幅度提高星座性能; 同样, 当卫星轨道高度大于 20000km 时, 随着轨道高度的增加, 星座可用性提升速率趋于平缓。

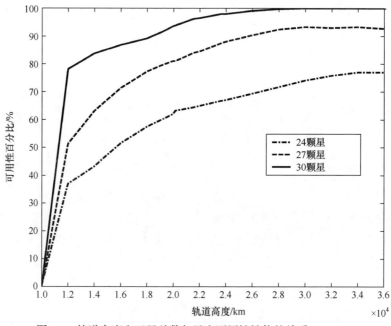

图 7.5　轨道高度和卫星总数与星座可用性性能的关系(PDOP≤2)

　　3) 相位角系数和卫星总数与星座性能之间的关系

　　相位角系数 F 和卫星总数与星座可用性性能的关系(3 个轨道面、4 个轨道面、6 个轨道面)分别如图 7.6~图 7.8 所示。

　　可以看出, 组成星座的轨道平面数越多, 相应相位角系数对星座可用性性能的影响就越大; 当轨道平面数为 3、4 和 6 时, 其相应的相位角系数分别取 2、2 和 1 的星座可用性性能最优; 当卫星总数为 24 时, 如果轨道平面数为 3, 其相位角系数分别取 0、1 和 2 的星座可用性相互差异小于 1.5%。

　　4) 轨道倾角和轨道高度与星座性能之间的关系

　　采用 Walker 24/3/1、Walker 24/4/2 和 Walker 24/6/1 等星座构型, 轨道倾角的取值范围为 50°~70°, 星座可用性随轨道倾角的变化关系如图 7.9 所示。

　　可以看到, 当采用 Walker 24/3/1 星座时, 星座可用性性能随着轨道倾角的增大而逐渐增加, 当轨道倾角从 50°变化到 55°时, 星座可用性增幅相对较大; Walker

24/3/1 星座轨道倾角为 55°和 68°的星座可用性分别为 65.2%和 76.0%，后者的星座性能提高主要在高纬度区域；当采用 Walker 24/4/2 和 Walker 24/6/1 星座构型时，轨道倾角介于 55°～56°的星座可用性性能最优。

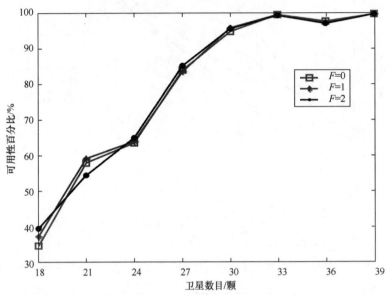

图 7.6　相位角系数 F 和卫星总数与星座可用性性能的关系(3 个轨道面)

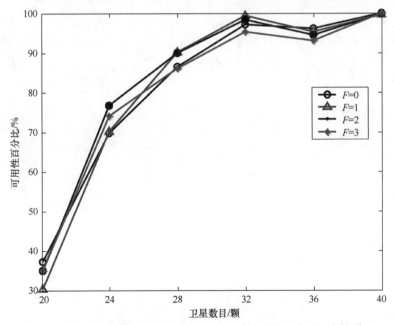

图 7.7　相位角系数 F 和卫星总数与星座可用性性能的关系(4 个轨道面)

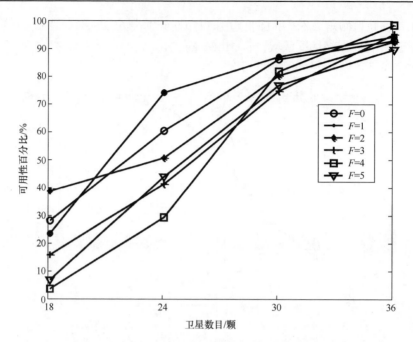

图 7.8　相位角系数 F 和卫星总数与星座可用性性能的关系(6 个轨道面)

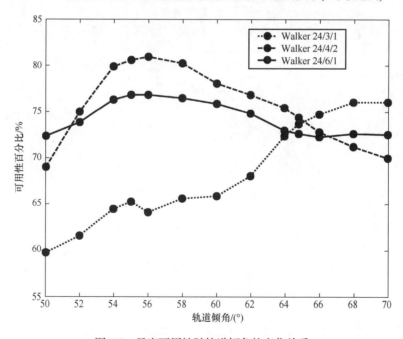

图 7.9　星座可用性随轨道倾角的变化关系

需要说明的是，对于 Walker 24/3/1 星座，尽管选择大于 55°的倾角具有更高的可用性性能，但是考虑在我国境内运载火箭轨道倾角为 55°的卫星的发射成本更低，且 55°倾角的 MEO 具有更好的稳定性(GPS 和 Galileo 系统星座无一例外地选择 55°附近的倾角)，因此建议 MEO 倾角选择 55°。

5)卫星发射导航信号功率、回归轨道与轨道高度的关系

卫星发射导航信号功率通常采用 EIRP 指标来衡量。EIRP 值随轨道高度的变化关系如图 7.10 所示。其中，地面跟踪卫星最小高度角为 5°，f1、f2 和 f3 为卫星下行导航信号频率。可以看到，EIRP 值随着轨道高度的增加呈现出近似线性递增关系。卫星轨道高度每增加 3000km，为保证地面最小接收功率水平，卫星的 EIRP 值需要增加约 1dB。因此，一方面，在保证星座性能的前提下，应尽量降低轨道高度；另一方面，EIRP 值也并非卫星轨道高度设计最强约束，1dB 左右导航信号功率的变化余量可以采取其他技术手段实现。

如果卫星星下点最小重复周期为 3～11 天，卫星轨道高度为 20000～30000km，则可以计算得到 N 圈 D 天(N/D)的回归轨道高度。N/D 回归轨道与其轨道高度的关系如图 7.11 所示。

可以看到，在指定的轨道高度范围内，可以设计 31 条回归轨道，并优选其中 6 条回归轨道，即 N/D 值分别为 7/4、9/5、11/6、13/7、15/8 和 17/9，相应的轨道高度分别为 22656.6km、22116.4km、21770.0km、21528.9km、21351.4km 和 21215.3km。其中，11 圈/6 天回归轨道高度与 GPS 和 Galileo 系统卫星轨道高度

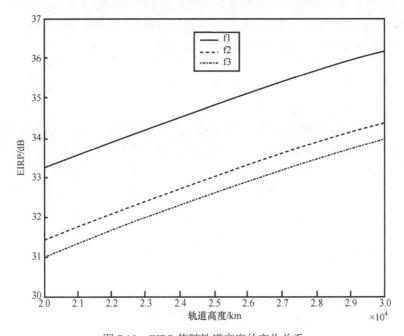

图 7.10　EIRP 值随轨道高度的变化关系

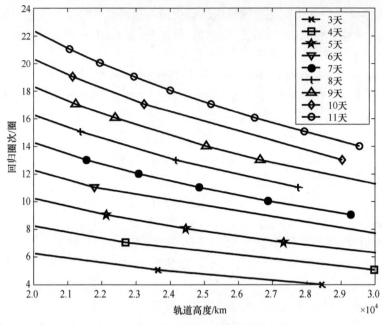

图 7.11　N/D 回归轨道与其轨道高度的关系

的中值 21900km 最接近，其次 9 圈/5 天和 13 圈/7 天也是可选的卫星轨道，也能较好地实现与 GPS 和 Galileo 系统星座的几何隔离。若选择高于 Galileo 系统的工作轨道，卫星的轨道高度可选为 24127km 和 24444.1km，相应回归周期为 13 圈/8 天和 8 圈/5 天。

3. 星座参数优选

为获得基本导航性能并具有一定冗余备份的全球星座，其卫星数量不得少于 21 颗，卫星轨道倾角为 55°，卫星轨道高度选择多天回归轨道，星座构型为标准的 Walker 星座，其相位角系数对整体性能影响较小。因此，全球星座参数优选将主要解决卫星轨道高度问题，并根据导航性能要求优化星座数量。

全球星座可选的重复性能的轨道高度如表 7.5 所示。卫星轨道高度选择范围为 18000~24000km，其中 GLONASS 卫星轨道高度为 19129km，GPS 卫星轨道高度为 20222km，Galileo 系统卫星轨道高度为 23222km。对于北斗全球导航星座，选择不同轨道高度的影响如表 7.6 所示。可以看出，高度为 21528km 可以获得较好的性能，并且能与区域导航系统进行很好的过渡，因此确定北斗全球星座 MEO 卫星轨道高度为 21528km。

在此基础上需要确定星座中卫星数量和轨道形式，通过大量仿真分析，可以确定最终星座构型为 Walker 24/3/1。

表 7.5 全球星座可选的重复性能的轨道高度

星座	卫星数量/颗		
	24	27	30
轨道高度和最佳构型	19129km(GLONASS)	18380km(9 天回归) 最佳构型 27/3/1	23222km 最佳构型 30/3/1 Galileo 系统星座 30/3/2
	20222km(GPS)	20222km	
	21060km(21 天回归) 最佳构型 24/3/1	21287km(59 天回归) 最佳构型 27/3/1	
	21528km(7 天回归) 最佳构型 24/3/1		
	22655km(4 天回归) 最佳构型 24/3/1	22352km(9 天回归) 最佳构型 27/3/2 Galileo 系统原设计星座	
	24126km(8 天回归) 最佳构型 24/3/1	22992km(25 天回归) 最佳构型 27/3/1	

表 7.6 选择不同轨道高度的影响

轨道高度/km	变轨燃料估算/kg	转移轨道近地点速度/(km/s)	发射信号功率/dBW	全球 PDOP<2 的星座可用性/%
21528	835.85	9.903	33.7	62
22655	837.85	9.923	33.9	63
24126	843.35	9.985	34.6	66

7.2.2 区域增强星座设计

我国可以充分利用北斗区域导航卫星实现区域差分和功率增强。考虑 GEO 卫星不是增强的最佳选择,可以选择 IGSO 卫星作为增强卫星,IGSO 卫星可以借鉴北斗区域导航星座的 IGSO 卫星设计经验开展轨道设计。根据功率增强设计结果,GEO 卫星和 IGSO 卫星要实现我国及周边地区功率增强的功能,在受到干扰的情况下要能够提供基本的导航性能服务。因此,需要确保 GEO 卫星和 IGSO 卫星能够实现基本导航的功能。基于仿真分析和北斗区域导航星座的实施结果,区域增强星座构型设计为 3GEO+3IGSO 卫星,可以达到 1m 定轨精度的要求。尤其需要指出的是,相对于仅用 GEO 卫星进行增强,系统在重点地区的导航性能得到大幅度改善,这种优势随着高度角的增加而不断得到提升。

1. 区域增强星座导航性能分析

对于优选的 3GEO+3IGSO+24MEO 全球星座，3 颗 GEO 卫星分别定点在东经 80°、110.5°和 140°。3 颗 IGSO 卫星的交叉点位于东经 118°，轨道倾角 55°。3GEO+3IGSO+ 24MEO 全球最大 PDOP 分布如图 7.12 所示。增加 3 颗 GEO 卫星和 3 颗 IGSO 卫星之后，在东经 0°～东经 150°的范围内导航性能得到增强，其中赤道和中纬度地区导航性能提升最大，可以实现连续 PDOP<2 的导航定位服务。

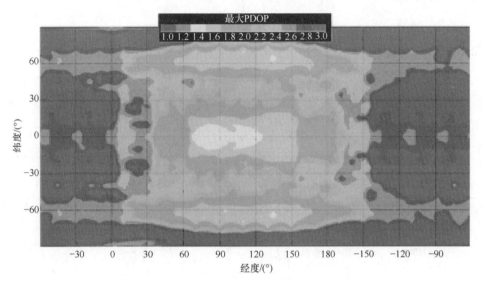

图 7.12　3GEO+3IGSO+24MEO 全球最大 PDOP 分布

2. 增强情况下的区域卫星独立导航性能分析

我国及周边地区仅利用 3GEO+3IGSO 增强卫星可具备基本导航性能。在功率增强情况下，3GEO+3IGSO 星座可以实现功率增强服务区域的定位精度优于 20m、关键热点地区的定位精度优于 10m。功率增强情况下，最大 PDOP 分布如图 7.13 所示。增强情况下平均可用性如表 7.7 所示。增强卫星虽然仅构建了一个基本的服务平台，但在应用增强信号的同时还可以使用正常信号，因此导航应用的生存能力得到大大改善。

表 7.7　增强情况下平均可用性

指标	PDOP 阈值			
	<5	<8	<10	<20
3GEO+3IGSO 星座的平均可用性/%	56	95	100	100

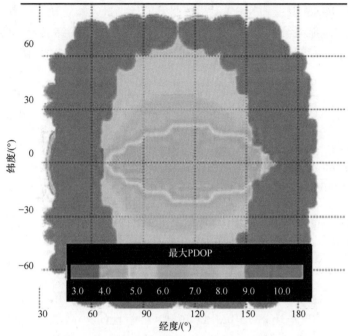

图 7.13　功率增强情况下最大 PDOP 分布

7.2.3　星座设计小结

根据全球基本覆盖和区域增强设计结果，北斗全球导航星座初选设计结果为24 颗 MEO 卫星、3 颗 GEO 卫星、3 颗 IGSO 卫星。其中 MEO 卫星轨道高度为21528km，星座构型为 Walker 24/3/1，增强功能在 GEO 卫星和 IGSO 卫星上实现，全球简短报文通信功能在 IGSO 卫星和部分 MEO 卫星上实现，卫星具备星间链路能力。

7.3　全球导航星座部署与维护策略

7.3.1　全球导航星座部署策略

经过论证分析可以得出，在保证用户权益的基础上，全球系统空间星座可以按照平稳过渡阶段和组网建设阶段进行实施。其中在平稳过渡阶段发射3GEO+3IGSO+10MEO，即可保证平稳过渡阶段系统的服务性能优于北斗区域导航系统的服务性能。在组网建设阶段星座构型为 3GEO+3IGSO+24MEO。

1. 平稳过渡阶段全球卫星部署策略

在平稳过渡阶段，3 颗 GEO 卫星分别按计划部署进入东经 140°、东经 80° 和东经 110.5°。IGSO 卫星和 MEO 卫星按照发射计划进入预定轨道位置。

北斗区域导航系统的服务区为东经 55°～东经 180°，南纬 55°～北纬 55°的大部区域。其中，东经 75°～东经 135°，北纬 10°～北纬 55°为中国地区，最小高度角取 10°。

区域与全球系统平稳过渡阶段 PDOP 对比(最小高度角取 10°)如表 7.8 所示。由表 7.8 可知，过渡系统 3GEO+3IGSO+10MEO 的性能与北斗二号区域导航系统 5GEO+5IGSO+4MEO 的性能基本相当，可以作为平稳过渡方案。

表 7.8 区域与全球系统平稳过渡阶段 PDOP 对比(最小高度角取 10°)

星座构型及评价指标		北斗二号服务区	中国区域
区域系统 5GEO+5IGSO+4MEO	平均 PDOP	3.37	2.67
	PDOP 可用性	95.07%(PDOP<7)	99.34%(PDOP<5)
过渡系统 3GEO+3IGSO+10MEO	平均 PDOP	3.02	2.46
	PDOP 可用性	96.63%(PDOP<7)	97.95%(PDOP<5)

区域系统 5GEO+5IGSO+4MEO 的 PDOP 性能(最小高度角取 10°)如图 7.14 所示。过渡系统 3GEO+3IGSO+10MEO 的 PDOP 性能(最小高度角取 10°)如图 7.15 所示。分析可知，过渡系统 3GEO+3IGSO+10MEO 与区域系统 5GEO+5IGSO+4MEO 在北斗区域导航系统服务区和重点区域的导航性能相当。

2. 组网建设阶段卫星部署

分阶段部署阶段 PDOP 性能(最小高度角 10°)如表 7.9 所示。

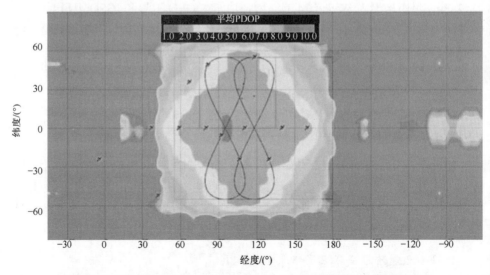

图 7.14 区域系统 5GEO+5IGSO+4MEO 的 PDOP 性能(最小高度角取 10°)

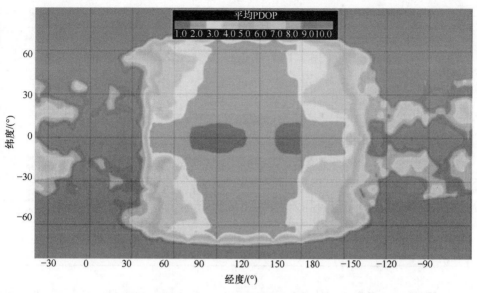

图 7.15　过渡系统 3GEO+3IGSO+10MEO 的 PDOP 性能(最小高度角取 10°)

表 7.9　分阶段部署阶段 PDOP 性能(最小高度角 10°)

星座构型及评价指标		全球	重点地区	中国及周边地区
5GEO+5IGSO+4MEO	平均 PDOP	13.06	4.79	2.65
	PDOP 可用性	23.2%(PDOP<4)	37.0%(PDOP<2.5)	18.71%(PDOP<2)
3GEO+3IGSO+2MEO	平均 PDOP	26.63	23.21	4.72
	PDOP 可用性	13.28%(PDOP<4)	5.03%(PDOP<2.5)	1.00%(PDOP<2)
3GEO+3IGSO+4MEO	平均 PDOP	20.22	16.04	3.81
	PDOP 可用性	19.32%(PDOP<4)	11.73%(PDOP<2.5)	4.84%(PDOP<2)
3GEO+3IGSO+6MEO	平均 PDOP	15.22	8.01	3.08
	PDOP 可用性	26.29%(PDOP<4)	20.72%(PDOP<2.5)	11.95%(PDOP<2)
3GEO+3IGSO+8MEO	平均 PDOP	14.03	5.76	2.67
	PDOP 可用性	35.99%(PDOP<4)	34.87%(PDOP<2.5)	18.50%(PDOP<2)
3GEO+3IGSO+10MEO	平均 PDOP	12.44	3.99	2.46
	PDOP 可用性	48.73%(PDOP<4)	48.69%(PDOP<2.5)	26.20%(PDOP<2)
3GEO+3IGSO+12MEO	平均 PDOP	9.71	2.91	2.29
	PDOP 可用性	61.56%(PDOP<4)	62.64%(PDOP<2.5)	37.81%(PDOP<2)
3GEO+3IGSO+14MEO	平均 PDOP	8.01	2.57	2.16
	PDOP 可用性	71.17%(PDOP<4)	71.79%(PDOP<2.5)	51.05%(PDOP<2)

星座构型及评价指标		全球	重点地区	中国及周边地区
3GEO+3IGSO+16MEO	平均 PDOP	5.18	2.39	2.05
	PDOP 可用性	78.80%(PDOP<4)	78.69%(PDOP<2.5)	59.74%(PDOP<2)
3GEO+3IGSO+18MEO	平均 PDOP	4.24	2.24	1.97
	PDOP 可用性	84.87%(PDOP<4)	84.93%(PDOP<2.5)	70.89%(PDOP<2)
3GEO+3IGSO+20MEO	平均 PDOP	3.17	1.96	1.82
	PDOP 可用性	92.86%(PDOP<4)	92.04%(PDOP<2.5)	79.73%(PDOP<2)
3GEO+3IGSO+22MEO	平均 PDOP	2.30	1.81	1.73
	PDOP 可用性	98.18%(PDOP<4)	96.17%(PDOP<2.5)	86.31%(PDOP<2)
3GEO+3IGSO+24MEO	平均 PDOP	2.01	1.69	1.65
	PDOP 可用性	97.60%(PDOP<4)	99.10%(PDOP<2.5)	95.78%(PDOP<2)

可以看出，随着发射次数的增加，全球、重点地区和我国及周边区域的导航性能逐渐提升。

上述全球星座的分阶段部署方案暂未考虑发射窗口的约束以及北斗二号卫星在部署北斗三号全球导航卫星时的状态。实际组网顺序需要综合各种约束，根据发射计划和发射窗口进行调整，但总的原则是保证导航星座平稳过渡、服务性能稳步提升。

3. 全球导航星座卫星发射窗口设计

全球导航星座中的 GEO 卫星与区域导航星座 GEO 卫星的发射窗口类似，可参考 6.3.2 节。此外，为了更好地适应全球组网卫星密集发射的需要，北斗三号全球导航星座 IGSO 卫星和 MEO 卫星的平台和发射方式等均进行了一系列改进。与北斗区域导航卫星相比，相应的卫星窗口均发生了较大的变化，本书在此进行简单介绍。

1) IGSO 卫星发射窗口

IGSO 卫星的发射窗口主要受卫星各分系统的限制、地面测控跟踪要求及工程总体组网要求等的限制。综合卫星各项发射限制条件，IGSO 卫星升交点赤经与可发射日期关系示意图如图 7.16 所示。图中横坐标为升交点赤经，纵坐标为从每年 1 月 1 日开始的可发射的时间序列(单位为 d)，白色区域表示可发射，黑色区域表示不可发射。

2) MEO 卫星发射窗口

综合 MEO 卫星能源、测控等分系统的要求及卫星组网要求，在不考虑工程组网约束条件的前提下，MEO 卫星升交点赤经与可发射日期关系示意图如图 7.17

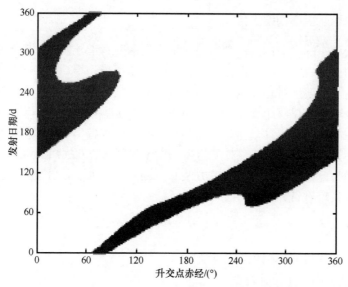

图 7.16　IGSO 卫星升交点赤经与可发射日期关系示意图

所示。每年的可发射时间序列与升交点赤经的关系基本相同。其中，黑色区域表示不能发射，白色区域表示可以发射。

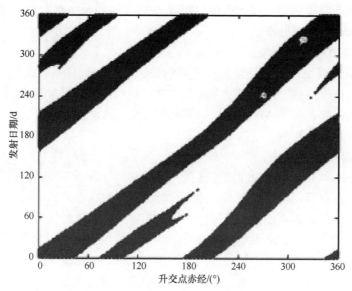

图 7.17　MEO 卫星升交点赤经与可发射日期关系示意图

可以看出，MEO 卫星不同升交点赤经全年均存在 7.5～10 个月的可发射机会。在升交点赤经为 30°附近时可发射天数最少，在升交点赤经为 180°附近时可发射天数最多。

7.3.2　全球导航星座构型保持

在导航星座的寿命期内，为了确保星座高精度对地导航定位服务，需要使星座的几何构型在一定范围内保持不变，而卫星轨道受到摄动的影响将不断变化，因此必须对卫星轨道进行控制，称为构型保持或站位保持。

北斗全球导航星座中存在 GEO、IGSO 和 MEO 三种轨道类型的卫星。这三类卫星的控制约束和摄动规律各不相同，有必要研究各类卫星的摄动规律，进而开展星座构型保持策略设计。对于北斗全球导航星座的 GEO 和 IGSO 卫星，其轨道控制方法与北斗区域导航星座的方法基本相同。下面着重针对 MEO 全球星座的构型保持策略进行介绍。

1. 构型保持要素分析

星座构型保持的目标包括三个方面。

1) 星座平面内相位保持

星座平面内的相位保持指保持同一轨道平面的卫星按等间隔分布，或者按设计间隔分布，同时还要保证相邻轨道平面卫星之间的相对相位关系。

2) 星座平面之间的保持

星座平面之间的相位保持指保持轨道平面(主要指升交点赤经)的等间隔性，或者保持按设计间隔分布。

3) 星座轨道高度的保持

星座轨道高度保持指保证星座整体的轨道高度与设计值的偏差不超出容许值，轨道高度保持的原因在于轨道高度衰减会导致星座的覆盖性能下降。对于北斗全球导航星座，由于 MEO 卫星轨道高度较高，轨道摄动不会引起轨道高度的明显变化，也不会影响星座的覆盖性能，北斗卫星导航系统星座可不必考虑轨道高度的保持问题。

对北斗全球导航系统星座构型保持三方面的目标分析发现，对星座平面内和平面间的相位进行保持是最为重要的，它对星座导航性能的影响最大，通常也称为相位保持。此外，考虑到星座平面之间的相对升交点赤经保持所需的推进剂消耗巨大，我们通常在卫星发射时进行升交点赤经预偏置，以使卫星在轨运行期间的相对升交点赤经变化尽可能小。因此，北斗全球导航星座构型保持最核心的任务是星座轨道面内的相位保持，这是通过定期调整轨道半长轴实现的。

2. 星座构型演化分析

星座构型演化分析是进行星座构型控制研究的基础。北斗全球导航星座的摄动和长期演化分析是在单颗卫星摄动分析的基础之上，对整个星座的构型演化进行分析，为控制保持策略设计提供依据。

1) MEO 卫星轨道演化分析

MEO 卫星轨道演化的主要摄动因素如表 7.10 所示。

表 7.10　MEO 卫星轨道演化的主要摄动因素

轨道参数	主要摄动源		
	地球非球形引力	日月三体引力	太阳光压
半长轴	短周期项	—	—
升交点赤经	长期项	长期项	—
倾角	—	长期项	—
偏心率	—	—	长周期项

本节针对单颗 MEO 卫星轨道摄动进行研究，给出如下卫星半长轴、升交点赤经、倾角和偏心率的变化规律。

(1) MEO 卫星轨道半长轴没有长期项和长周期项摄动，只存在由地球非球形引力引起的短周期项摄动，周期为 1 圈，最大振幅约 1.6km。

(2) MEO 卫星轨道倾角摄动主要是由太阳引力和月球引力引起的长周期运动。运动周期包括轨道面回归周期(约 30 年)，半个回归周期约 15 年，到 1 年、半月的短周期变化等。每年最大变化量约为 0.26°。

(3) MEO 卫星轨道升交点赤经摄动主要是由地球非球形引力、太阳和月球引力引起，进动周期约 30 年，每年西退约 12.5°。

(4) MEO 偏心率在太阳光压作用下存在长周期摄动，摄动周期为 1 年。1 年内近地点在轨道面内运动一圈。

2) 星座构型演化分析

针对 MEO 全球导航星座 10 年寿命期间的构型演化进行分析，可得如下 MEO 星座的摄动运动规律。

(1) 同轨道面卫星半长轴、倾角、偏心率摄动演化情况基本一致，不同轨道面半长轴、倾角、偏心率演化情况稍有不同。其中，采用平根数表示时，10 年寿命期内半长轴摄动运动振幅在百米量级，半长轴平均值基本不变；偏心率摄动运动在 10^{-4} 量级，量级较小可以忽略；倾角具有 2°左右的变化量，最终由升交点赤经的变化表现出来。

(2) 升交点赤经摄动运动主要表现为向西漂移的长期摄动，近似为线性。同一轨道面卫星升交点赤经的西退量基本一致，不同轨道面的西退量略有不同。

(3) 相位角摄动运动主要表现为长期摄动，近似呈线性增加趋势。同一轨道面和不同轨道面卫星相位角摄动趋势基本一致，但同一轨道面卫星漂移量相同，不同轨道面卫星相位漂移量略有不同。

由以上结论可知,影响 MEO 星座构型稳定的主要因素是升交点赤经相对漂移量和相位角相对漂移量。如果不考虑初始轨道参数偏差,摄动影响下升交点赤经演化分析如图 7.18 所示。摄动影响下相位角演化分析如图 7.19 所示。

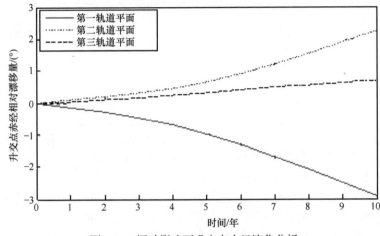

图 7.18　摄动影响下升交点赤经演化分析

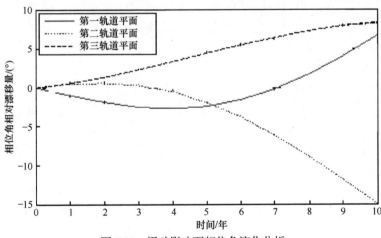

图 7.19　摄动影响下相位角演化分析

显然,相同轨道面卫星升交点赤经变化基本一致,不同轨道面卫星的升交点赤经的相对变化量较小,基本呈线性增大趋势,10 年寿命期最大相对漂移量约为 3°;相同轨道面卫星相位角变化趋势和漂移量基本一致,不同轨道面卫星相位角相对漂移量差别较大,10 年寿命期最大相对漂移量约为 15°。10 年寿命期内星座各轨道面的升交点赤经是可以不进行控制的,但第一和第三轨道面卫星相位角从第 2 年开始,超出相位角的允许漂移范围,如不进行控制,星座构型将进一步异化，影响星座导航性能。

星座相对稳定性演化规律如下。

(1) 同一轨道平面卫星，相互之间相对相位和升交点赤经漂移主要由初始轨道参数偏差引起，而由主要摄动因素引起的卫星相位和升交点赤经漂移运动基本一致。

(2) 不同轨道面卫星，升交点赤经相对变化量随时间基本呈线性增大趋势，10 年寿命期最大相对漂移量约为 3°；相位角漂移量存在差别，最大漂移量达到15°，如不进行相位角控制，两轨道面交点处存在碰撞的风险。

(3) 主要摄动力对 MEO 星座构型的破坏主要表现为升交点赤经漂移和相位角漂移，对轨道半长轴、偏心率和倾角长期影响不大，可用升交点赤经和相位角的漂移来描述 MEO 全球导航星座构型的稳定性。

3) 构型演化对星座性能的影响

根据上述分析，MEO 星座需要定期进行轨道面内的相位调整，10 年寿命期最大相对漂移量约为 15°。考虑相对相位变化量为 5° 和 10° 两种情况，下面对其带来的星座性能影响进行比较分析。

(1) MEO 卫星相位保持精度为 5° 的情况。

对于 3GEO+3IGSO+24MEO 星座，如果 MEO 卫星相位保持精度为 5°，最大 PDOP 分布情况如图 7.20 所示，平均 PDOP 分布情况如图 7.21 所示，PDOP<2 的可用性分布情况如图 7.22 所示，PDOP<2.5 的可用性分布情况如图 7.23 所示。可以看出，星座导航性能将有所下降，在全球范围除重点覆盖区域以外其他地区的最大 PDOP 有所增加，平均 PDOP 和 PDOP<2、PDOP<2.5 的可用百分比基本不变，全球区域的最大 PDOP 不大于 3.6，平均 PDOP 小于 2。在重点区域，绝大部分地区 PDOP<2 的可用百分比大于 95%，全球区域 PDOP<3 的可用百分比保持为 100%。

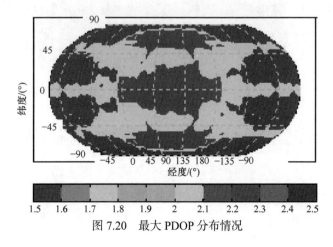

图 7.20　最大 PDOP 分布情况

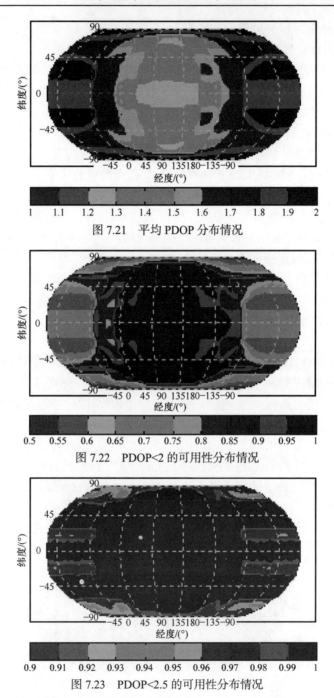

图 7.21 平均 PDOP 分布情况

图 7.22 PDOP<2 的可用性分布情况

图 7.23 PDOP<2.5 的可用性分布情况

(2) MEO 卫星相位保持精度为 10°的情况。

针对 3GEO+3IGSO+24MEO 星座，如果 MEO 卫星相位保持精度为 10°，在覆盖区域内最大 PDOP 分布情况如图 7.24 所示，平均 PDOP 分布情况如图 7.25 所示，PDOP<2 的可用性分布情况如图 7.26 所示，PDOP<2.5 的可用性分布情况如图 7.27 所示。可以看出，星座导航性能有所下降，在全球范围除重点覆盖区域以外，其他地区的最大 PDOP 有所增加，平均 PDOP 和 PDOP<2 的可用百分比基本不变，部分地区 PDOP<2.5 的可用百分比有所下降，全球区域的最大 PDOP 不大于 3.6，平均 PDOP 小于 2。在重点区域，绝大部分地区 PDOP<2 的可用百分比大于 95%，全球区域 PDOP<3 的可用百分比大于 87%。

(3) MEO 卫星相位保持对星座性能的影响。

按照最小高度角为 5°，对于标称星座、相对相位变化量为 5°、相对相位变化量为 10° 这三种情况，导航星座在覆盖地区的可用性如表 7.11 所示。

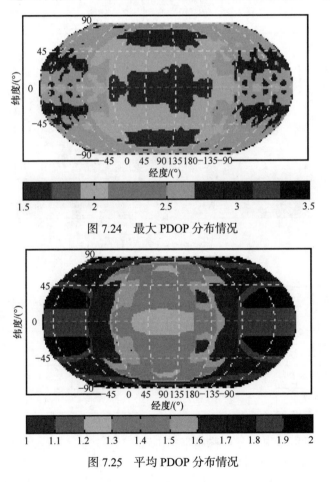

图 7.24　最大 PDOP 分布情况

图 7.25　平均 PDOP 分布情况

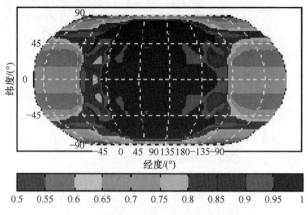

图 7.26 PDOP<2 的可用性分布情况

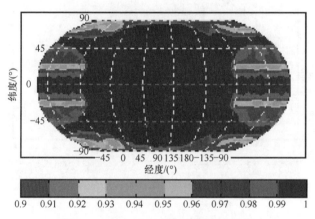

图 7.27 PDOP<2.5 的可用性分布情况

表 7.11 导航星座在覆盖地区的可用性 (单位：%)

星座构型	时间可用性	重点覆盖区域			全球覆盖区域		
		PDOP<2	PDOP<2.5	PDOP<3	PDOP<2	PDOP<2.5	PDOP<3
标称星座 3GEO+3IGSO+24MEO	100	61.74	98.78	100	23.95	67.49	100
MEO 相位保持精度为 5°		59.62	97.89	100	23.10	52.76	100
MEO 相位保持精度为 10°		48.28	95.77	100	18.47	43.98	87.34

由表 7.11 可以看出，与标称星座相比较，MEO 卫星相位保持精度分别为 5°和 10°情况下星座构型在覆盖区域的 PDOP 可用性情况存在如下结论：

① 对于标称 3GEO+3IGSO+24MEO 星座，考虑时间可用性为 100%的情况下，重点覆盖区域 PDOP<2.5 的可用性接近 100%，全球区域 PDOP<3 的可用性为

100%;

②　星座卫星的相位保持精度会对星座性能产生一定的影响;

③　如果 1 颗 MEO 卫星相位偏离 5°,星座在重点区域的 PDOP 可用性变化较小,在全球地区均满足 PDOP<3;

④　如果 1 颗 MEO 卫星相位偏离 10°,星座在重点覆盖区域的 PDOP 可用性略有下降,全球区域的 PDOP 可用性出现了明显下降。

4) 星座性能对构型维持的指标需求

考虑导航性能对星座构型演化的约束分析,提出北斗 MEO 全球星座保持控制需求如下:

(1)　MEO 卫星对交点回归经度不进行维持控制。

(2)　维持轨道面相对赤经差在标称值±5°范围内。

(3)　任意相邻卫星相对相位角维持在标称值±5°范围内。

(4)　从广播星历参数拟合的角度考虑,偏心率应小于 0.01。

3. 构型保持策略设计

根据上述星座构型演化分析可知,影响 MEO 星座构型稳定的主要因素是升交点赤经和相位角的相对漂移,因此在星座构型保持中需要对升交点赤经和相位角的漂移进行控制。

1) 基于升交点赤经偏置的北斗全球星座轨道平面控制

对于北斗全球导航星座,考虑 MEO 卫星的发射重量约为 1000kg,其推进剂携带量较少。MEO 卫星升交点赤经调整 1°需要的速度增量大于 50m/s,因此卫星携带的推进剂无法满足星座平面之间的相对升交点赤经保持。

为了确保工作寿命期内任意两个轨道面的升交点赤经差的变化满足构型控制指标要求,可以在发射时对轨道平面参数初值进行优选或者对轨道平面参数进行预偏置,使升交点赤经差变化尽可能小。考虑对北斗区域导航系统的继承性,北斗全球星座 MEO 卫星部署的轨道平面与区域星座 MEO 卫星的平面相同,对轨道平面参数初值进行优选的余地较小,因此在实际运行过程中,北斗全球导航星座会根据所选轨道的升交点赤经的长期变化规律,在发射时对轨道升交点赤经进行预偏置,以确保工作寿命期内任意两个轨道面的升交点赤经差的变化满足任务要求。

2) 初值偏置和定期调整的北斗全球星座相位控制

为了确保工作寿命期内星座任意相邻卫星相对相位角的变化满足构型控制指标要求,北斗全球导航星座可以在入轨初期对初始半长轴进行预偏置,并在长期运行过程中实施定期相位保持控制。

(1) 相位保持原理。

MEO 卫星轨道高度为 21528km，轨道回归周期约为 7 天/13 圈。考虑卫星入轨偏差和控制误差的影响，不同卫星的平均轨道半长轴可能有所偏差，这将导致卫星之间的相对相位发生持续漂移，由此产生的相位偏差可以近似表达为

$$\Delta u(t) = -\frac{3}{2a^2}\sqrt{\frac{\mu}{a}}\cdot\Delta a\cdot t \tag{7.1}$$

假定卫星入轨偏差和控制误差引起的平均轨道半长轴偏差为 0.5km 左右，那么一年内 MEO 同轨道面卫星之间的相位偏差可能达到 5°左右，因此需要定期地调整轨道半长轴来保持卫星之间的相位偏差。圆轨道半长轴改变 Δa 所需的速度增量大小可近似表达为

$$\Delta v = \frac{1}{2}n|\Delta a| \tag{7.2}$$

式中，n 为卫星平均角速度。对于高度为 21528km 的圆轨道，其平均角速度 $n = 1.354 \times 10^{-4}\,\text{rad/s}$。

根据分析，MEO 卫星的轨道控制主要实施轨道面内的相位控制。不同的相位控制时间间隔对应的轨道控制精度及推进剂消耗如表 7.12 所示。

表 7.12　不同的相位控制时间间隔对应的轨道控制精度及推进剂消耗

相位偏差量/(°)	相位调整时间间隔/年	半长轴控制精度/m	10 年总速度增量/(m/s)	10 年总推进剂消耗/kg
5	1	381	0.258	0.137
5	2	191	0.065	0.034
5	3	127	0.029	0.015
5	4	95	0.016	0.009
5	5	76	0.01	0.005
5	6	64	0.007	0.004
5	7	54	0.005	0.003
5	8	48	0.004	0.002
5	9	42	0.003	0.002
5	10	38	0.003	0.001

假定 MEO 星座轨道保持平均间隔时间大于 2 年，那么 MEO 卫星轨道半长轴的控制精度应小于 191m。这就要求卫星在实际轨道机动调整中的控制误差与测控误差合计应小于 191m。

下面针对卫星相位偏置 5°和 0°两种情况下的相位保持策略分别进行分析。

(2) 相位偏置 5°的相位保持策略。

① 初始条件。相位保持控制的初始条件由相位捕获控制的最终状态决定,由相位捕获控制目标分析结果可知,如果要求 2 年实施一次相位保持控制,相位控制的初始条件是,卫星实际位置与标称位置的相位差 $\Delta u=5°$,卫星实际半长轴与标称半长轴之差为 191m。

② 控制目标。根据要求,在 10 年寿命期内,MEO 卫星相位保持控制的目标是:MEO 卫星实际位置与标称位置的相位差在±5°范围内,相位保持频度优于1 次/2 年。

MEO 卫星相位保持控制过程如图 7.28 所示。

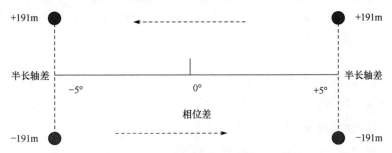

图 7.28　MEO 卫星相位保持控制过程

相位保持开始时,卫星半长轴高于标称轨道191m,卫星逐渐向−5°方向漂移;当卫星漂移至相位差为−5°时,将卫星的实际半长轴降低,保证实际半长轴高度低于标称轨道191m,卫星逐渐向+5°方向漂移;当卫星漂移至相位差为+5°位置时,将卫星的实际半长轴抬高,保证实际半长轴高度高于标称轨道 191m,卫星逐渐向−5°方向漂移。

因此,相位保持控制的目标是:当卫星漂移至相位差为−5°时,将卫星的实际半长轴降低,保证实际半长轴高度低于标称轨道191m;当卫星漂移至相位差为+5°时,将卫星的实际半长轴抬高,保证实际半长轴高度高于标称轨道191m。

③ 保持周期。设卫星在 t_d 时刻完成相位捕获,卫星实际位置与标称位置的起始相位差为 $\Delta u_0 = 5°$,卫星实际轨道与标称轨道的半长轴之差为 Δa,半长轴之差的变化为 $\Delta \dot{a}$,则卫星相对相位的计算公式为

$$\Delta u = \Delta u_0 - \frac{3n}{2a}\left(\Delta a \Delta t + \frac{1}{2} \Delta \dot{a} \Delta t^2 \right) \tag{7.3}$$

根据相位捕获控制设计,相位维持初始时刻,实际半长轴比标称轨道半长轴低 Δa。在轨道维持期间,卫星半长轴受到环境摄动力影响,而环境摄动力又与卫星面质比和轨道高度密切相关。卫星实际轨道与标称轨道的参数基本相同,卫星面质比参数也相等,因此环境摄动力对于卫星实际轨道半长轴和标称轨道半长

轴的影响基本相同，即卫星实际轨道与标称轨道的半长轴之差为 Δa 基本不变化，等于相位维持起始状态值。因此，MEO 卫星的相对相位计算公式可以简化为

$$\Delta u = \Delta u_0 - \frac{3n}{2a}\Delta a\Delta t \tag{7.4}$$

综合考虑测定轨误差与相位捕获控制的预偏置，相位捕获控制结束，即相位维持开始状态下，卫星实际半长轴与标称轨道半长轴的偏差为 191m，而相位预偏置 $\Delta u_0 = 5°$，则对应的相位保持周期为 4 年。

④ 控制策略。按照总体要求，卫星相位差保持在标称位置±5°范围内，当卫星漂移至相位差为–5°时，将卫星的实际半长轴降低，保证实际半长轴高度低于标称轨道 191m，卫星逐渐向+5°方向漂移；当卫星漂移至相位差 5°时，将卫星的实际半长轴抬高，保证实际半长轴高度高于标称轨道 191m，卫星逐渐向–5°方向漂移。

相位保持控制仅抬高或降低半长轴，因此通过施加沿迹的单脉冲控制即可实现，所需要速度增量可由式(7.2)进行计算。

(3) 相位偏置 0°的相位保持策略。

相位捕获后，初始相位差为–5°～0°和 0°～5°区间内的某个数值比较小的点，并且半长轴也存在 Δa 的偏差，具体视实际情况而定。由于未保留初始相位的偏置值，这造成相位保持的裕度大，因此要根据具体情况制定轨控策略。

综合考虑测定轨误差与相位捕获控制的预偏置，相位捕获控制结束，即相位维持开始状态下，卫星实际半长轴与标称轨道半长轴的偏差在 100m 量级范围内，而 $\Delta u_0 \approx 0$，因此可得到卫星的相位保持周期为大于 6 年。

根据 MEO 卫星在轨相位捕获的实际控制情况，半长轴误差优于 191m，因此 MEO 卫星可以满足轨道保持平均间隔时间大于 2 年。

7.4　全球导航星座设计结果与评估

7.4.1　全球导航星座设计结果

北斗三号全球导航系统的空间星座部分由 3 颗 GEO 卫星、3 颗 IGSO 卫星和 24 颗 MEO 卫星组成。下面给出星座各卫星具体轨道参数的设计结果。

1. GEO 卫星标称轨道参数

全球导航星座有 3 颗 GEO 卫星，其定点位置分别为东经 140°、东经 80°和东经 110.5°。其标称轨道参数与 6.4.1 节描述一致。

2. IGSO 卫星标称轨道参数

全球导航星座有 3 颗 IGSO 卫星，分布在 3 个轨道面，升交点赤经相差 120°。3 颗卫星星下点轨迹重合，回归经度为东经 118°。其标称轨道参数与 6.4.1 节描述一致。

3. MEO 卫星标称轨道参数

24 颗 MEO 卫星构成 Walker 24/3/1 星座，分布在三个轨道面上，轨道升交点赤经相差 120°，各轨道面内均有 8 颗卫星，同一轨道面内相邻卫星的相位角相差 45°，相邻轨道的同序号卫星的相位角相差 15°，其标称轨道半长轴、倾角与偏心率与 6.4.1 节描述一致。

7.4.2　全球导航星座性能评估

1. 全球范围的服务性能

计算北斗全球星座精度因子值，并在全球范围内进行统计，分别给出最小高度角 5°、10°和 15°条件下的 PDOP、HDOP 和 VDOP 可用性的统计图，如图 7.29～图 7.31 所示。

在一个运行周期内，分别给出最小高度角 5°、10°和 15°条件下的 PDOP、HDOP 和 VDOP 最大值的分布，如图 7.32～图 7.40 所示，其中最小高度角 5°对应图中最左边的曲线。

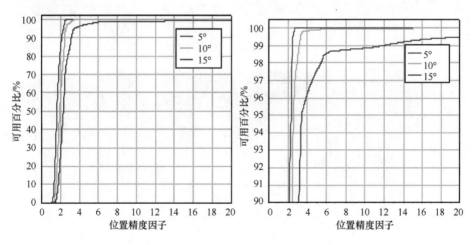

图 7.29　星座全球 PDOP 可用性

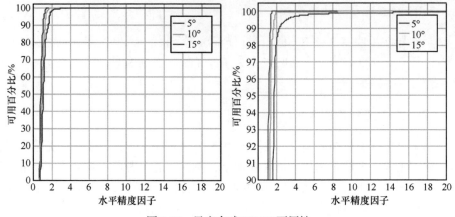

图 7.30　星座全球 HDOP 可用性

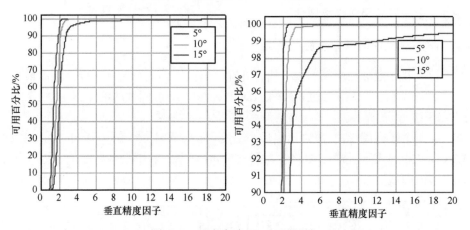

图 7.31　星座全球 VDOP 可用性

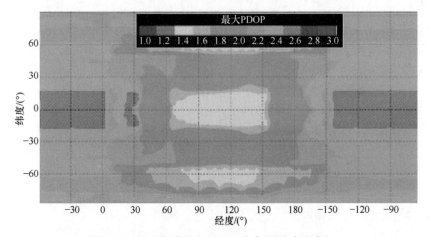

图 7.32　星座全球最大 PDOP 分布(最小高度角 5°)

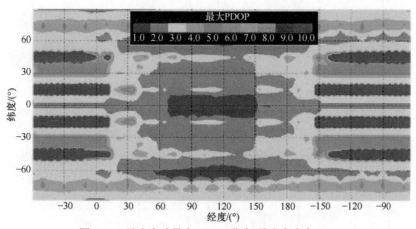

图 7.33   星座全球最大 PDOP 分布(最小高度角 10°)

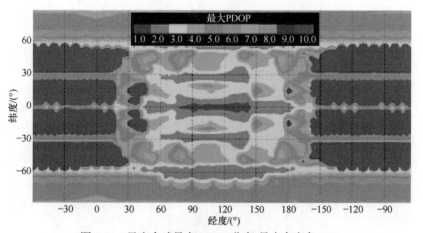

图 7.34   星座全球最大 PDOP 分布(最小高度角 15°)

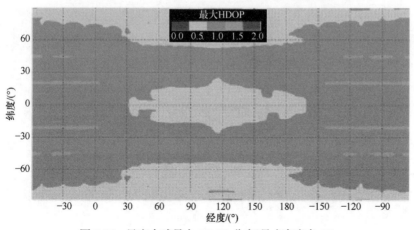

图 7.35   星座全球最大 HDOP 分布(最小高度角 5°)

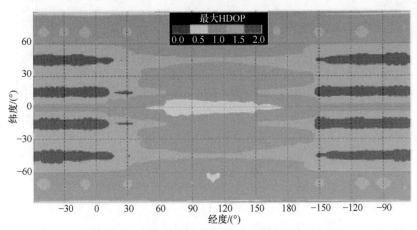

图 7.36　星座全球最大 HDOP 分布(最小高度角 10°)

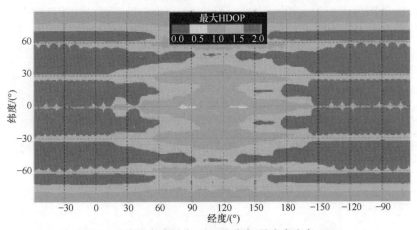

图 7.37　星座全球最大 HDOP 分布(最小高度角 15°)

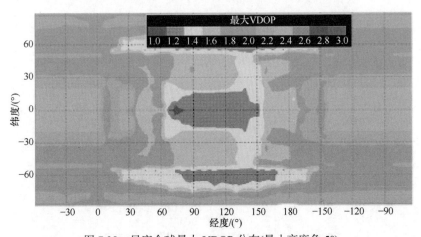

图 7.38　星座全球最大 VDOP 分布(最小高度角 5°)

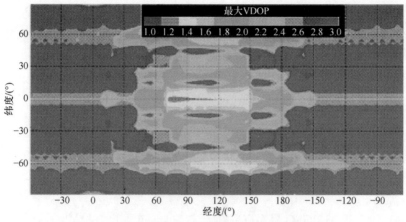

图 7.39　星座全球最大 VDOP 分布(最小高度角 10°)

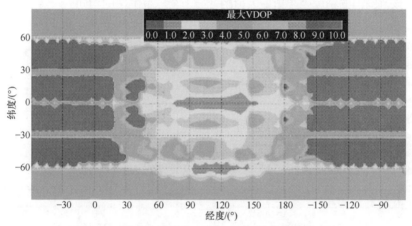

图 7.40　星座全球最大 VDOP 分布(最小高度角 15°)

24MEO+3GEO+3IGSO 星座在全球区域满足不同可用性的精度因子值如表 7.13 所示。

表 7.13　24MEO+3GEO+3IGSO 星座在全球区域满足不同可用性的精度因子值

区域	最小高度角/(°)	精度因子类型	100%	99%	95%	90%
全球区域	5	PDOP	2.72	2.42	2.32	2.12
		HDOP	1.54	1.36	1.20	1.09
		VDOP	2.58	2.12	1.97	1.85
	10	PDOP	—	3.16	2.56	2.42
		HDOP	8.48	1.70	1.39	1.29
		VDOP	—	2.76	2.28	2.09
	15	PDOP	—	11.94	3.42	3.13
		HDOP	—	2.30	1.75	1.63
		VDOP	—	11.7	3.19	2.71

从分析结果来看，24MEO+3GEO+3IGSO 星座在全球范围内，5°高度角约束条件下，PDOP 优于 2.72，HDOP 优于 1.54，VDOP 优于 2.58；随着高度角增加，在 100%可用性约束条件下，10°和 15°高度角精度因子(dilution of precision，DOP)显著增大，但在 99%可用下，即使在 10°高度角也能达到 PDOP 优于 3.16 的精度。

2. 重点区域的服务性能

北斗全球导航系统的重点服务区域为东经 30°～180°，南北纬 0°～70°，有必要考察该区域的导航星座性能。同样给出最小高度角为 5°、10°和 15°条件下的 PDOP、HDOP 和 VDOP 可用性的统计，如图 7.41～图 7.43 所示，其中右侧图为放大图。

24MEO+3GEO+3IGSO 星座在重点区域满足不同可用性的精度因子值如表 7.14 所示。该范围内的精度因子值最大值的分布与全球范围内的相同。

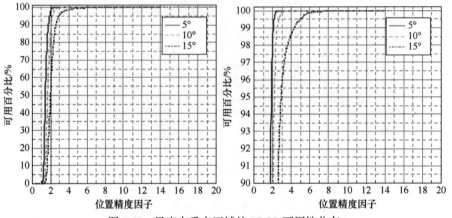

图 7.41　星座在重点区域的 PDOP 可用性分布

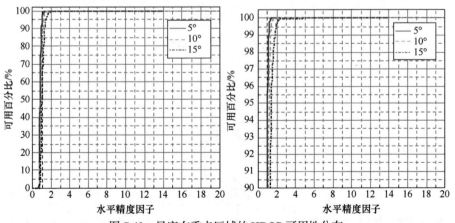

图 7.42　星座在重点区域的 HDOP 可用性分布

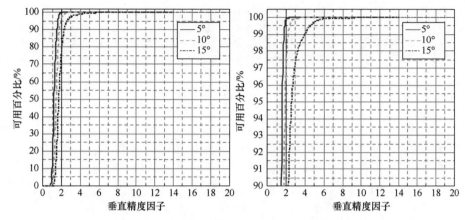

图 7.43　星座在重点区域的 VDOP 可用性分布

表 7.14　24MEO+3GEO+3IGSO 星座在重点区域满足不同可用性的精度因子值

区域	最小高度角/(°)	精度因子类型	100%	99%	95%	90%
重点区域	5	PDOP	2.66	2.05	1.87	1.75
		HDOP	1.44	1.13	1.01	0.95
		VDOP	2.54	1.77	1.59	1.50
	10	PDOP	6.66	2.50	2.17	2.03
		HDOP	2.02	1.31	1.15	1.08
		VDOP	6.34	2.22	1.89	1.75
	15	PDOP	—	4.30	2.90	2.57
		HDOP	4.78	1.82	1.39	1.28
		VDOP	—	3.96	2.60	2.26

从分析结果来看，24MEO+3GEO+3IGSO 在重点服务区域范围内，5°高度角 100%可用性约束条件下，PDOP 优于 2.66，HDOP 优于 1.44，VDOP 优于 2.54；随着高度角增加，在 100%可用性约束条件下，10°和 15°高度角精度因子显著增大，在 100%可用性下，PDOP 优于 6.66，99%可用性约束条件下，即使在 15°高度角也能达到 PDOP 优于 4.30 的精度。由此也可以看出，对于高度角较大的区域，IGSO 卫星和 GEO 卫星可以提高服务的可用性。

3. 我国及周边区域的服务性能

星座中 GEO 卫星和 IGSO 卫星的覆盖范围主要在我国周边，下面考察我国及周边区域的导航星座性能。同样给出 5°、10°和 15°高度角条件下的 PDOP、HDOP 和 VDOP 的统计分布，如图 7.44～图 7.46 所示，其中右侧图为放大图。

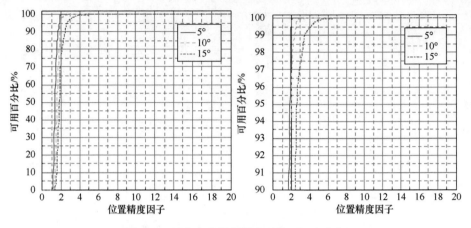

图 7.44 星座在中国及周边区域 PDOP 分布

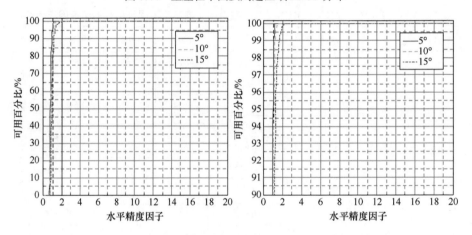

图 7.45 星座在中国及周边区域 HDOP 分布

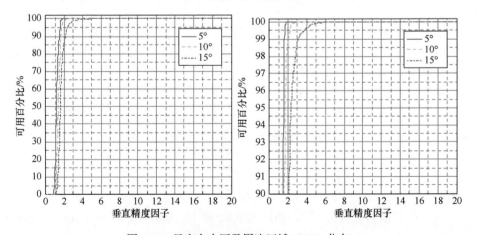

图 7.46 星座在中国及周边区域 VDOP 分布

24MEO+3GEO+3IGSO 星座在中国及周边区域满足不同可用性的精度因子如表 7.15 所示。精度因子最大值在该范围的分布与在全球范围的分布相同。

表 7.15　24MEO+3GEO+3IGSO 星座在中国及周边区域满足不同可用性的精度因子

区域	最小高度角/(°)	精度因子类型	100%	99%	95%	90%
中国及周边区域	5	PDOP	2.10	1.91	1.83	1.71
		HDOP	1.26	1.08	0.99	0.93
		VDOP	1.84	1.63	1.54	1.45
	10	PDOP	4.22	2.36	1.97	1.89
		HDOP	1.76	1.21	1.09	1.04
		VDOP	3.86	2.04	1.70	1.62
	15	PDOP	8.06	3.44	2.59	2.39
		HDOP	2.64	1.66	1.27	1.17
		VDOP	7.72	3.06	2.33	2.10

从分析结果来看，24MEO+3GEO+3IGSO 在我国及周边区域范围内，5°高度角 100%可用性约束条件下，PDOP 优于 2.10，HDOP 优于 1.26，VDOP 优于 1.84；随着高度角增加，在 100%可用性约束条件下，10°和 15°高度角精度因子显著增大，PDOP 优于 4.22，在 99%可用性约束条件下，即使在 15°高度角也能达到 PDOP 优于 2.36 的性能。可以看出，对于高度角较大的区域，IGSO 卫星和 GEO 卫星可以提高服务的可用性；对于高度角为 10°以上的情况，IGSO 卫星和 GEO 卫星可以显著提高服务可用性。

7.5　全球导航星座备份与重构策略

7.5.1　星座冗余性分析

对于设计的 24MEO+3GEO+3IGSO 星座，下面分析其在各种卫星故障情况下的导航性能。为便于比较，本节还分析全球范围 PDOP<2、PDOP<3、PDOP<5、PDOP<10(分别对应于定位精度 4m、6m、10m、20m)的系统可用性变化情况。

如果 GEO 卫星或者 IGSO 卫星失效，星座对全球范围导航性能影响不明显，在全球所有区域均满足 PDOP<3，因此在一般情况下可不对 GEO 卫星和 IGSO 卫星进行备份。

下面针对 1 颗或者多颗 MEO 卫星不可用对星座性能带来的影响进行分析。为了便于描述，对 MEO 卫星进行编号，M_{ij} 代表第 i 个轨道平面第 j 颗卫星。对于 1 颗 MEO 卫星不可用的情况，考虑 Walker 24/3/1 星座构型具备全球对称性，只需任选 1 颗 MEO 卫星，对这颗卫星不可用情况下的星座性能进行分析。对于多颗 MEO 卫星不可用的情况，考虑到故障出现概率和故障对星座性能影响程度，本章选择 2 颗同轨道面相邻卫星不可用、2 颗不同轨道面同序号卫星不可用、3 颗不同轨道面同序号卫星不可用这三种典型情况下的星座性能进行分析。

1. 1 颗 MEO 卫星不可用的情况

如果 1 颗 MEO 卫星不可用，工作的星座变为 3 颗 GEO 卫星、3 颗 IGSO 卫星和 23 颗 MEO 卫星。3GEO+3IGSO+23MEO 星座可用性如表 7.16 所示。

表 7.16　3GEO+3IGSO+23MEO 星座可用性

星座构型	时间可用性	全球区域			
		PDOP<2	PDOP<3	PDOP<5	PDOP<10
3GEO+3IGSO+23MEO	1	9.14%	36.69%	98.30%	100%
	0.96	28.58%	97.37%	100%	100%

对于 1 颗 MEO 卫星不可用的情况，3GEO+3IGSO+23MEO 星座最大 PDOP 分布如图 7.47 所示。3GEO+3IGSO+23MEO 星座 PDOP<3 的可用性分布如图 7.48 所示。可以看出，与标称星座相比，星座导航性能有明显下降，在全球区域的最大 PDOP 和平均 PDOP 均有明显增大，PDOP<2 和 PDOP<3 的可用性有明显下降。与 1 颗 GEO 卫星或者 IGSO 卫星不可用的情况相比，1 颗 MEO 卫星不可用引起的星座导航性能下降更为显著。

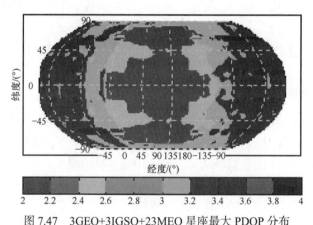

图 7.47　3GEO+3IGSO+23MEO 星座最大 PDOP 分布

2. 2 颗同轨相邻 MEO 卫星不可用的情况

2 颗同轨相邻 MEO 卫星不可用，工作的星座变为 3 颗 GEO 卫星、3 颗 IGSO 卫星和 22 颗 MEO 卫星。3GEO+3IGSO+22MEO 星座可用性如表 7.17 所示。

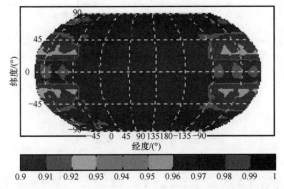

图 7.48　3GEO+3IGSO+23MEO 星座 PDOP<3 的可用性分布

表 7.17　3GEO+3IGSO+22MEO 星座可用性

星座构型	时间可用性	全球区域			
		PDOP<2	PDOP<3	PDOP<5	PDOP<10
3GEO+3IGSO+22MEO	1	5.81%	33.40%	92.22%	100%
	0.96	21.36%	85.30%	100%	100%

对于 2 颗同轨相邻 MEO 卫星失效不可用的情况，3GEO+3IGSO+22MEO 星座最大 PDOP 分布如图 7.49 所示。3GEO+3IGSO+22MEO 星座 PDOP<3 的可用性分布如图 7.50 所示。可以看出，与标称星座相比，星座导航性能有明显下降，在全球区域的最大 PDOP 和平均 PDOP 均有所增大，PDOP<2、PDOP<3，以及 PDOP<5 的可用性百分比均有明显下降。与 1 颗 MEO 卫星不可用的情况相比，2 颗同轨道面相邻卫星不可用的情况使星座性能再次下降。

3.2 颗异轨同序号 MEO 卫星不可用的情况

2 颗异轨相邻 MEO 卫星不可用，工作的星座变为 3 颗 GEO 卫星、3 颗 IGSO 卫星和 22 颗 MEO 卫星。3GEO+3IGSO+22MEO 星座可用性如表 7.18 所示。

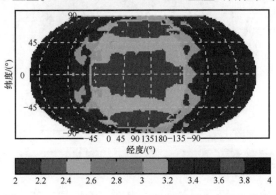

图 7.49　3GEO+3IGSO+22MEO 星座最大 PDOP 分布

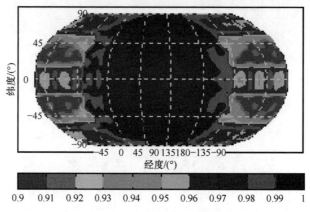

图 7.50　3GEO+3IGSO+22MEO 星座 PDOP<3 的可用性分布

表 7.18　3GEO+3IGSO+22MEO 星座可用性

星座构型	时间可用性	全球区域			
		PDOP<2	PDOP<3	PDOP<5	PDOP<10
3GEO+3IGSO+22MEO	1	5.03%	25.14%	85.30%	100%
	0.96	22.36%	83.19%	100%	100%

对于 2 颗异轨相邻 MEO 卫星不可用的情况，3GEO+3IGSO+22MEO 星座最大 PDOP 分布如图 7.51 所示。3GEO+3IGSO+22MEO 星座 PDOP<3 的可用性分布如图 7.52 所示。可以看出，与标称星座相比，星座导航性能有明显下降，在全球区域的最大 PDOP 和平均 PDOP 均有所增大，PDOP<2、PDOP<3，以及 PDOP<5 的可用性百分比均有明显下降。与 2 颗同轨道面相邻 MEO 卫星不可用的情况相比，2 颗不同轨道面同序号卫星不可用的情况引起的星座导航性能下降更为显著。

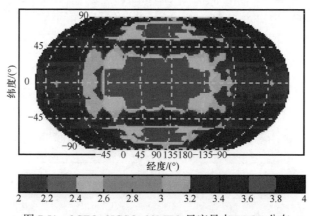

图 7.51　3GEO+3IGSO+22MEO 星座最大 PDOP 分布

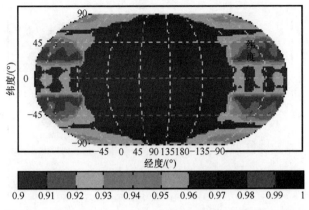

图 7.52　3GEO+3IGSO+22MEO 星座 PDOP<3 的可用性分布

4. 3 颗异轨同序号 MEO 卫星不可用的情况

3 颗异轨相邻 MEO 卫星不可用，工作的星座变为 3 颗 GEO 卫星、3 颗 IGSO 卫星和 21 颗 MEO 卫星。3GEO+3IGSO+21MEO 星座可用性如表 7.19 所示。

表 7.19　3GEO+3IGSO+21MEO 星座可用性

星座构型	时间可用性	全球区域			
		PDOP<2	PDOP<3	PDOP<5	PDOP<10
3GEO+3IGSO+21MEO	1	3.85%	17.40%	41.13%	79.71%
	0.96	12.59%	47.95%	98.81%	100%

对于 3 颗异轨相邻 MEO 卫星不可用的情况，3GEO+3IGSO+21MEO 星座最大 PDOP 分布如图 7.53 所示。3GEO+3IGSO+21MEO 星座 PDOP<3 的可用性分布如图 7.54 所示。可以看出，与标称星座相比，星座导航性能下降更为恶劣，

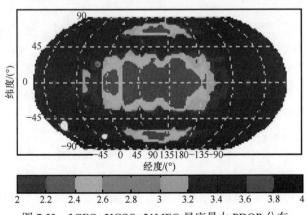

图 7.53　3GEO+3IGSO+21MEO 星座最大 PDOP 分布

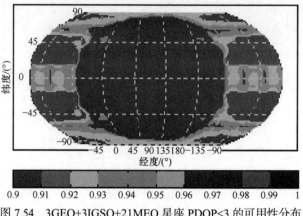

图 7.54　3GEO+3IGSO+21MEO 星座 PDOP<3 的可用性分布

在全球区域的最大 PDOP 和平均 PDOP 增加显著,时间可用性为 1 时,PDOP<2 的可用性下降了 20%,PDOP<5 的可用性下降一半以上,PDOP<10 的可用性不足 80%。

针对 MEO 卫星不可用情况的星座性能进行分析,可以初步得到以下结论。

(1) 当 1 颗 MEO 卫星不可用时,全球覆盖范围内最大 PDOP 满意度会发生较大下降。星座 PDOP<2 和 PDOP<3 的区域大幅减少,但绝大部分区域满足 PDOP<5。

(2) 当 2 颗 MEO 卫星不可用时,全球覆盖范围内最大 PDOP 分布情况会发生较大变化。在时间可用性为 1 的情况下,星座 PDOP<2 和 PDOP<3 的区域大幅减少,少部分(约 15%左右)区域甚至出现 PDOP>5 的情况。从总的作用效果来看,2 颗异轨 MEO 卫星不可用与 2 颗同轨相邻 MEO 卫星不可用相比,前者对星座的性能影响更为显著。

(3) 当 3 颗 MEO 异轨卫星不可用时,全球覆盖范围内最大 PDOP 分布情况会发生很大变化。在时间可用性为 1 的情况下,星座 PDOP<2 和 PDOP<3 的区域大幅减少,一半以上的区域都出现 PDOP>5 的情况,少部分(约 20%左右)区域出现 PDOP>10 的情况。

基于上述分析,当 1 颗或者多颗 MEO 卫星不可用时,全球覆盖范围内最大 PDOP 满意度发生了较大程度的下降,星座 PDOP<2 和 PDOP<3 的区域大幅减少。随着不可用卫星数目的增加,PDOP>5 的区域也不断增大。因此,MEO 卫星是否不可用是影响全球星座性能的关键因素,有必要对 MEO 卫星进行备份。

在对 MEO 卫星进行备份时,也需要注意其发射日期不是每天都存在的,如果采用直接入轨发射方式,地面备份可能存在最长等待一个月左右时间才能发射的情况。这意味着 MEO 卫星不可用将导致星座性能持续一个月出现下降,因此建议 MEO 卫星进行在轨备份。MEO 卫星分布在 3 个轨道平面,且卫星不具备对轨道升交点赤经进行调整的能力,因此北斗全球导航星座应对 3 个轨道平面至少各备份 1 颗 MEO 卫星。

7.5.2　星座构型重构控制方法

如果卫星不可用且备份卫星暂未部署，重新地面发射替代卫星的周期较为漫长，那么有必要开展星座构型重构控制方法研究，以便为星座构型是否进行重构控制提供决策依据。在星座重构可行的情况下，如果星座性能能够得到显著的提升，那么星座构型重构研究工作对于星座故障情况下如何有效利用将具有十分重要的意义。本节针对北斗全球导航星座构型重组与控制技术的研究成果进行介绍。

1. 重构目标的选择

在对导航星座进行重构控制时，需要考虑以下因素。

(1) 星座重构控制的成本代价。星座重构策略设计需要考虑卫星推进剂携带量、剩余推进剂对卫星寿命的影响，以及重构控制的时间消耗。同轨道面内卫星失效重构主要是针对卫星相位角进行调整，以实现星座性能一定程度的优化。此外，星座重构控制的推进剂消耗和时间消耗是相互矛盾的，通过适当延长重构控制时间可以降低推进剂消耗量。

(2) 重构控制对星座导航性能的影响。星座重构控制对于星座导航性能的影响应从两方面进行分析，一方面是星座重构前后导航性能的变化，另一方面是星座卫星实施重构控制过程中服务中断对星座性能的影响。因此，星座构型控制应该避免对重点服务区域导航服务产生较大影响，同时应尽量减少轨道机动次数。

衡量导航卫星星座性能的参数包括垂直定位精度、水平定位精度、三维定位精度、授时精度、总精度(包含位置精度和时间精度)、可见卫星数、VDOP、HDOP、PDOP、TDOP、GDOP 等。导航星座重构的优化目标函数可以选择前面提到的任何函数或函数的组合，对每一个子函数可以分配不同的指数和权值。本章选取星座在服务区域的 PDOP 可用性指标作为性能优化指标进行分析。

① 重构控制的卫星数目。星座构型重构能够使星座性能得到一定程度的提升，但是重构卫星数目对于推进剂消耗、重构时间，以及星座服务短期下降均会产生影响。在实际任务中，一般通过有限数目卫星的重构控制可以实现星座性能的提升，因此在确定星座重构策略时需要确定合理的重构卫星数目。

② 星座构型的恢复性。一般情况下，星座重构控制是作为星座性能恢复的一种短期方法。当故障卫星的替换工作完成以后，星座应具备重新控制恢复到星座基本构型的能力，因此该项因素应在星座重构控制的成本代价中统筹考虑。

综上所述，星座构型重构目标包含星座性能影响程度与星座重构的成本问题。此外，还需要统筹考虑推进剂消耗量与重构控制卫星的数目。

2. 重构控制策略及算法

基于总的推进剂消耗量、总的重构时间与性能修复强度，考虑星座构型轨道面之间重构控制所需推进剂和时间的约束，在失效卫星所处轨道面内可以采用调整相邻卫星、均匀相位和均匀星座三种重构策略。

1) 相邻卫星重构策略

该策略通过重构失效卫星的 1 颗或 2 颗相邻卫星来提高星座性能。相邻卫星重构策略如图 7.55 所示。

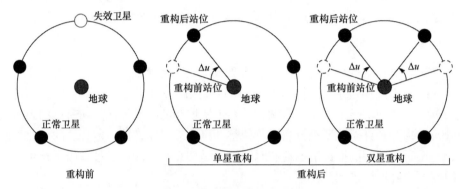

图 7.55 相邻卫星重构策略

如果考虑星座长期任务的满站位，最好只重构 1 颗相邻卫星。如果失效卫星站位的替换卫星部署周期较长，则可以考虑同时调整相邻的 2 颗卫星。考虑 Walker 星座的第 p 轨道面的第 k 颗卫星失效，则失效卫星相邻卫星的相位角为

$$u_{p,k+1} = u_{p,k} + \frac{2\pi}{S} \tag{7.5}$$

$$u_{p,k-1} = u_{p,k} - \frac{2\pi}{S} \tag{7.6}$$

式中，S 为轨道面内的卫星数目。

假设相邻 2 颗卫星相位重构量为 Δu_{k+1}、Δu_{k-1}，则得到相邻卫星的目标位置的相位角为

$$u'_{p,k+1} = u_{p,k+1} + \Delta u_{k+1} \tag{7.7}$$

$$u'_{p,k-1} = u_{p,k-1} + \Delta u_{k-1} \tag{7.8}$$

考虑轨道面内卫星重构的实际情况，Δu_{k+1}、Δu_{k-1} 需满足如下约束条件，即

$$\left| \Delta u_{k+1} \right| \leqslant \frac{2\pi}{S} \tag{7.9}$$

$$\left| \Delta u_{k-1} \right| \leqslant \frac{2\pi}{S} \tag{7.10}$$

2) 均匀相位重构策略

该策略通过重构失效卫星所在轨道面内的所有卫星来提高星座性能。重构结束时，失效卫星所处轨道面内的卫星在轨道面内均匀分布。均匀相位重构策略如图 7.56 所示。

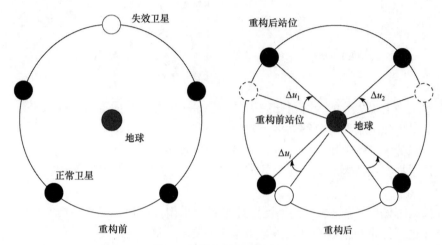

图 7.56　均匀相位重构策略

考虑 Walker 星座的第 p 轨道面的第 k 颗卫星失效，则其他卫星的相位角为

$$u_{p,j} = u_{p,k} + (j-k)\frac{2\pi}{S}, \quad j=1,2,\cdots,S, \quad j \neq k \tag{7.11}$$

式中，S 为轨道面内的卫星数目。

如果轨道面共有 S' 颗正常卫星，则重构结束卫星目标位置的相位角为

$$u'_{p,j} = u'_{p,k} + (j-k)\frac{2\pi}{S'}, \quad j=1,2,\cdots,S, \quad j \neq k \tag{7.12}$$

式中，$u'_{p,k}$ 为轨道面内正常卫星中某 1 颗卫星的目标相位角。

通过比较轨道面内卫星的前后位置可以得到每颗卫星的相位角调整量为 $\Delta u_{p,j}$，并且 $\left| \Delta u_{p,j} \right| \leqslant 2\pi/S$，可以评估轨道面内相位角重构所需的燃料消耗与控制时间。

3) 均匀星座重构策略

当轨道平面内连续失效卫星数量较多时，无论采用调整相邻卫星策略还是均匀相位策略，缺失卫星的轨道平面内都会存在较大的覆盖间隙。如果能够从相邻轨道平面上调整一些卫星到受损轨道平面内，再以均匀相位策略进行星座重构，会使整个星座的卫星分布趋于均匀。均匀星座重构策略如图 7.57 所示。

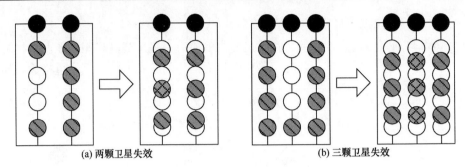

(a) 两颗卫星失效　　　　　　　　(b) 三颗卫星失效

图 7.57　均匀星座重构策略

星座中卫星失效的情况可归纳为共面卫星失效和非共面卫星失效两大类。非共面卫星失效的情况可分解为多个共面卫星失效的情况处理。共面卫星失效的情况又可以分为单颗卫星失效和多颗卫星失效两种情况，在选择星座重构控制策略时应该根据星座性能对星座构型的需求进行针对性的选择。星座重构控制策略选择过程如下。

(1) 对于单颗卫星失效的情况，如果星座采用调整相邻卫星、均匀相位和均匀星座这三种重构策略都可以满足星座任务要求，那么应该尽量采用调整相邻卫星策略。

(2) 对于共面多颗卫星失效的情况，可以首先考虑采用均匀相位策略进行星座重构，如果重构以后星座性能不能满足任务要求，再采用均匀星座策略进行星座重构。

(3) 在采用均匀星座策略进行星座重构时，可以在满足星座重构以后任务要求的前提下，对需要进行卫星相位调整的各轨道平面混合使用调整相邻卫星策略和均匀相位策略。

(4) 如果采用均匀星座策略仍然无法达到任务要求，应该提出需要补发备份卫星的要求，包括确定补发卫星的数量及其在星座中的站位。

星座重构优化求解框架如图 7.58 所示。

对同轨道面构型控制问题，从重构卫星数目、总的控制代价及燃料消耗量角度分析，相邻卫星重构策略优于均匀相位重构策略；从星座导航性能角度分析，均匀相位重构策略优于相邻卫星重构策略。因此，在实际工程中应根据具体情况选择最优重构控制方案。

3. 重构控制设计

由于北斗全球导航星座的 MEO 卫星不具备平面调整能力，一般在轨重构控制仅采用同轨道面沿航迹相位重构方式。这是通过控制卫星的轨道半长轴来实现的。通过调整半长轴，卫星与其他卫星的平均角速度会出现差异，进而实现对卫

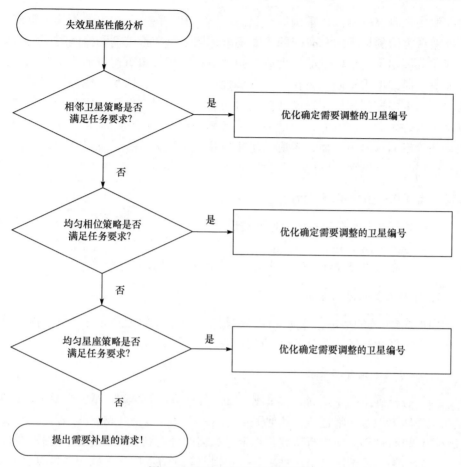

图 7.58　星座重构优化求解框架

星在轨道面内的相位重构。相位角重构量 Δu 与重构控制的平均特征速度 Δv 和控制时间 Δt 存在下面的关系，即

$$\Delta v = 2\left[\sqrt{\mu\left(\frac{2}{a} - \frac{1}{a'} \right)} - \sqrt{\frac{\mu}{a}} \right] \tag{7.13}$$

$$\Delta t = 2N\pi\sqrt{\frac{a'^3}{\mu}} \tag{7.14}$$

$$a' = a\left(1 - \frac{\Delta u}{2N\pi} \right)^{2/3} \tag{7.15}$$

式中，N 为正整数；a' 为卫星相位重构的椭圆转移轨道半长轴。

对于星座重构时间确定的情况，轨道面内相位重构控制的控制速度和控制时间取决于卫星的相位角重构量。我们可以用卫星在轨道面内的相位角重构量表征卫星重构的推进剂和时间的性能要求，即卫星在推进剂和控制时间的约束下存在卫星相位角重构量的最大值，同时卫星在相位角重构量约束下，也能够保证卫星通过再重构使星座在补充足够替换卫星后能够回复到标称构型。" 改为 "卫星重构控制的控制速度和控制时间需求与卫星在轨道面内的相位角重构量是可以替换的，一方面，考虑卫星推进剂和控制时间的约束，卫星相位角重构量是确定的；另一方面，考虑卫星相位角重构量的约束，卫星通过调整推进剂和控制时间可以满足重构的性能需求。

7.5.3　星座构型备份策略设计

星座备份一般有在轨备份与地面备份两种方式，本节仅讨论在轨备份。在轨备份一般分为工作轨道备份与停泊轨道备份。考虑星座对备份卫星需求，我们开展了备份卫星轨道设计与比较，并给出备份卫星接替控制方案。

1. 备份卫星的需求分析

根据 7.5.1 节的结论，北斗全球导航星座应在 3 个轨道平面各备份 1 颗 MEO 卫星。本节据此开展备份卫星轨道设计与接替控制策略设计。

2. 备份轨道设计与比较

为了分析确定北斗全球导航星座 MEO 备份卫星的轨道方案，需要从备份卫星与工作轨道卫星、临近轨道其他卫星、运载上面级等空间物体的运行安全性，以及操作可行性等方面进行研究，综合考虑临近轨道卫星分布情况、运载发射轨道、在轨卫星轨控情况及卫星推进剂携带情况等多方面因素来确定备份卫星的轨道方案。

1) 我国 MEO 临近轨道卫星的分布情况分析

我国 MEO 导航卫星轨道附近运行的主要有俄罗斯 GLONASS 卫星、美国 GPS 卫星及欧洲 Galileo 系统的多颗卫星。对这些卫星的轨道高度分布进行分析和比较，可以得到以下结论。

(1) 我国 MEO 卫星工作轨道与 20 多颗 GPS 退役卫星的远地点高度较为接近，如果卫星选择降低轨道高度进行备份，会存在与多颗 GPS 卫星发生碰撞的风险。

(2) 我国 MEO 卫星上空运行着 6 颗 Galileo 系统卫星，因此北斗 MEO 卫星可选择抬高轨道高度进行备份。备份轨道介于北斗 MEO 卫星和 Galileo 系统工作轨道之间较为合理。

2) 运载发射轨道及离轨轨道分析

按照目前研制情况，北斗 MEO 卫星采用运载火箭携上面级进行发射。运载发射轨道及离轨标称轨道如下。

(1) 卫星与上面级分离后，其入轨轨道的近地点位于工作轨道附近，远地点比工作轨道高约 666km。

(2) 上面级完成离轨机动后的近地点比工作轨道高约 432km，远地点比我国 MEO 卫星工作轨道高约 1269km。

未来将有十几个运载上面级长期运行在比北斗 MEO 卫星轨道高度高几百公里的上空。为了确保我国 MEO 备份卫星在轨运行安全，其轨道高度应避开上面级发射轨道及离轨轨道。按照上述分析，如果北斗 MEO 备份卫星采用抬高轨道的方式备份，与工作轨道高度差应小于 432km。

3) 工作轨道演化与轨控策略分析

为了确保我国 MEO 备份卫星与工作轨道卫星的运行安全，备份卫星轨道高度应避开工作轨道卫星所有可能的运行区域，因此有必要针对 MEO 卫星轨道演化规律、捕获指标，以及轨道维持策略进行分析，以确定工作轨道卫星可能到达的高度范围。

(1) 工作轨道高度演化情况。

① MEO 卫星半长轴的变化。地球非球形、日月引力、太阳光压等摄动因素对轨道半长轴没有长期项摄动，仅存在以天周期为主项的短周期项摄动。短周期项摄动主要由 J_2 项引起，最大影响为 1.453km，周期为半个轨道周期。

② MEO 卫星偏心率的变化。太阳光压摄动将引起卫星轨道偏心率的变化，其规律是随太阳平赤经变化做椭圆运动。椭圆中心与当前时刻偏心率矢量和太阳平赤经相关，椭圆长轴与春分点方向的夹角等于轨道倾角，短半轴沿春分点方向，长半轴与春分点垂直。如果面积质量比取 0.02、光压系数取 1.5，则偏心率自由摄动半径为 3.32×10^{-4}。

因此，由轨道摄动引起卫星轨道高度最大变化约为 10km。

(2) 工作轨道相位捕获指标及轨道控制策略分析。

按照目前研制经验，MEO 卫星相位捕获结束时一般要求偏心率小于 0.003，即由初始轨道偏心率引起的轨道高度最大变化约为 84km。此外，卫星轨道控制的半长轴误差为百米量级，远小于初始轨道偏心率引起的轨道高度变化，卫星轨道控制半长轴误差引起轨道高度的变化可以忽略。

轨道控制与长期演化引起的最大高度变化小于 100km。综上所述，如果我国 MEO 备份卫星采用抬高轨道的方式进行备份，备份卫星轨道与工作轨道的高度差应大于 100km。

4) 卫星推进剂允许量分析

按照目前 MEO 卫星推进剂预算情况，卫星推进剂总携带量大于 40kg。考虑卫星需要完成相位捕获、轨道维持、相位调整、离轨机动等轨道控制任务，同时要完成卫星的姿态机动和姿态稳定控制等任务，卫星推进剂余量可能小于 10kg，即备份卫星推进剂余量允许的轨道高度调整量小于 150km。

综合考虑临近卫星分布、运载发射及离轨、轨道演化与维持等因素，如果 MEO 备份卫星采用抬高轨道的方式进行备份，与工作轨道高度差应大于 100km 且小于 150km，可以初步选择抬高轨道高度 120km 进行备份。

5) 备份轨道方案分析

参考国外星座备份卫星轨道方案，综合考虑北斗 MEO 备份卫星与工作轨道卫星、运行安全性，以及操作可行性等因素。北斗 MEO 卫星备份轨道可选用以下两种方案。

(1) 方案一。备份卫星位于工作轨道相同的高度，根据在轨工作卫星的健康评估状态，将备份卫星配置于故障率最高的卫星的附近，与其相位相差 22.5°，可以最快速度实现对故障卫星的替代。

(2) 方案二。备份卫星轨道高度比工作轨道高约 120km。如果某颗在轨卫星出现故障情况，备份卫星可进行轨道机动漂移至故障卫星附近进行替代。

由于卫星导航定位服务对星座可用性要求较高，一旦出现故障情况，备份卫星应快速实现替换故障卫星，以确保星座导航服务的中断时间尽可能短。此外，卫星推进剂也应适当留有余量，从这些因素考虑，建议 MEO 备份卫星采用方案一进行部署，即北斗全球导航星座 MEO 卫星备份轨道应选择与工作轨道相同的高度。

3. 备份接替控制设计

根据以上备份卫星轨道设计分析，北斗全球导航星座 MEO 备份卫星位于工作轨道。备份卫星部署于工作轨道如图 7.59 所示。

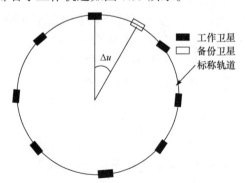

图 7.59　备份卫星部署于工作轨道

在星座运行过程中，备份卫星始终运行于故障概率较高的卫星附近，相对于工作卫星在相位上不存在相对漂移。一旦星座内某颗卫星出现故障不可用时，与故障卫星相同平面的备份卫星需要进行相位调整以实现替换，确保星座继续提供稳定的、高精度的导航定位服务。

如果故障概率最高的卫星在轨发生异常，备份卫星能够较快地转移到该卫星的位置，实现对故障卫星的快速替换。如果该平面内其他卫星出现故障，那么备份卫星需要进行不同程度的相位调整。由于故障卫星与备份卫星之间的相位角有所不同，备份卫星的相位调整角最大可能达到 180°。

为了使卫星出现相对相位漂移，可以采用卫星轨道半长轴出现相对偏差的方法。备份卫星相位调整角 Δu 是确定的，由相位调整时间 Δt 可得到备份卫星轨道机动后半长轴相对标称半长轴的偏置 Δa。它们的关系可近似表达为

$$\Delta a = -\frac{2a^2}{3}\sqrt{\frac{a}{\mu}}\frac{\Delta u}{\Delta t} \tag{7.16}$$

备份卫星改变半长轴 Δa 所需的速度增量大小 Δv 可由式(7.2)得到。

下面分析不同相位调整时间情况下半长轴调整量、速度增量、推进剂消耗等参数的变化情况。不同相位调整时间的推进剂消耗如表 7.20 所示。需要说明的是，卫星推进剂消耗计算中卫星的重量为 1000kg，发动机比冲为 210s。

表 7.20　不同相位调整时间的推进剂消耗

相位调整时间/天	相位调整角/(°)	半长轴调整量/km	速度增量/(m/s)	推进剂消耗/kg
7	22.5	89.19	12.08	6.18
	180	713.55	96.64	50.02
10	22.5	62.43	8.46	4.32
	180	499.48	67.64	34.88
15	22.5	41.62	5.64	2.88
	180	332.99	45.1	23.18
20	22.5	31.22	4.22	2.16
	180	249.74	33.82	17.36
25	22.5	24.97	3.38	1.72
	180	199.79	27.06	13.88
30	22.5	20.81	2.82	1.44
	180	166.50	22.54	11.56

由表 7.20 可以看出，如果卫星需要在 15 天内完成 180° 的相位调整任务，那么卫星半长轴要偏置 333km 左右。在这种情况下，卫星完成 22.5° 的相位调整任务花费的时间小于 2 天。卫星完成相位调整任务需要的速度增量约为 45.1m/s，对于质量为 1000kg、发动机比冲为 210s 的卫星，完成相位调整需要消耗的推进剂约为 23.18kg，卫星应为相位调整任务预留足够的推进剂。

7.6　结　　论

本章全方位总结了我国北斗全球导航星座设计与工程实现中取得的成果，主要如下。

(1) 我国用户对全球导航系统的需求为在全球范围内提供连续实时无源定位、测速、授时和位置报告等服务，全球定位精度优于 6m，测速精度为 0.2m/s，授时精度优于 20ns。考虑充分继承北斗区域导航系统、满足全球基本性能要求、区域到全球系统的过渡和替换要求、系统技术风险及其他系统要求等约束条件，北斗全球导航系统应是包含 GEO、IGSO 等区域增强卫星的全球星座。

(2) 充分考虑系统性能要求和我国特有的约束条件，北斗全球导航星座初选设计结果为 3GEO+3IGSO+24MEO，其中 3 颗 GEO 卫星定点位置分别为东经 80°、110.5°和 140°；3 颗 IGSO 卫星倾角为 55°，星下点轨迹重合，交叉点经度为东经 118°，相位差 120°；24 颗 MEO 卫星星座构型 Walker 24/3/1，轨道高度为 21528km，倾角 55°。

(3) 建议全球系统空间星座按两个阶段实施。过渡阶段发射 3GEO+3IGSO+10MEO 构型，可保证服务性能优于北斗区域导航星座，在组网建设阶段星座构型为 14MEO。构成星座的 GEO、IGSO 和 MEO 卫星发射窗口可以满足星座组网与部署任务要求。GEO 卫星通过定期实施东西和南北位置保持，可以满足维持在标称定点经度东西±0.1°、南北±2°的精度范围。IGSO 卫星通过对轨道偏心率的初值限制与三星协调的交叉点地理经度漂移环控制，可以满足卫星交点地理经度维持在标称值 118°±5°区域的要求。MEO 卫星通过定期进行半长轴控制，可以满足星座保持任务需求。

(4) 分析给出 GEO、IGSO 和 MEO 卫星详细的标称轨道参数。3GEO+3IGSO+24MEO 星座构型能够对全球区域提供连续、4 重以上信号覆盖。其中全球区域的最大 PDOP 值小于 2.72，重点服务区域的 PDOP 优于 2.66。若全球 UERE 取为 2m，则系统提供定位精度优于 6m，可以满足系统导航定位精度指标要求。

(5) 分析给出 3GEO+3IGSO+24MEO 星座备份与重构策略。冗余性能分析表明，北斗全球导航星座应对 3 个轨道平面至少各备份 1 颗 MEO 卫星。如果卫星出现异常且备份卫星暂未发射，在失效卫星所处轨道面内可以采用调整相邻卫星、同轨道面内均匀相位和均匀星座等多种重构策略。MEO 备份卫星应选择与工作轨道相同的高度且位于故障概率最高的卫星附近。

第8章 北斗 IGSO 和 MEO 卫星离轨原则与策略

卫星运行至寿命末期，需要通过轨道机动使其离开工作轨道，以减少对在轨正常工作卫星可能带来的碰撞等影响。对于 GEO 卫星，目前已形成了一定的惯例，卫星在寿命末期将进行轨道机动，将轨道抬高一定的高度，卫星寿命终止后将在某一轨道高度上长期稳定运行。GNSS 的迅猛发展引发了 MEO 和 IGSO 卫星数量快速增长，可能对这两个轨道区域附近现有和后续发射卫星带来风险。我国北斗区域导航系统部署的多颗 MEO 和 IGSO 导航卫星即将面临寿命到期的问题，有必要开展离轨处置研究工作。

8.1 国际规则与临近卫星分布

8.1.1 离轨国际规则

机构间空间碎片协调组织（The Inter-Agency Space Debris Coordination committee，IADC）自 2000 年起就由碎片减缓技术工作组着手研究并制定所有航天国家都能接受并共同遵守的控制空间碎片环境的规章，并于 2002 年正式通过了《IADC 空间碎片减缓指南》[27]。其主要内容是对现有的限制空间碎片产生的做法进行评估，并推荐行之有效的控制空间碎片产生的技术措施。其中明确了 GEO 附近的被保护区域，对于 LEO 和 GEO 等轨道类型的卫星给出使用寿命终期具体的处置原则，并对 MEO 卫星的离轨处置原则开展了初步研究。

1. GEO 卫星离轨处置原则

GEO 为使用寿命终期具体的处置原则如下。

(1) GEO 被保护区域。

GEO 附近的被保护区域为一个环带，区域边界定义为下界高度约为 35586km（GEO–200km），上界高度约为 35986km（GEO+200km），纬度范围为±15°。

(2) GEO 卫星弃置轨道初始状态要求。

为保护 GEO 区域，建议 GEO 卫星在完成其任务后应机动到离 GEO 足够远的轨道上去，同时采用尽可能小的偏心率。IADC 对 GEO 卫星弃置轨道初始状态要求如下。

① 近地点高度的最小增加量为

$$\Delta H_P = 235\text{km} + (1000 C_R \cdot A / m) \tag{8.1}$$

式中，ΔH_P 为近地点高度最小增加量；C_R 为太阳光压系数；A / m 为卫星面积与质量比值；235km 是 GEO 被保护区域上界高度(200km)与日月和地球引力导致的离轨高度的最大下降值(35km)之和。

② 偏心率小于或等于 0.003，或者偏心率矢量指向 $\Omega + \omega$ 为 90°或 270°（即夏至点或冬至点）的方向，并且偏心率能够确保轨道近地点不进入 GEO 保护区域。其中，Ω 为轨道升交点赤经，ω 为轨道近地点幅角。

2. MEO 卫星离轨处置原则

IADC 在《空间碎片减缓指南技术支持》[28]中还列出了 MEO、GTO 和 Molniya 轨道的弃置轨道建议(尚未最终确定)。IADC 对 MEO 卫星离轨参数建议见表 8.1。

表 8.1 IADC 对 MEO 卫星离轨参数建议

弃置功能选项	MEO 导航卫星
25 年内坠毁	不推荐，推进剂消耗巨大
弃置轨道	1. 最低长期近地点为 2000km，远地点低于 MEO 2. 近地点比 MEO 或者临近工作轨道高 500km，$e \leqslant 0.003$；适当选择升交点赤经和近地点幅角使其轨道稳定
直接再入	不推荐，推进剂消耗巨大

除了《IADC 空间碎片减缓指南》，还有联合国制定的《联合国空间碎片减缓指南》。此外，美欧等国家和地区针对卫星和火箭末级等空间物体的寿命末期离轨问题也制定了相关的标准文件。

美国发布了多项标准和规范文件，包括《美国政府轨道碎片减缓标准实践》《国防部 3100.12 命令》和《美国空军 91-217 命令》等。其中，《美国政府轨道碎片减缓标准实践》适用于美国民用卫星，在不考虑轨道类型的前提下，定义了三种处置方法：回收、大气层再入、弃置轨道离轨。其中弃置轨道应不穿越 LEO、GEO 和 MEO 卫星轨道，寿命小于 25 年的弃置轨道则允许进入这些区域。《国防部 3100.12 命令》适用于美国空军军用卫星，与《美国政府轨道碎片减缓标准实践》内容基本相同。

欧洲航天局(European Space Agency, ESA)制定了《ESA 项目空间碎片减缓政策》和《ESA 空间碎片减缓执行减缓指南》。Galileo 系统卫星碎片减缓按照《IADC 空间碎片减缓指南》和《联合国空间碎片减缓指南》进行操作。

基于上述分析，截至 2022 年，国际组织对 GEO 卫星提出了明确的离轨处置原则与定量的离轨参数，对于 MEO 卫星的离轨处置原则给出初步研究结果，但是尚无可执行的离轨规则。

3. IGSO 卫星离轨处置原则

对于近些年区域导航系统中涉及的 IGSO 卫星，《IADC 空间碎片减缓指南》和《空间碎片减缓指南技术支持》均未给出具体的离轨处置建议，需要各导航系统开展进一步的研究，并最终确定 IGSO 卫星的离轨处置准则。

8.1.2　IGSO 使用情况及卫星离轨研究现状

1. 世界现有区域导航系统在 IGSO 卫星部署情况

截至 2022 年，世界上多个国家和地区在积极发展区域导航系统。其中，日本的准天顶卫星系统（quasi-zenith satellite system，QZSS）星座包含 2 颗 GEO 卫星和 5 颗 IGSO 卫星，截至 2022 年初已部署完成 3 颗 IGSO 卫星。印度区域导航卫星系统（Indian regional navigation satellite system，IRNSS）星座由 7 颗卫星组成，其中 3 颗 GEO 卫星定点于东经 34°、东经 83°和东经 132°，4 颗 IGSO 卫星的倾角为 29°，且分别与赤道相交于东经 55°及 111°，截至 2022 年初已部署完成 4 颗 IGSO 卫星。我国的北斗区域导航系统已经成功部署了多颗 IGSO 卫星，正在部署的全球导航系统也将包含 3 颗 IGSO 卫星。此外，俄罗斯计划在 2023年开始部署 6 颗 IGSO 卫星。

根据北美防空司令部提供的测轨数据，截至 2022 年初，区域导航星座 IGSO 卫星的部署情况如表 8.2 所示。区域导航系统星座在轨 IGSO 卫星轨道参数如表 8.3 所示。本书后续均基于该表的轨道参数进行分析。

表 8.2　区域导航星座 IGSO 卫星部署情况

卫星/星座	所属国家或地区	轨道类型	已部署卫星数目/颗	计划部署卫星数目/颗	轨道面数/个	平均高度/km	倾角/(°)	偏心率	标称升交点地理经度/(°)	近地点幅角/(°)
BDS	中国	IGSO	12	12	3	35786	55	0	95、118	—
QZSS	日本	IGSO	3	5	3	35786	40	0.075	125	270
IRNSS	印度	IGSO	4	4	2	35786	29	0	55、111	—
GLONASS	俄罗斯	IGSO	0	6	—	35786	64.8	0.072	—	270

表 8.3　区域导航系统星座在轨 IGSO 卫星轨道参数(UTC 2020 年 1 月 1 日 00:00)

卫星编号	半长轴/km	偏心率	倾角/(°)	升交点赤经/(°)	近地点幅角/(°)	平近点角/(°)
BDS2 I1	42153.880	0.0091	54.1	184.2	233.5	152.8
BDS2 I2	42152.218	0.0072	51.7	300.1	207.7	63.8
BDS2 I3	42155.643	0.0046	59.2	63.1	204.0	307.1
BDS2 I4	42162.157	0.0068	54.4	186.6	225.1	143.3
BDS2 I5	42158.353	0.0062	51.8	299.7	209.3	44.3
BDS2 I6	42158.804	0.0037	56.9	62.1	208.9	282.8
BDS2 I7	42152.999	0.0027	55.0	183.5	207.4	170.6
BDS3 I1S	42153.621	0.0037	53.2	322.9	182.5	34.2
BDS3 I2S	42154.556	0.0048	52.8	285.9	182.0	79.3
BDS3 I1	42160.976	0.0013	55.4	62.6	188.3	323.5
BDS3 I2	42160.507	0.0012	55.0	179.5	187.5	199.4
BDS3 I3	42150.322	0.0022	58.6	305.4	177.2	67.8
IRNSS R1A	42173.393	0.0017	30.7	99.2	187.0	235.0
IRNSS 1B	42174.880	0.0021	28.8	279.8	172.0	72.0
IRNSS 1D	42145.361	0.0023	29.1	279.8	173.3	98.5
IRNSS 1E	42151.894	0.0019	29.0	98.7	181.5	282.7
IRNSS 1I	42173.894	0.0021	29.0	111.9	183.6	226.0
QZS 1	42148.736	0.0742	41.5	145.6	270.0	167.9
QZS 2	42161.568	0.0752	43.2	276.5	269.4	53.7
QZS 4	42156.088	0.0749	40.8	13.7	268.2	312.2

2. 其他 IGSO 卫星的分布情况

根据北美防空司令部提供的测轨数据，在 GSO ± 3000km 范围运行的物体约为 1300 个。GSO 附近卫星的倾角分布情况见图 8.1。此外，2000 年以后发射的

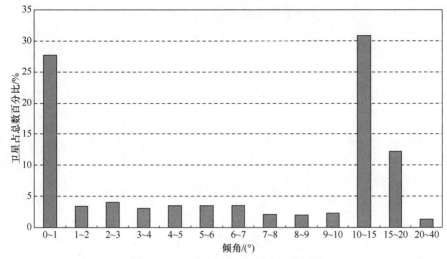

图 8.1　GSO 附近卫星的倾角分布情况

可能在轨工作的 GSO 卫星数目为 500 余个，2000 年以后发射 GSO 卫星的轨道高度差分布情况见图 8.2。

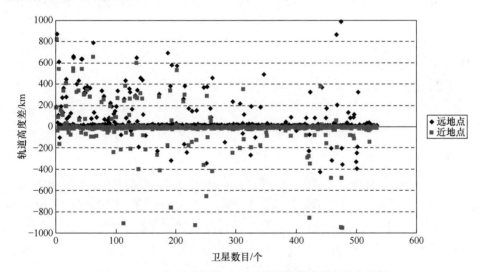

图 8.2　2000 年以后发射 GSO 卫星的轨道高度差分布情况

　　针对 GSO 附近卫星运行统计情况进行分析，可知 GSO 附近运行的 98%以上的空间物体倾角均小于 20°，而区域导航系统 IGSO 卫星倾角均大于 20°；GSO 附近运行 75%以上的空间物体近地点与同步轨道高度差均小于 300km。2000 年以后发射的 GSO 卫星中，88%以上卫星的近地点与同步轨道高度差均小于 300km。

　　因此，GSO 附近卫星分布极为密集，且随着时间推移，IGSO 卫星数量不断增加，与 GEO 卫星存在高度上的碰撞风险。

3. IGSO 卫星的碰撞风险

IGSO 卫星数量呈迅速增长的趋势，如果卫星寿命到期不进行处置，那么该卫星与临近卫星碰撞的风险会增加。按照临近卫星轨道的分布情况，主要可分为 IGSO 卫星对在轨 GEO 卫星的碰撞风险和 IGSO 卫星对后续 IGSO 卫星的碰撞风险两方面。下面以北斗 IGSO 卫星为例进行分析，其他系统 IGSO 卫星也有类似的结论。

1) 对 GEO 卫星的碰撞风险

IADC 对于 GEO 设置了被保护区域，其区域下界比 GEO 高度低 200km，上界比 GEO 高度高 200km。如果现有 IGSO 卫星到达寿命末期不实施离轨操作，卫星将长期运行于 GEO 的被保护区域或者不断穿越这一区域，不利于 GEO 在轨卫星的运行安全。

2) 对后续 IGSO 卫星的碰撞风险

如果北斗现有 IGSO 卫星寿命到期不实施离轨，随着时间推移，卫星轨道将不断变化。从轨道高度来看，对北斗后续发射到同一轨道面的 IGSO 卫星将存在碰撞风险；如果长期演化导致轨道平面发生变化，可能会与其他区域系统，如日本、印度等国的 IGSO 卫星轨道存在交点进而出现碰撞风险；反之，其他系统 IGSO 卫星不离轨也可能存在与北斗卫星碰撞的风险。

因此，为了确保 IGSO 临近轨道卫星的运行安全，北斗现有 IGSO 卫星寿命到期后应进行离轨处置。卫星离轨策略的制定需要考虑对 GEO 卫星、北斗后续 IGSO 卫星，以及其他区域导航系统 IGSO 卫星的安全隔离。

4. 国际对 IGSO 卫星离轨问题的研究现状

早在 20 世纪 60 年代，Allan 等[29]针对小倾角的 GEO 传统轨道长期演化情况进行了研究，给出理论分析解；Breiter 等[30]对小倾角的 GEO 传统轨道 1:1 轨道共振问题进行了研究；Bordovitsyna 等[31]通过临近轨道平均指数增长法针对中国 IGSO 卫星的轨道长期演化进行研究，并指出长期共振对轨道工作影响极大；Chao 等[32]在研究 GPS、GEO 等离轨轨道稳定性的过程中，给出日月引力摄动引起的偏心率长期变化的一般规律。

2015~2017 年，国内紫金山天文台、南京大学等单位针对 IGSO 卫星轨道长期演化及离轨策略开展了研究[33,34]，其中紫金山天文台的学者建议在星座设计初期将 IGSO 卫星倾角设置为 32°以内，以确保卫星无需调整其他参数即可长期在轨稳定运行。南京大学的学者针对 IGSO 卫星离轨长期轨道演化及共振情况进行了理论与数值分析。

国内外针对 IGSO 卫星的轨道长期演化开展了大量学术研究，而对于 IGSO 卫星的运行安全性，以及 IGSO 对 GEO 卫星的碰撞风险尚未开展相关的研究工作，针对 IGSO 卫星离轨处置规则尚未形成明确的研究结论和实用的工程指导意见。

8.1.3　GNSS 现状及 MEO 卫星离轨处置研究

1. 世界现有 GNSS 导航系统及临近卫星分布

截至 2022 年，主要有美国 GPS、俄罗斯 GLONASS、欧洲 Galileo 系统和中国 BDS 的多颗卫星运行在 MEO 区域。GPS 星座自 1978 年开始部署，截至 2019 年 12 月，在轨运行的 GPS 卫星数目达 72 颗。GLONASS 星座自 1982 年开始部署，截至 2019 年 12 月，在轨运行的卫星数目多达 134 颗。Galileo 系统星座自 2005 年开始试验和部署，截至 2019 年 12 月，在轨运行的卫星数目达到 28 颗，其中 2 颗早期发射的试验卫星已停止使用。BDS 星座自 2007 年开始部署 MEO 卫星，截至 2019 年 12 月，在轨运行的卫星数目达到 31 颗，其中 1 颗早期发射的试验卫星已停止使用并完成了离轨钝化。

MEO 卫星部署与离轨情况(截至 2019 年 12 月)见表 8.4。

表 8.4　MEO 卫星部署与离轨情况(截至 2019 年 12 月)

导航星座	所属国家或地区	累计部署卫星数目/颗	轨道平面/个	退役卫星数目/颗	工作轨道高度/km	离轨方式	实际离轨轨道与工作轨道高度差/km
GPS	美国	72	6	31	20180	抬高轨道	+600～+1400
GLONASS	俄罗斯	134	3	94	19100	未离轨	—
Galileo 系统	欧洲	28	3	2	23222	抬高轨道	+120、+600
BDS	中国	32	3	1	21528	抬高轨道	+900

在 MEO 附近运行的主要有俄罗斯 GLONASS、美国 GPS、欧洲 Galileo 系统，以及北斗卫星导航系统的卫星。MEO 卫星轨道高度的分布情况(截至 2019 年 12 月底)见图 8.3。

2. MEO 卫星碰撞风险

针对表 8.4 和图 8.3 给出的 MEO 附近卫星运行统计情况进行分析，可以得到以下结论。

(1) 美国 GPS 卫星采用抬高轨道高度的离轨策略，对自身轨道再利用的碰撞风险较小；30 多颗离轨卫星均穿越北斗卫星导航系统工作轨道，存在与北斗 MEO 卫星发生碰撞的风险。

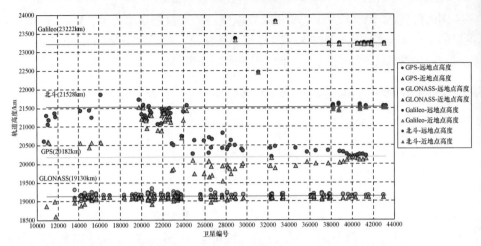

图 8.3　中高轨道附近卫星的部署情况(截至 2019 年 12 月底)

(2) 俄罗斯 GLONASS 卫星离轨仍位于原工作轨道。这会增加离轨卫星与工作轨道卫星的碰撞风险。

(3) 中国北斗卫星导航系统首颗 MEO 卫星实施抬高轨道高度的离轨策略,对自身轨道再利用的影响较小;离轨轨道未穿越相邻系统的工作轨道,对其他卫星的碰撞风险较小。

(4) 欧洲 Galileo 系统卫星实施抬高轨道高度的离轨策略,对自身轨道再利用的影响较小;离轨轨道未穿越相邻系统的工作轨道,对其他卫星的碰撞风险较小。

MEO 附近卫星分布密度较高,且随着时间推移 MEO 卫星数量不断增加,各系统的 MEO 卫星目前已经存在轨道高度上的交叉,因此,在确定 MEO 卫星离轨策略时,我们需要考虑多个约束条件,其中之一就是要降低与其他系统卫星的碰撞风险。

3. 国际 GNSS 离轨处置研究现状

关于 GPS 卫星到达寿命末期如何离轨的研究始于 20 世纪 90 年代[32]。从 1995 年开始,美国国家航空航天局(National Aeronautics and Space Administration, NASA)发起三项有关卫星失效后处置轨道的研究,利用数值法和半分析法研究处置轨道长达 100 年时间的演化情况,对 GPS 卫星处置轨道的主要研究结论如下。

(1) 通过合理设置离轨轨道的初始参数,可确保离轨轨道的长期稳定性,以及偏心率在安全范围内变化,从而确保不对相邻轨道发生干扰。

(2) 建议 GPS 卫星处置轨道至少抬高 500km,偏心率应小于 0.005,并按照相应原则分别选取离轨的近地点幅角初值。

关于 GLONASS 卫星离轨方面的调研结果较少,2012 年托木斯克大学开展了中高轨道卫星的长期共振研究, 对 GLONASS 卫星离轨参数进行了分析并给出建议[31]。

2006 年, 英国 Analyticon 公司、Surrey 卫星技术公司等单位针对 Galileo 系统卫星的弃置轨道开展了详细研究, 并给出离轨策略[35]。

中国空间技术研究院等单位针对 MEO 卫星轨道长期演化及离轨策略开展了研究, 并提出北斗 MEO 卫星的离轨处置策略[36]。

8.2 IGSO 和 MEO 弃置轨道稳定性影响分析

8.2.1 理论基础

Chao 等在研究 GPS 卫星和 GEO 卫星离轨轨道稳定性的过程中采用双重平均方程, 给出了日月引力摄动引起的偏心率长期变化的一般规律[37], 即

$$
\begin{aligned}
\frac{\mathrm{d}e}{\mathrm{d}t} = -(15/8)e\gamma s[&C_1 \sin 2(\omega - \Delta\Omega) + C_2 \sin(2\omega - \Delta\Omega) \\
&+ C_3 \sin 2\omega + C_4 \sin(2\omega + \Delta\Omega) + C_5 \sin 2(\omega + \Delta\Omega)]
\end{aligned}
\tag{8.2}
$$

式中, e 为卫星轨道偏心率; γ 为系数, $\gamma = n_3^2 R_m / n$, n_3 为太阳或者月亮的平均运动角速度, n 为轨道平均角速度, R_m 为质量比, 太阳引起摄动取 1, 月亮摄动为 1/82.3; s 为系数, $s = (1 - e^2)^{1/2}$; ω 为卫星近地点幅角; $\Delta\Omega$ 为卫星轨道升交点赤经与太阳或者月亮轨道相对地球赤道的升交点赤经之差。

其余 5 个系数与倾角有关, 具体定义如下:

$$
\begin{aligned}
C_1 &= 1/2 \sin^2 i_3 (\cos i + 1/2 \sin^2 i - 1) \\
C_2 &= 1/2 \sin i \sin 2i_3 (\cos i - 1) \\
C_3 &= \sin^2 i (3/2 \sin^2 i_3 - 1) \\
C_4 &= 1/2 \sin i \sin 2i_3 (\cos i + 1) \\
C_5 &= 1/2 \sin^2 i_3 (1/2 \sin^2 i - \cos i - 1)
\end{aligned}
\tag{8.3}
$$

式中, i 为卫星轨道倾角; i_3 为太阳或者月亮的轨道倾角。

8.2.2 IGSO 卫星弃置轨道稳定性影响要素分析

为了确保现有 IGSO 卫星与 GEO 及后续 IGSO 卫星的安全隔离, 最直接的方式是抬高或降低轨道, 以实现高度上的隔离。考虑长期摄动影响下轨道高度可能会不断发生变化, 有必要开展 IGSO 离轨轨道的稳定性分析, 以确保轨道高度的长期安全隔离。

轨道高度由半长轴和偏心率共同决定。进一步针对 IGSO 卫星的轨道长期演化分析发现, 轨道半长轴变化平稳且变化量较小 (约为公里量级), 在进行高度隔

离时可忽略半长轴的变化。为了确保卫星离轨后长期运行期间的轨道高度安全隔离要求，有必要对卫星离轨后的偏心率变化范围进行限制，因此本书重点针对IGSO卫星离轨轨道偏心率长期变化规律进行研究。

引起 IGSO 卫星轨道偏心率变化的主要摄动因素有地球引力场摄动、太阳光压摄动，以及日月引力摄动。其中，地球引力场摄动引起偏心率变化导致的轨道高度变化的量级为公里量级，可以忽略不计；太阳光压摄动对偏心率产生周年摄动，变化幅度取决于反射系数和卫星面积质量比。对于北斗 IGSO 卫星，太阳光压摄动引起轨道高度变化最大约为几十公里，将近地点置于太阳赤经的方向，可有效减小光压摄动引起的轨道高度变化。因此，本节重点针对日月引力对 IGSO 卫星偏心率的长期摄动影响开展研究。

本书针对式(8.2)进一步分析，可以得到以下结论。

(1) 不同离轨高度的偏心率摄动短周期不同。

对于在不同离轨轨道高度运行的 IGSO 卫星，轨道升交点赤经的变化率不同，这就意味着轨道升交点赤经重复周期，以及对应式中各项正弦函数各角度的变化率也不同，因此日月引力摄动引起的不同离轨高度的偏心率变化的短周期和长周期不同。

(2) 不同升交点赤经初值的 IGSO 卫星偏心率摄动长周期和短周期有所差异。

不同升交点赤经初值的 IGSO 卫星与日月相对位置不同，日月引力摄动引起的升交点赤经变化会出现一定程度的差异，因此日月引力摄动引起轨道偏心率变化的长周期和短周期均会出现一定差异。

(3) 不同倾角初值的 IGSO 卫星偏心率摄动规律不同。

针对式(8.2)和式(8.3)分析发现，IGSO 卫星偏心率摄动规律受到以下两方面的因素影响。

① 由于式(8.3)中 5 个系数均是卫星轨道倾角的函数，以第 4 项的系数为例分析，轨道倾角越大对应该系数越大，相应的卫星偏心率摄动振幅越大。

②式(8.3)中 5 项正弦函数各角度的变化率与倾角初值密切相关。

对于倾角在 0°～65°的 IGSO 卫星，J_2 项摄动引起的不同倾角 IGSO 卫星轨道参数变化率见表 8.5。

表 8.5　J_2 项摄动引起的不同倾角 IGSO 卫星轨道参数变化率

轨道倾角 /(°)	轨道倾角 /((°)/年)	轨道倾角 /((°)/年)	对应 5 项正弦函数各角度的变化率/((°)/年)					备注
			$\dot{\omega} - \dot{\Omega}$	$2\dot{\omega} - \dot{\Omega}$	$\dot{\omega}$	$2\dot{\omega} + \dot{\Omega}$	$\dot{\omega} + \dot{\Omega}$	
0	−4.89	9.82	14.71	24.53	9.82	14.75	4.93	
10	−4.82	9.46	14.28	23.74	9.46	14.1	4.64	
20	−4.60	8.39	12.99	21.38	8.39	12.18	3.79	
30	−4.24	6.76	11	17.76	6.76	9.28	2.52	印度

续表

轨道倾角/(°)	轨道倾角/((°)/年)	轨道倾角/((°)/年)	对应 5 项正弦函数各角度的变化率/((°)/年)					备注
			$\dot{\omega}-\dot{\Omega}$	$2\dot{\omega}-\dot{\Omega}$	$\dot{\omega}$	$2\dot{\omega}+\dot{\Omega}$	$\dot{\omega}+\dot{\Omega}$	
40	−3.75	4.75	8.5	13.25	4.75	5.75	1	日本
50	−3.15	2.62	5.77	8.39	2.62	2.09	−0.53	
55	−2.81	1.58	4.39	5.97	1.58	0.35	−1.23	中国
65	−2.07	−0.26	1.81	1.54	−0.26	−2.59	−2.33	俄罗斯

针对中国、日本和印度区域导航系统的 IGSO 卫星的离轨轨道稳定性进行比较，可得以下结论。

(1) 由于 J_2 项摄动影响，北斗 IGSO 卫星 $2\omega+\Omega$ 变化率最小、ω 和 $\omega+\Omega$ 等多个角度的变化率均较小。这意味着，地球非中心引力摄动引起的节点进动与近地点漂移导致日月引力摄动引起的偏心率变化率中极易出现常数项。这会引起轨道共振。当初始偏心率较大、$2\omega+\Omega=270°$ 或 $\omega+\Omega=135°$ 时，共振效应会导致偏心率出现大幅增长。

(2) 日本 IGSO 卫星 $\omega+\Omega$ 的变化率相对较小，当初始偏心率较大、$\omega+\Omega=135°$ 时，共振效应可能导致偏心率出现大幅增长。

(3) 对于印度 IGSO 卫星，分析式(8.3)的 5 项正弦函数发现，各角度的变化率均较大，不易出现共振效应，因此轨道偏心率可保持长期变化较小。

(4) 对于俄罗斯即将部署的 IGSO 卫星，ω 的变化率较小，应选择临界倾角 63.4°。

因此，为了抑制 IGSO 卫星偏心率大幅增长，需要设置较小的偏心率初值，根据离轨时具体轨道参数合理设置近地点幅角、升交点赤经或者倾角的初值。

8.2.3　MEO 卫星弃置轨道稳定性影响分析

为了确保 MEO 卫星离轨后长期运行安全，最直接的方式是抬高或降低轨道，以实现高度上的隔离。考虑长期摄动影响后轨道高度可能会不断发生变化，有必要开展 MEO 离轨轨道的稳定性分析。轨道高度由半长轴和偏心率共同决定。进一步针对 MEO 卫星轨道长期演化分析发现，轨道半长轴变化平稳且变化量约为公里量级，在进行高度隔离时可忽略半长轴的变化。因此，本书 MEO 卫星离轨轨道稳定性重点针对偏心率长期变化规律进行研究。

引起 MEO 卫星轨道偏心率变化的主要摄动因素包括地球引力场摄动、太阳光压摄动，以及日月引力摄动。其中，地球引力场摄动引起偏心率变化进而导致轨道高度变化的量级为几公里量级，可以忽略不计；太阳光压摄动对偏心率产生周年摄动，变化幅度取决于反射系数和卫星面积质量比，对于北斗 MEO 卫星，太阳光压摄动引起轨道高度变化最大约为 20km 左右，将近地点置于太阳赤经的方向，可有效减小光压摄动引起的轨道高度变化。因此，本节重点针对日月引力对 MEO 卫星偏心率的长期摄动影响开展研究。

Chao 等[37]在研究 GPS 离轨轨道稳定性的过程中采用双均值处理方法，给出的日月引力摄动引起的偏心率长期变化规律与式(8.2)类似。

对于 MEO 顺行轨道附近运行的卫星，由于受到地球非中心引力和日月引力等摄动因素的影响，轨道升交点赤经减小的速度约为近地点幅角增加速度的 2 倍，代入式(8.2)进行分析可知，在不考虑月球轨道升交点赤经变化的情况下，括号中第 4 项 $\sin(2\omega + \Delta\Omega)$ 将会导致偏心率出现极长周期（约为几百年）的变化。原因在于 $2\omega + \Omega$ 的变化率非常低，也就是说，由于地球非中心引力摄动引起的节点进动与近地点漂移导致日月引力摄动引起的偏心率变化率中出现常数项，即出现轨道共振效应。当初始偏心率较大且 $2\omega + \Omega$ 接近 270° 时，共振效应会导致偏心率出现大幅增长。为了抑制偏心率大幅增长，需要设置较小的偏心率初值且应合理设置 ω 和 Ω 的初值。

进一步分析，我们得到以下结论。

(1) 不同离轨高度的偏心率摄动短周期不同。

对于轨道高度在 20000~25000km 附近运行的 MEO 卫星，轨道升交点赤经平均每年减小 14°~8°。这意味着，每隔 26~45 年，轨道升交点赤经会出现重复，因此日月引力摄动引起的轨道偏心率变化随之会出现 26~45 年的短周期变化。例如，GPS 抬高 350km 后的偏心率摄动短周期约为 27 年，北斗 MEO 卫星抬高 900km 离轨的偏心率摄动短周期约为 34 年。

(2) 不同离轨高度的偏心率摄动长周期不同。

对于不同升交点赤经初值的 MEO 卫星，日月引力摄动引起的升交点赤经变化会出现一定程度的差异，因此日月引力摄动引起轨道偏心率变化的长周期和短周期均会出现一定差异。例如，北斗 MEO 卫星抬高 900km 离轨时，不同升交点赤经初值对应的偏心率摄动短周期差别达到 2 年左右，长周期差别最大可达 50 年以上。

(3) 不同升交点赤经初值的 MEO 卫星偏心率摄动长周期和短周期有所差异。

对于不同升交点赤经初值的 MEO 卫星，三体引力摄动引起的升交点赤经变化会出现一定程度的差异，因此三体引力摄动引起轨道偏心率变化的长周期和短周期均会出现一定差异。例如，中国 MEO 卫星抬高 900km 离轨时，不同升交点赤经初值对应的偏心率摄动短周期差约为 2 年，长周期差最大约为 50 年。

(4) 不同倾角初值的 MEO 卫星偏心率摄动规律不同。

式(8.3)中 5 个系数均是卫星轨道倾角的函数，以式(8.3)第 4 项的系数 $C_4 = 1/2 \sin i \sin 2i_3 (\cos i + 1)$ 为例分析，轨道倾角越大，对应该系数越大，相应的卫星偏心率摄动振幅越大。

对于不同轨道高度和倾角的 GNSS 卫星，J_2 项摄动引起的不同高度 MEO 卫星轨道参数变化率见表 8.6。

表 8.6　J_2 项摄动引起的不同高度 MEO 卫星轨道参数变化率

轨道高度/km	轨道倾角/(°)	$\dot{\Omega}$ /((°)/年)	$\dot{\omega}$ /((°)/年)	对应式(8.2)括号中的 5 项正弦函数各角度的变化率/((°)/年)					备注
				$\dot{\omega} - \dot{\Omega}$	$2\dot{\omega} - \dot{\Omega}$	$\dot{\omega}$	$2\dot{\omega} + \dot{\Omega}$	$\dot{\omega} + \dot{\Omega}$	
19100	64	−12.5	−0.56	11.94	11.38	−0.56	−13.62	−13.06	GLONASS
20180	55	−14.15	7.99	22.14	30.13	7.99	1.83	−6.16	GPS
21528	55	−11.9	6.72	18.62	25.34	6.72	1.54	−5.18	BDS
23222	55	−9.68	5.47	15.15	20.62	5.47	1.26	−4.21	Galileo 系统

对表 8.6 涉及的世界 4 个主要 GNSS 的 MEO 卫星进行比较分析，可得以下结论。

(1) 由于 J_2 项摄动影响，GPS、Galileo 系统和 BDS 的 MEO 卫星 $\Omega + 2\omega$ 变化率较小。这意味着，地球非中心引力摄动引起的节点进动与近地点漂移导致日月引力摄动引起的偏心率变化函数中极易出现常数项，这会引起轨道共振效应的出现，当初始偏心率较大，$\Omega + 2\omega$ 接近 270°时，共振效应会使偏心率出现大幅增长。

(2) GLONASS 的 MEO 卫星轨道倾角为 64°，对应 ω 的变化率相对较小，当初始偏心率较大，ω 接近 135°时，共振效应可能导致偏心率出现大幅增长。

因此，为了抑制 MEO 卫星偏心率大幅增长，需要设置较小的偏心率初值，且应根据离轨时具体轨道参数合理设置近地点幅角，甚至调整升交点赤经或者倾角的初值。

8.2.4　IGSO 卫星不离轨的风险分析

依据 8.2.2 节分析，日月引力摄动会引起 IGSO 卫星轨道偏心率的长期变化。假定日本和印度区域导航系统的 IGSO 卫星不进行离轨处置，以下给出对应的 IGSO 卫星偏心率长期变化规律以及偏心率长期变化带来的风险。

1. 日本 IGSO 卫星工作轨道长期演化分析

日本区域导航系统在三个轨道面部署了 3 颗 IGSO 卫星，它们的地面轨迹相同。本节基于该构型分析其工作轨道参数的长期演化情况。考虑日本 IGSO 卫星偏心率为 0.075、近地点幅角为 270°，本书给出椭圆轨道的长期演化情况。

2018 年 8 月 1 日，日本部署完成的 3 颗 IGSO 卫星对应的升交点赤经分别为 153°、284°和 21°。日本 QZS-1 卫星不同近地点幅角的轨道偏心率变化见图 8.4。日本 QZS-2 卫星不同近地点幅角的轨道偏心率变化见图 8.5。日本 QZS-4 卫星不同近地点幅角的轨道偏心率变化见图 8.6。

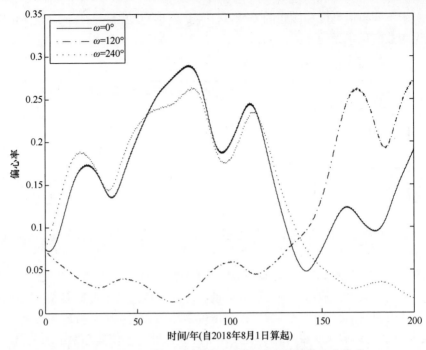

图 8.4　日本 QZS-1 卫星不同近地点幅角的轨道偏心率变化

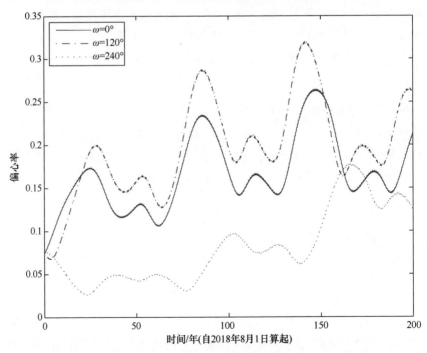

图 8.5　日本 QZS-2 卫星不同近地点幅角的轨道偏心率变化

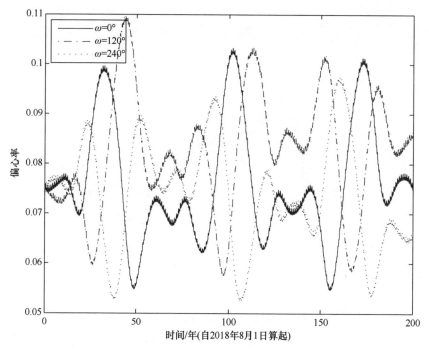

图 8.6　日本 QZS-4 卫星不同近地点幅角的轨道偏心率变化

因此，日本 IGSO 卫星三个轨道面的偏心率均发生较大程度的变化，无论如何设置近地点幅角初值，日本 IGSO 卫星轨道在 200 年内会不断穿越 GEO 被保护区域以及临近 IGSO 卫星的工作轨道，因此这对于 GEO 被保护区域和其他系统的 IGSO 卫星存在一定的碰撞风险。

2. 印度 IGSO 卫星工作轨道长期演化分析。

印度 IRNSS 已经在两个平面部署 5 颗 IGSO 卫星。印度 IGSO 卫星第一平面和第二平面不同近地点幅角的偏心率变化如图 8.7 和图 8.8 所示。

可以看出，印度现有平面 IGSO 卫星的偏心率长期摄动规律比较类似，通过设置合适的近地点幅角初值，印度 IGSO 卫星轨道在 200 年内不进入 GEO 被保护区域以及临近轨道卫星的工作轨道，因此可以确保 GEO 被保护区域和其他系统的 IGSO 卫星的运行安全。

8.2.5　MEO 卫星不离轨的风险分析

依据 8.2.3 节分析，日月引力摄动会引起 MEO 卫星轨道偏心率的长期变化。假定 GPS、GLONASS 和 Galileo 系统的 MEO 卫星不进行离轨处置，以下给出对应的 MEO 卫星的偏心率长期变化规律以及偏心率长期变化带来的风险。

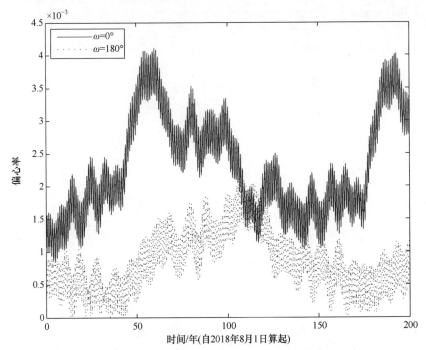

图 8.7　印度 IGSO 卫星第一平面不同近地点幅角的偏心率变化

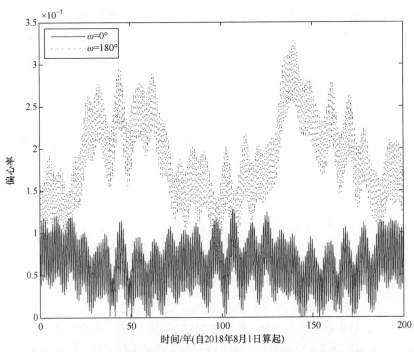

图 8.8　印度 IGSO 卫星第二平面不同近地点幅角的偏心率变化

1. 美国 GPS 卫星工作轨道长期演化分析

GPS 卫星主要分布在升交点赤经为 0°、60°、120°、180°、240°、300° 的六个平面内，在考虑地球引力场 8×8 阶模型、日月引力、太阳光压等摄动作用的情况下，利用数值法研究 GPS 卫星在长达 200 年时间内不同初始近地点幅角对应轨道偏心率的演化情况。GPS 第一平面～第六平面不同近地点幅角对应的偏心率变化如图 8.9～图 8.14 所示。

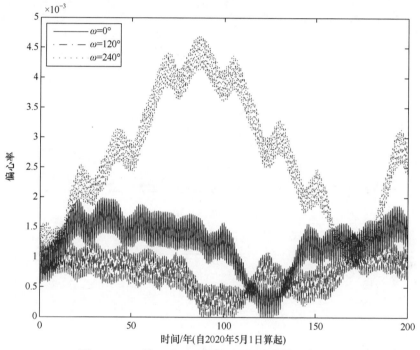

图 8.9　GPS 第一平面不同近地点幅角的偏心率变化

由图 8.9～图 8.14 可以看出，对于 GPS 星座第一、二、五、六轨道平面的卫星，通过选取不同的近地点幅角初值，可以确保 200 年内 GPS 卫星轨道不进入临近其他导航系统的 MEO 工作轨道区域；对于第三、四平面的 GPS 卫星，无论如何选取近地点幅角初值，卫星轨道在 200 年内会不断穿越临近其他导航系统的 MEO 工作轨道，存在与其他 MEO 卫星碰撞的风险。

2. 俄罗斯 GLONASS 卫星工作轨道长期演化分析

GLONASS 卫星分布于升交点赤经分别为 30°、150°、270° 的三个轨道平面内，在考虑地球引力场 8×8 阶模型、日月引力、太阳光压等摄动作用的情况下，利用数值法研究 GLONASS 卫星在长达 200 年时间内不同初始离轨参数对应轨道偏心率的演化情况，GLONASS 第一平面～第三平面不同近地点幅角的离轨偏心率变化如图 8.15～图 8.17 所示。

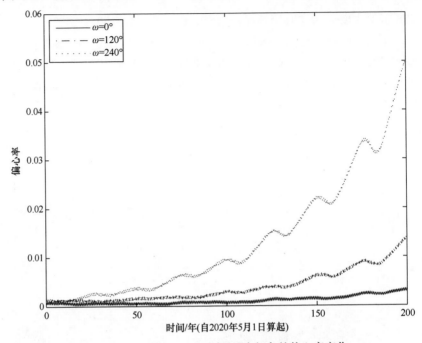

图 8.10　GPS 第二平面不同近地点幅角的偏心率变化

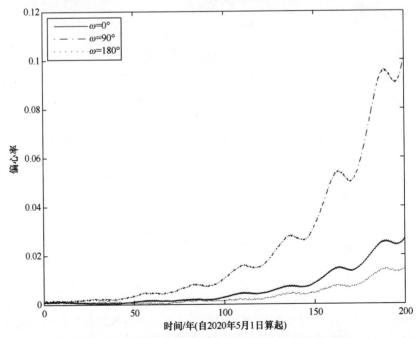

图 8.11　GPS 第三平面不同近地点幅角的偏心率变化

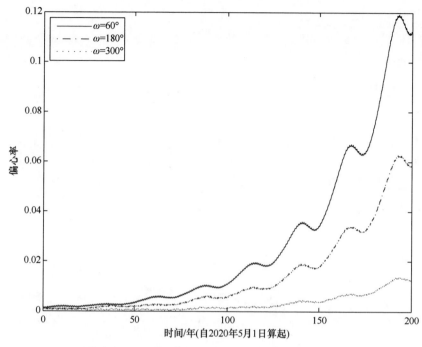

图 8.12　GPS 第四平面不同近地点幅角的偏心率变化

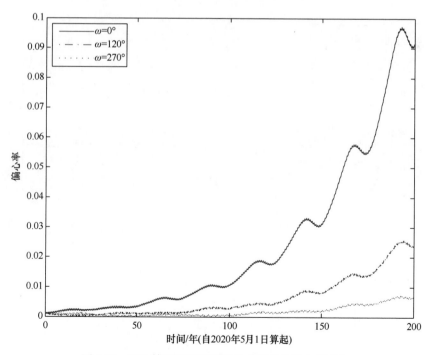

图 8.13　GPS 第五平面不同近地点幅角的偏心率变化

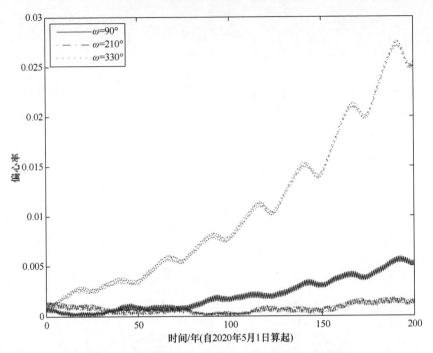

图 8.14　GPS 第六平面不同近地点幅角的偏心率变化

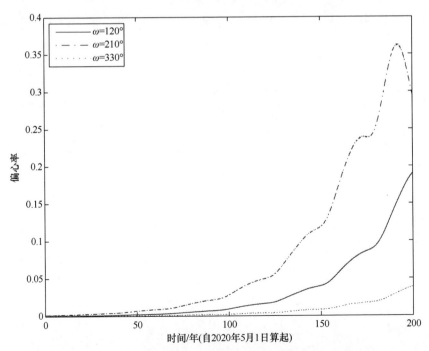

图 8.15　GLONASS 第一平面不同近地点幅角的偏心率变化

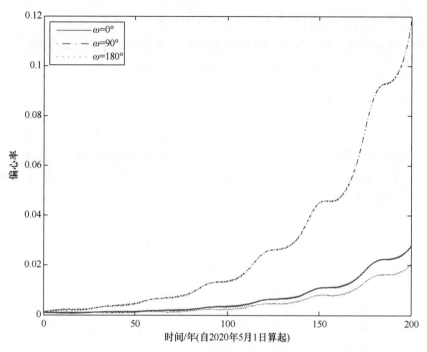

图 8.16　GLONASS 第二平面不同近地点幅角的偏心率变化

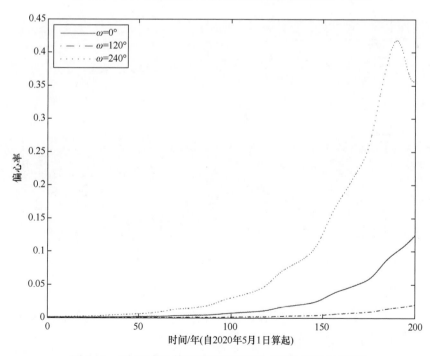

图 8.17　GLONASS 第三平面不同近地点幅角的偏心率变化

由图 8.15～图 8.17 可以看出，对于 GLONASS 三个轨道平面的卫星，无论如何选取近地点幅角初值，200 年内 GLONASS 卫星会不断穿越临近其他导航系统的 MEO 卫星的工作轨道，这对于其他 MEO 卫星的运行安全是不利的。

3. 欧洲 Galileo 系统卫星工作轨道长期演化分析

Galileo 系统卫星分布在升交点赤经分别为 40°、160°、280°的三个轨道平面。在考虑地球引力场 8×8 阶模型、日月引力、太阳光压等摄动作用的情况下，利用数值法研究 Galileo 系统卫星在长达 200 年时间内不同初始离轨参数对应轨道偏心率的演化情况，Galileo 系统第一平面～第三平面不同近地点幅角的偏心率变化如图 8.18～图 8.20 所示。

由图 8.18～图 8.20 可以看出，对于 Galileo 系统卫星三个轨道平面，通过选取合适的近地点幅角初值，尽管偏心率可达 0.025，但不会进入临近导航系统的工作轨道，对于其他导航系统运行安全的影响较小。

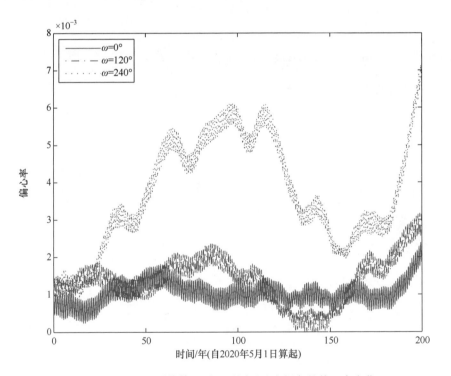

图 8.18　Galileo 系统第一平面不同近地点幅角的偏心率变化

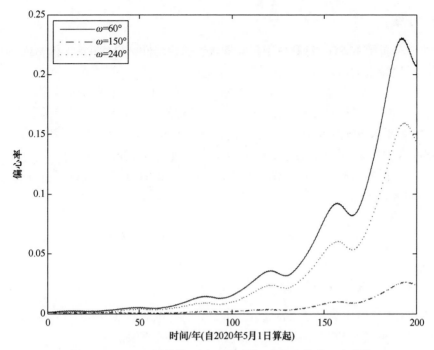

图 8.19 Galileo 系统第二平面不同近地点幅角的偏心率变化

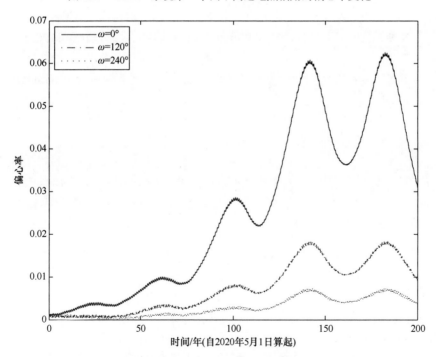

图 8.20 Galileo 系统第三平面不同近地点幅角的偏心率变化

8.2.6　小结

本节分析了 IGSO 和 MEO 卫星弃置轨道的稳定性，并对 IGSO 和 MEO 卫星不离轨处置带来的风险进行分析，主要结论如下。

(1) 日月引力摄动会引起 IGSO 和 MEO 卫星偏心率的长期摄动，偏心率、近地点幅角、升交点赤经或者倾角等轨道参数的初值则决定了弃置轨道的稳定性。

(2) 如果 IGSO 或者 MEO 卫星不进行离轨处置，势必会不断穿越临近系统的 IGSO 或者 MEO 卫星工作轨道，存在与工作轨道卫星碰撞的风险。

为了确保各个导航系统工作轨道的运行安全，IGSO 或者 MEO 卫星进行离轨处置是非常必要的。

8.3　IGSO 卫星离轨原则与策略研究

8.3.1　IGSO 卫星离轨处置原则

参考国际对 GEO 卫星离轨处置规定，同时考虑对 GEO 和 IGSO 两类轨道的安全隔离，建议 IGSO 导航卫星的离轨处置依据以下原则。

(1) 考虑 IADC 规定的 GEO 被保护区域，IGSO 卫星离轨后长期运行期间应避免进入该区域，即与 GEO 卫星的轨道高度差应始终保持大于 300km。

(2) IGSO 卫星寿命到期时需要离开现有轨道，并对后续该轨道的再利用没有影响。

(3) IGSO 卫星寿命到期时需要离开现有轨道，对其他导航系统 IGSO 卫星发射不存在影响。

此外，北斗 IGSO 卫星离轨处置还需要考虑以下约束条件。

(1) 离轨策略设计应考虑燃料消耗的约束，遵循满足安全约束下的燃料消耗最优。

(2) 安全时限选择合理，参考国外研究，建议安全时限选择为 100 年。

(3) 若离轨操作时有足够多的剩余燃料，可适当改变轨道倾角或者升交点赤经，以实现更安全的隔离。

8.3.2　北斗 IGSO 卫星离轨参数研究

1. 初步参数分析

依据 8.3.1 节提出的 IGSO 卫星离轨处置原则与 8.2.2 节的离轨稳定性分析，我们可以初步确定如下北斗 IGSO 卫星离轨参数的要求。

(1) 参考 IADC 对于 GEO 卫星离轨近地点升高的要求，并考虑避开 GEO 被保护区域，IGSO 卫星离轨初始轨道高度应抬高 300km 以上。

(2) 为了实现与 GEO、IGSO 卫星的安全隔离，如果轨道高度抬高 300km，这就要求 IGSO 卫星离轨长期运行期间的最大偏心率应小于 0.007。如果轨道高度调整更大，允许的最大偏心率也会相应增加。

(3) 按照 8.3.1 节，离轨安全时限选择为 100 年，为了分析的完整性，本书对离轨后 200 年时间的轨道演化情况进行分析。

按照上述分析，北斗 IGSO 卫星离轨轨道参数初值及摄动参数设置如下。

(1) 历元时刻：UTC 2018 年 8 月 1 日 00:00:00。

(2) 离轨半长轴：42464km。

(3) 偏心率：0.0001~0.001。

(4) 倾角：55°。

(5) 升交点赤经：三个轨道平面分别为 69°、189°、309°。

(6) 面积质量比：0.02m²/kg。

(7) 光压系数：1.5。

在考虑地球引力场 8×8 阶模型、日月引力、太阳光压等摄动作用的情况下，我们利用数值法研究了北斗 IGSO 卫星在长达 200 年时间内不同初始离轨参数对应轨道偏心率的演化规律。

2. 不同近地点幅角初值的轨道演化

考虑卫星推进剂余量较少时较容易实现近地点幅角的调整，首先对不同近地点幅角初值的轨道偏心率演化情况进行分析。至 2018 年 8 月 1 日，北斗 IGSO 卫星三个轨道平面的升交点赤经分别为 69°、189°、309°。按照上述离轨参数分析结论，偏心率按照工作轨道的 0.001 量级，当北斗 IGSO 卫星初始近地点幅角在 0°~360°变化时，第一平面不同近地点幅角的离轨偏心率变化如图 8.21 所示，第二平面不同近地点幅角的离轨偏心率变化如图 8.22 所示，第三平面不同近地点幅角的离轨偏心率变化如图 8.23 所示。

可以看出，对于北斗 IGSO 卫星，三个轨道平面选取不同的近地点幅角初值的轨道偏心率变化规律如下。

(1) 第一平面近地点幅角设置为 0°附近时，离轨后 100 年内偏心率变化较小，100 年内偏心率最大值约为 0.01。

(2) 第二平面的偏心率在 60 年左右开始大幅共振，其中近地点幅角初值在 120°或者 330°离轨后偏心率变化最大，离轨后 130 年左右，近地点可进入大气层直至陨落。

(3) 第三平面近地点幅角设置为 240°附近时，离轨后 100 年内偏心率变化较小，100 年内偏心率最大值约为 0.01。

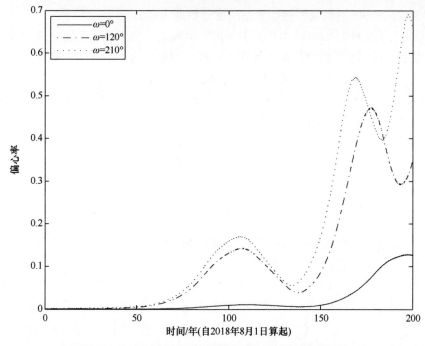

图 8.21　第一平面不同近地点幅角的离轨偏心率变化

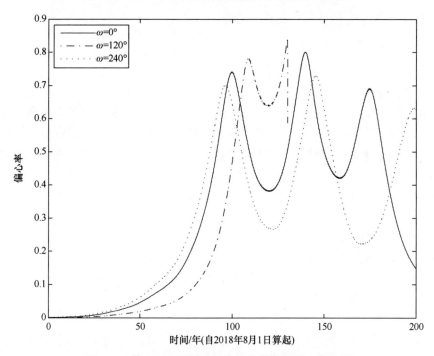

图 8.22　第二平面不同近地点幅角的离轨偏心率变化

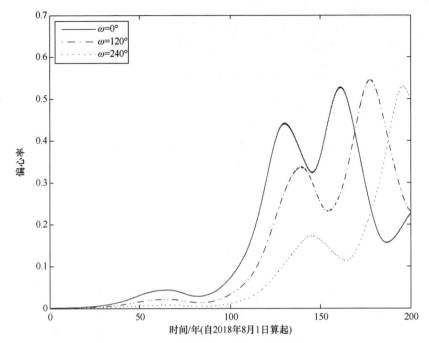

图 8.23 第三平面不同近地点幅角的离轨偏心率变化

因此，通过设置不同近地点幅角初值，北斗 IGSO 卫星第二平面卫星可尽早进入大气层陨落，第一平面和第三平面 100 年内离轨高度满足要求。

3. 北斗 IGSO 卫星离轨参数建议

根据上述分析，对北斗 IGSO 卫星的离轨参数建议如下。

(1) 对于北斗 IGSO 卫星，建议离轨时对轨道高度、偏心率、近地点幅角进行适当调整，使卫星离轨后尽可能长的时间内轨道高度变化最小或者尽快进入大气层陨落。北斗 IGSO 卫星三个平面具体离轨参数要求如下。

① 对于第一平面，离轨半长轴为 42464km、偏心率为 0.001、近地点幅角设置为 0°左右，可使离轨后 100 年内不进入 GEO 高度。

② 对于第二平面，离轨半长轴为 42464km、偏心率为 0.001、近地点幅角初值在 120°或者 330°，在离轨 130 年左右进入大气层直至陨落。

③ 对于第三平面，离轨半长轴为 42464km、偏心率为 0.001、近地点幅角设置为 240°左右，可使离轨后 100 年内不进入 GEO 高度。

(2) 对于北斗 IGSO 卫星，根据卫星离轨时推进剂剩余量的情况，北斗 IGSO 卫星离轨参数分析流程如图 8.24 所示，分别针对近地点幅角、偏心率、离轨高度的初值进行调整的可行性进行分析，使卫星离轨后长期运行过程中轨道高度变化尽可能小，或者尽早让卫星进入大气层陨落。

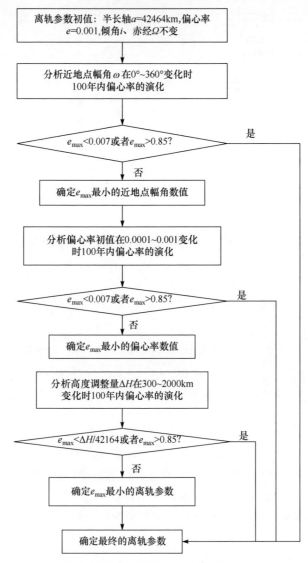

图 8.24 北斗 IGSO 卫星离轨参数分析流程

8.3.3 北斗 IGSO 卫星离轨参数符合性评价

按照 8.3.2 节分析给出的轨道参数进行离轨处置，北斗 IGSO 卫星离轨原则符合性评价如下。

(1) 对于第一和第三轨道平面的北斗 IGSO 卫星，采用设置近地点幅角和偏心率初值的方式，可以满足 8.3.1 节的处置原则。

(2) 对于第二轨道平面的北斗 IGSO 卫星，通过适当设置近地点幅角，可使卫星尽早进入大气层陨落，可以满足 8.3.1 节的处置原则，即离轨后不进入 GEO 被保护区域，也不对北斗和临近导航系统的 IGSO 卫星工作轨道产生干扰。

8.4 MEO 卫星离轨原则与策略

8.4.1 MEO 卫星离轨处置原则

参考国外 MEO 卫星离轨处置经验与国际规定，建议北斗 MEO 卫星的离轨处置依据以下原则。

(1) 北斗 MEO 卫星寿命到期时需要离开现有轨道，并对后续该轨道的再利用没有影响。

(2) 北斗 MEO 卫星寿命到期时需要离开现有轨道，对其他导航系统 MEO 卫星发射不存在影响。

此外，北斗 MEO 卫星离轨处置还需要考虑以下约束条件。

(1) 参考国外其他机构的研究经验，以卫星离轨后 200 年轨道变化情况作为确定卫星离轨参数初值的依据，即安全时限应为 100 年。

(2) 从确保卫星离轨后与相邻轨道星座及空间物体保持安全隔离的角度考虑，北斗 MEO 卫星离轨后 100 年内轨道高度变化应尽可能小。参考 GPS 与 Galileo 系统卫星离轨的实际处置情况，建议卫星离轨后 100 年内轨道高度变化应小于 300km。

(3) 离轨策略设计应考虑燃料消耗的约束，遵循满足安全约束下的燃料消耗最优。

(4) 若离轨操作时有足够多的剩余燃料，可适当调整平面以实现更安全的隔离。

8.4.2 北斗 MEO 卫星离轨参数研究

1.弃置轨道高度分析

由北斗 MEO 卫星与相邻在轨卫星的高度分布(图 8.25)，可以得到以下结论。

(1) 对于 GLONASS 卫星，考虑与临近的 GPS 卫星的安全隔离，建议 GLONASS 卫星降低轨道高度 300km 以上进行离轨。

(2) 对于 GPS 卫星，考虑相邻的 GLONASS 和 BDS 卫星的安全隔离，以及现有 GPS 卫星的离轨处置情况，建议 GPS 卫星降低轨道高度 300km 或者抬高轨道高度 300km 以上进行离轨。

(3) 对于北斗 MEO 卫星，离轨时需要考虑与临近的 GPS 卫星、Galileo 系统卫星，以及运载上面级的安全隔离，建议北斗 MEO 卫星离轨时抬高轨道高度 300~600km，或者 700~1100km，可最大限度地确保运行安全。

(4) 对于 Galileo 系统卫星，考虑与北斗 MEO 卫星的隔离，建议采用抬高轨道高度 300km 以上进行离轨。

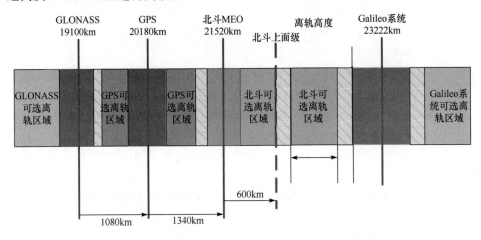

图 8.25　北斗 MEO 卫星与相邻在轨卫星的高度分布

2. 离轨参数初步要求

依据 8.4.1 节提出的 MEO 卫星离轨处置原则和 8.2.3 节的离轨稳定性分析，我们可以确定北斗 MEO 卫星离轨参数的要求如下。

(1) 为了实现与在轨北斗卫星，以及其他 GNSS 卫星的安全隔离，北斗 MEO 卫星轨道高度抬高 300～600km，或者 700～1100km。

(2) 为了确保长期安全隔离，要求 MEO 卫星离轨长期运行期间轨道高度变化小于 300km，对应的最大偏心率应小于 0.01。如果轨道高度调整量更大，允许的最大偏心率也会相应增加。

(3) 按照 8.4.1 节，离轨安全时限选择为 100 年，为了分析的完整性，本书对离轨后 200 年时间的轨道演化情况进行分析。

根据上述分析，MEO 卫星离轨轨道参数初值及摄动参数设置如下。

(1) 历元时刻：UTC 2020 年 5 月 1 日 00:00:00。

(2) 离轨半长轴：28206km。

(3) 偏心率：0.0001～0.001。

(4) 倾角：55°。

(5) 升交点赤经：三个轨道平面分别为 18°、138°、258°。

(6) 面积质量比：$0.02m^2/kg$。

(7) 光压系数：1.5。

在考虑地球引力场 8×8 阶模型、日月引力、太阳光压等摄动作用的情况下，我们利用数值法研究了北斗 MEO 卫星在长达 200 年时间内不同初始离轨参数对应轨道偏心率的演化情况。

3. 不同近地点幅角初值的长期演化分析

至 2020 年 5 月,北斗 MEO 卫星三个轨道平面的升交点赤经分别为 18°、138°、258°,其中偏心率为 0.001 量级,北斗 MEO 第一平面~第三平面不同近地点幅角的离轨偏心率变化如图 8.26~图 8.28 所示。

可以看出,对于北斗卫星导航系统 MEO 卫星,三个轨道平面选取不同的近地点幅角初值的变化规律如下。

(1) 其中第一平面近地点幅角初值避开 240°~270°范围,可以确保卫星离轨后 100 年时间内轨道偏心率变化最小,100 年内最大偏心率小于 0.005。

(2) 第二平面近地点幅角初值选为 330°左右,可以确保卫星离轨后 100 年时间内轨道偏心率变化最小,100 年内最大偏心率小于 0.001。

(3) 第三平面近地点幅角初值选为 90°左右,可以确保卫星离轨后 100 年时间内轨道偏心率变化最小,100 年内最大偏心率约为 0.003。

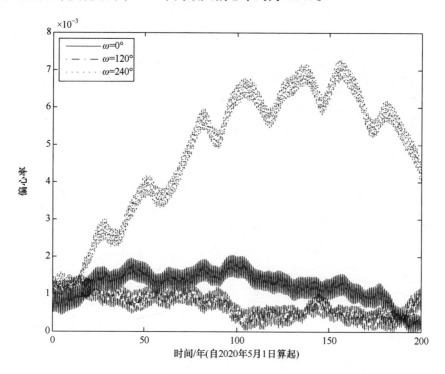

图 8.26　北斗 MEO 第一平面不同近地点幅角的离轨偏心率变化

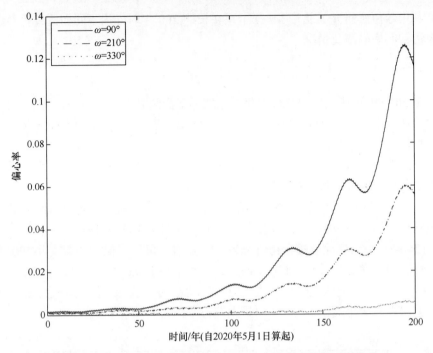

图 8.27　北斗 MEO 第二平面不同近地点幅角的离轨偏心率变化

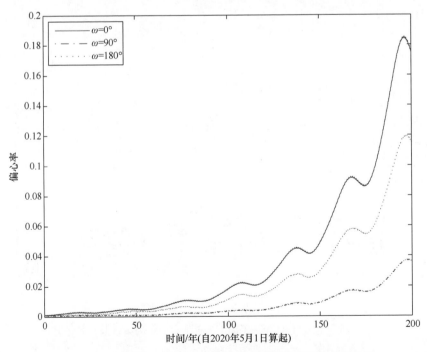

图 8.28　北斗 MEO 第三平面不同近地点幅角的离轨偏心率变化

4. 北斗 MEO 卫星离轨参数建议

根据上述分析，对于北斗 MEO 卫星，建议离轨时对轨道高度、偏心率、近地点幅角进行适当调整，使卫星离轨后尽可能长的时间内轨道高度变化最小。北斗 MEO 卫星三个平面具体离轨参数要求如下。

(1) 对于第一平面，离轨半长轴为 28206km，偏心率为 0.001，近地点幅角避开 240°～270°范围，可使离轨后 100 年内不进入北斗和临近导航系统的 MEO 卫星工作轨道高度。

(2) 对于第二平面，离轨半长轴为 28206km，偏心率为 0.001，近地点幅角初值在 330°左右，可使离轨后 100 年内不进入北斗和临近导航系统的 MEO 卫星工作轨道高度。

(3) 对于第三平面，离轨半长轴为 28206km，偏心率为 0.001，近地点幅角设置为 90°左右，可使离轨后 100 年内不进入北斗和临近导航系统的 MEO 卫星工作轨道高度。

8.4.3　北斗 MEO 卫星离轨参数符合性评价

对于北斗系统三个轨道平面的 MEO 卫星，按照 8.4.2 节分析给出的轨道参数进行离轨处置，可以满足 8.4.1 节的处置原则，即离轨后不进入北斗和邻近导航系统的 MEO 卫星工作轨道，不影响这些轨道卫星的运行安全。

8.5　结　　论

本章总结了北斗 IGSO 和 MEO 卫星离轨原则与策略研究中取得的成果，主要成果归纳如下。

(1) 首先对卫星寿命末期的离轨处置国际规则，以及导航系统临近卫星的分布情况进行介绍，并综述有关国际组织针对 IGSO 和 MEO 卫星离轨处置规则的研究现状。当前 MEO 附近卫星分布极为密集且已经出现离轨卫星与在轨卫星的工作轨道高度交叉的情况，因此开展 IGSO 和 MEO 卫星离轨原则与策略的研究是非常必要的。

(2) 开展 IGSO 和 MEO 卫星弃置轨道的选择及其稳定性要素的研究，无论是 IGSO 还是 MEO 卫星，为了抑制偏心率大幅增长，需要设置较小的偏心率初值，且应根据离轨时具体轨道参数合理设置近地点幅角、升交点赤经或者倾角的初值。

(3) 针对北斗 IGSO 和 MEO 卫星的离轨提出处置建议，并在该原则的约束下对卫星的离轨轨道长期演化与离轨处置策略进行初步研究，提出了北斗 IGSO 和 MEO 卫星离轨轨道参数的建议。

本书基于离轨轨道长期稳定运行的原则开展了离轨策略研究，后续应进一步开展离轨卫星碰撞风险研究，以完善 GNSS 和 RNSS 卫星的离轨处置方案。

第 9 章　未来发展与展望

9.1　卫星导航系统的发展

当前，全球卫星导航系统蓬勃发展，除了正在提供全球服务的 GPS、GLONASS、Galileo 系统和 BDS，还存在多个区域系统和导航增强系统，以及正在建设和计划建设的导航系统。纵观世界各主要卫星导航系统的发展，呈现出服务性能不断提升、应用领域不断拓展、兼容互操作不断发展的趋势。

就目前人们的共识，以下几个方面有可能是卫星导航系统下一步的研究方向。

1. 导航系统性能升级

人们对于时间测量和空间测量的精度追求是无止境的，各行各业及大众生活对卫星导航系统呈现出越来越依赖的态势，这对卫星导航系统可靠性和完好性提出极高的要求。根据美国、俄罗斯、欧洲、日本和印度等国发布的卫星导航发展规划和公开资料，在构建独立的全球卫星导航系统的基础上，各国的卫星导航系统均在全面提升系统导航定位精度和服务完好性，增强系统抗干扰实力，积极吸收、采纳和开拓新技术，提高系统性能。

美国着重增强现有 GPS 性能，全面提升 GPS 军民用能力，保持其近 30 年以来在卫星导航领域的领先地位。GPS 现代化提出的军民频谱分离、更新军码、增加发射功率、区域功率增强等措施将进一步提高抗干扰和反利用能力。正在进行现代化的 GPS-III 除发展精度更高、质量更强的军民用信号外，增加 L1C 信号，保持其在民用市场的优势；增加 Ka/V 频段星间链路，以快速响应指令并缩短电文更新周期。在下一代导航卫星设计规划中，更先进的性能设计实现方式和灵活性可靠性都是关注重点。

俄罗斯的目标主要放在增强 GLONASS 能力，增进国际市场竞争力。为了在未来与美国 GPS，以及其他国家的卫星导航系统的竞争中立于不败之地，俄罗斯开展了一系列现代化改进计划。这包括研制和部署新的 GLONASS-K、地面段现代化、发展星基增强系统等。GLONASS 目前已完成系统的稳健性升级，正在朝着定位精度的稳定性和性能提升稳稳迈进。

欧洲将全力进行 Galileo 系统建设，力争及早投入运营，强势进入国际市场。截至 2019 年 12 月，Galileo 系统已经完成 28 颗卫星发射任务。该系统的全部卫星组网实现覆盖全球的导航服务在 2020 年底完成。系统的设计起点高，一开始就将定位精度瞄准 GPS-III，且系统可以提供完好性服务。

BDS 按照三步走的战略目标，稳步推进全球卫星导航系统的建设。2017 年，由中国空间技术研究院负责研制的首批全球组网星发射升空，揭开了全球卫星导航系统建设的序幕。从北斗卫星导航系统公布的技术指标我们可以看到，在承诺的服务区，北斗一号双星导航系统的定位精度为 20m，北斗二号区域导航系统的定位精度为 10m，北斗三号全球导航系统的定位精度为 6m。除了定位精度，其他功能性能指标也在不断完善中。北斗全球卫星导航系统在设计之初，瞄准国际先进水平，充分借鉴其他系统设计经验，同时坚持自主创新，不断提升系统整体效能，突破关键技术屏障，使系统具备高精度、高可靠性、强抗干扰的综合能力。可见追求更高性能的导航是各系统的目标。

2. 导航战是未来发展重点

在卫星导航系统广泛应用的同时，人们看到了它具有易受敌方攻击的脆弱性，也发现了它可能被敌方利用。空间系统易攻难防，必须面向不同对手，制定差异化的导航战策略。对于强敌，单纯依赖防护难以确保安全，需发展非对称威慑手段。对于同等或弱小对手，需重点增强防护，同时发展攻击、干扰手段。导航系统攻防技术逐渐成为研究的热点。

导航战由美国首先提出。GPS 设计之初，美国对卫星轨道高度、卫星数量、星座备份与替换、卫星抗核及激光加固、地面站数量规模、冗余备份、数据与指挥通信链加密等全面分析；GPS 建成后，又通过历次系统升级，对空间段星座结构、卫星抗打击、星座自主运行、伪卫星部署、地面站数量与规模、数据链容量与保密等补充加强，从而在系统构架上不断提升导航战能力。

GSP 自始至终都将信号体系研究放在导航战核心位置，从信号层面将民用与军用分离，并不断对军用信号模式、信号抗干扰能力等进行升级。

世界局势的复杂和变化莫测让所卫星导航服务的供应商无一例外地将导航战的设计作为必选项。如何应对导航系统可能面临的进攻与设计防护，给系统建设者留下了无穷的想象空间。

3. 多种增强系统并行发展

在卫星导航系统不断演化进步的同时，各国并行发展了天基、地基增强系统，极大地提升了导航精度、完好性、连续性、可用性水平，进而推动了导航应用产业迅猛发展。

目前所有建设卫星导航系统的国家，都在同时建设它们的星基增强系统，拓展地基增强系统。星基增强系统可以辅助卫星导航系统大幅提高定位精度、完好性、可用性和连续性，具有覆盖范围广、运行成本低等优点，各国均在发展自己的星基增强系统。近年来，基于低轨移动通信系统的导航增强系统也成为研究的热点。

作为提升卫星导航系统服务质量、效率和可靠性的手段，地基增强得到 GNSS 全球各界的公认，已经成为 GNSS 领域的重要发展方向。地基增强系统与"互联网+"相结合，最终形成跨行业、跨地区、跨国家的"云"服务网络，未来必将给测绘工程、工程建设、土地管理、城市规划、国情普查等众多领域带来巨大变化，为国家建设提供强有力的支持。当然，目前各增强系统的孤立发展也逐渐让人们看到它的费效比有待提高，使用存在局限性，未来各种增强手段的一体化实现或许是一个有前景的研究方向。

4. 特色服务不断拓展

各全球卫星导航系统不断提高定位、导航与授时服务性能。同时，人们还看到了空间段星座的全空域、全时段和多重覆盖的特点，积极发展系统自身的特色服务，逐步实现多任务与多系统的融合。

多任务融合体现在融合搜救、数据处理与传输、电磁监测与核爆探测、科学试验等。

未来导航系统多系统、多任务深度融合特征会更加明显。导航与通信深度融合，加速推进由卫星导航、蜂窝移动通信网络、无线网络等构成的新时空服务体系的形成，开创以卫星导航为主体，多手段融合、天地一体化的新阶段；与侦察、通信、监测等其他天基系统融合构筑天基信息系统；成为空间信息的骨干网，天基信息传输、星地信息传输的干道与中转站，面对直接用户的云之上的数据"海"。

5. 多 GNSS 的兼容互操作

兼容互操作对于多导航卫星系统资源利用与共享具有重大意义。

目前，全球卫星导航系统包括 GPS、GLONASS、Galileo 系统和 BDS。Galileo 系统和 GPS 在 2004 年签署协议，实现兼容互操作。Galileo 系统通过调整信号调制方式，降低对 GPS 军用信号的干扰。Galileo 系统和 GPS 协作提出二进制偏置载波(binary offect carrier, BOC)、复用二进制偏置载波调制(multiplexed binary offect carrier, MBOC)等调制方式，Weil 码、随机扩频码、卷积编码、低密度奇偶校验码(low density parity check code, LDPC)等纠错编码提高双方信号的互操作和强健性。俄罗斯 GLONASS 建设考虑与 Galileo 系统和 GPS 兼容互操作，决定后续 GLONASS-K 卫星采用扩频信号体制，在 GPS 的 L1 和 L5 频段协作运行。

多 GNSS 的兼容互操作是未来 GNSS 发展的主要方向之一。面对未来全球导航系统占用相同频段、设计约束条件多、协调细致复杂的局面，在未来全球导航系统的设计和建设中，应进一步重视与其他系统在信号、坐标系和时间系统等多方面的兼容互操作。发展各系统兼容互操作，为更多的导航系统发展留有空间，为用户提供更优质的服务是卫星导航服务供应商的使命。

6. 自主能力需求

不可否认，导航的重要用途还体现在国防上，为了满足高价值武器远程精确打击的需要，卫星导航系统必须具备抗干扰、抗摧毁等手段。大家都注意到一个薄弱环节，卫星导航系统强烈依赖地面注入，一旦失去地面注入的导航电文，可能出现服务性能下降甚至服务中断，而地面站又是战争中最易摧毁的目标，因此如何提高空间段较长时间自主生存能力，如何提高战时导航系统的自主导航能力，都是需要关注的问题。为了提高导航卫星的自主生存能力，我们需要解决自主轨道的精确确定、高精度自主时间的同步和导航电文的自主生成等关键技术。发展卫星导航系统的自主能力，对加快全球导航系统工程建设、在国际卫星导航市场中占据主导地位、满足日益增长的军事需求和民用需求都具有重要的意义。

7. 综合定位导航授时中心

卫星导航系统本质上是一个无线电系统，这使其在许多使用场景受限，如水下、地下、室内等情形，因此人们开始思考多种导航方式的融合以解决全部使用场景的问题。

卫星导航、惯性导航、无线电导航、重力导航、磁力导航、地形匹配导航、天文导航、脉冲星导航等多手段的组合运用将成为未来导航系统发展的重要趋势。形成多维多手段的综合定位导航授时(positioning navigation and timeing，PNT)系统显然是一个可期的趋势。如何构成，卫星导航系统在其中的担当仍然是个热门话题。我们看到，卫星导航具有服务范畴广、服务性能优等特点，这些特点使人们对卫星导航赋予了更高的期望，作为综合定位导航授时核心的一个表现在导航系统融合其他定位导航授时系统，并在其中占据核心地位。综合定位导航授时系统以卫星导航系统为基础，以自主导航、多源/多种导航手段，如声呐、惯性导航、Wi-Fi 片上系统等融合为途径，满足未来军事和民用定位导航授时能力需求。

综上，我们可以看到，导航系统的发展无一不和空间段功能性能相关，大多功能性能的提升与实现也直接与空间星座构型设计相关。从某种意义上说，星座构型设计将为导航系统的发展和功能性能的提升提供最强大的原动力。

9.2 卫星导航星座相关的技术发展

纵观国外卫星导航系统的发展历程与未来的发展需求，为了全面满足用户需求，提高全球导航定位系统的竞争力，基于多系统、多方式的组合定位逐渐成为导航定位的重要研究方向。目前，随着低轨商业卫星星座的蓬勃发展，利用低轨卫星星座实现全球导航定位精度的提升成为可能。本书介绍作者近二十年来针对北斗一号双星定位系统、北斗二号区域导航系统和北斗三号全球导航系统在星座设计与工程实现方面取得的研究成果。我国已经开始下一代卫星导航系统的论证工作，在导航星座设计与实现领域还有许多问题有待深入研究，主要体现在以下几个方面。

1. 面向广域空间服务的卫星导航技术

现代社会，高轨卫星在通信、导航、气象、预警等方面正日益发挥着越来越重要的作用。以往的太空发射任务主要依赖地面测控站和远洋测量船的支持才能完成在轨导航，这不仅给有限的地面测控资源带来任务调度方面的繁重压力，而且在远距离的深空探测任务中，地面测控能力受限。国内外各航空宇航局和空间研究机构已经逐渐意识到，利用卫星导航系统为中高轨航天器提供服务可以大大缓解地面测量站和远洋测量船的工作负担，同时使卫星导航的潜在服务能力得到进一步的发掘和利用。

此外，随着当前以及未来飞行任务向外层空间的不断拓展，中高轨道航天器和深空探测器的导航需求日益突出。这些因素都使卫星导航在空间航天任务中的应用研究极具价值。

当前世界掀起了新的深空探测热，为了满足卫星导航系统对包含深空的广域空间服务，全球卫星导航系统国际委员会(International Committee on Global Navigation Satellite System，ICG)在空间服务域(space service volume，SSV)专题的基础上，成立了空间服务子工作组，提出主副星座等思路。

2000 年 2 月发布的 GPS 运行要求文件①中，首次给出 GNSS SSV 的定义。在 ICG 历次会议中，各 GNSS 供应商不断完善 GNSS 空间服务标准，以增强导航卫星系统中高轨空间服务能力。可以预见，随着 SSV 性能指标体系的完备和中高轨 GNSS 接收机的发展，全球卫星导航系统将在不远的将来为中高轨及近地空间飞行器提供广泛的导航和授时服务。

尽管如此，由于受到导航卫星旁瓣天线的增益、接收机的敏感度，以及导航星座几何构型等多方面的约束，全球卫星导航系统对深空探测任务的支持能力尚有很大的不足。以月球探测任务为例，现有的 GNSS 星座均位于月球对地方向 9° 张角的范围内，采用几何构型分布如此"密集"的导航星座进行定位服务，会直

① Air Force Space Command/Air Combat Command Operational Requirements Document(ORD) AFSPC/ACC 003-92-I/II/III Global Positioning System(GPS)

接导致月球探测器的定位精度极低。这对现有导航星座能力提出了更高的要求。

为了满足卫星导航系统的广域空间服务，NASA 提出空间通信和导航体系结构，是由地基单元、月球中继单元、火星中继单元等构成的通信导航网络，可为工作在太阳系的航天器提供通信和导航服务，同时，X 射线脉冲星导航、拉格朗日点卫星导航系统等技术已经成为研究的热点。随着人类探索宇宙步伐的迈进，卫星导航系统技术和范畴必将逐步延伸。

2. 高度自主的导航星座长期运行与控制技术

卫星导航系统以较高频次接受地面系统上注的导航电文，再经过卫星处理广播下发，作为用户的最终导航数据。导航电文包含卫星的精确轨道、空间环境及卫星钟的修正数据等。这些数据由分布范围广的地面站获取，经过复杂的数据处理过程生成。一旦失去地面的支持，卫星导航将很快失去导航服务能力。

自主导航的定义是在约定的时间段内(60～180 天，甚至更长的时间)，卫星不依赖地面，自主生成并播发合格的导航电文。采用自主导航技术能够有效地减少地面站的数量，减少地面站至卫星的信息注入次数，减少系统维持费用，实时监测导航信息完好性，增强系统的生存能力。

高度自主的导航星座长期运行技术要重点关注脱离地面运行控制系统后，空间惯性坐标与地球固连坐标之间高精度转换技术和导航星座对空间电离层参数自主修正技术，以及导航星座自主维持的时间基准与地面协调世界时时间偏差控制技术。星座卫星自主定轨是星座自主运行的前提，基于星间链路提供的星间测距信息，以及地面锚固站引入的星地测量信息，最终可以保证星座长期自主定轨精度。

卫星轨道摄动和控制误差会引起星座几何构型的不断变化，导致服务性能的衰减，因此需要定期进行星座构型保持。为了实现星座自主构型保持，需要在星座自主导航解算的基础上，根据星座自主运行及服务性能指标的需求，对需要进行轨道保持控制的卫星自主实施构型保持控制。

3. 面向 GNSS 的低轨星座通信、导航融合技术

低轨卫星 GNSS 增强星座利用 LEO 卫星转发器，转发 GNSS 卫星信号及播发位置和速度等测量改正信息。低轨星座系统可以提高导航系统的可用性，增加用户卫星观测数量，尤其是在树林、高山及城市等地形复杂区域，能够有效补充GNSS 卫星覆盖范围，改善定位几何构型。低轨卫星相对地面运动速度较快，可辅助用户快速锁定导航信号高精度快速定位，使初始化时间缩短到 1min 内；通过星上转发设备，提供大范围高精度差分服务，可达到分米级定位精度。另外，低轨卫星具有信号发射功率高、不易干扰的优势。

独立的低轨卫星增强系统的造价及维持费用很高，若能高低轨融合设计、形成混合星座，将会提升导航系统的服务效能。近年来，低轨移动通信技术蓬勃发展，可以预见未来几年内将有数百颗卫星发射升空，在低轨通信卫星搭载导航设备，实现电文转发及修正参数的播发，可以实现通信与导航功能融合，若能进行通信、导航星座及功能一体化设计或许能获得更好的费效比。

此外，包含可见光、红外光、高光谱和微波等多种信源的高轨遥感成像技术发展迅猛，未来将有数目越来越多的 GEO 和 IGSO 遥感卫星发射升空，如果在高轨遥感卫星搭载通信和导航设备，则可以同时实现遥感信息的获取、通信数据信息转发和导航电文转发。这将是一个集导航、通信与识别功能于一体的综合导航系统，可以更好地适应未来的智能作战、智慧城乡的需要。

9.3　星座设计的研究方向

1. 基本导航系统与增强系统的星座一体化设计

未来卫星导航基本系统与多种增强系统将继续并行快速发展。基于地球同步卫星的星基增强系统应用范畴的不断拓展，低轨卫星 GNSS 增强星座将逐渐成为热点，导航与通信应用深度融合，这将为星座设计带来更多的约束。未来的研究方向将集中在以下方面：集成基本导航和多种增强系统于一身的星座系统设计、多任务 SBAS 的星座设计、通信导航一体星座设计与效能分析。

2. 对地导航+深空导航的主副星座设计

通过分析可能的下一步将要探测的行星对导航的需求，我们可以设想人造星座(主副星座)与天体导航的接力实现。

当前，深空探测已成为世界航天活动的主要发展方向之一。中国在探月工程"三步走"的基础上，未来将继续开展火星采样返回、小行星探测、木星系及行星际穿越探测和月球探测后续任务。为了实现深空探测任务的自主导航与自主管理，弥补现有卫星导航系统在深空导航能力上的不足，未来需要突破基于平动点太空导航站的卫星导航星座设计、对地导航+深空导航的主副星座设计等关键技术。

3. 支撑空天信息一体化的星座设计

建立空间信息的骨干网，兼具导航及空间信息中转站的信息融合中心，由此带来的星座构型设计约束，以及支撑空天信息一体化的星座设计等技术亟待研究。

4. 全自主导航星座设计

全自主导航星座设计理念是从根本上解决星座具备空间坐标基准的建立与维持，例如：脉冲星具有高精度的位置稳定性、高精度的射电脉冲信号，引入脉冲星信息为人造星座建立一个参考基准，从而实现全自主导航星座，或许在一个不远的将来可以预期。

类似太阳系中的各种星系在万有引力的约束下，有机融合形成美好、和谐的太阳系，借助这一理念，是否可以各类人造星座相互借力设计？此时是幻想，或许未来是现实。

参 考 文 献

[1] Clarke A C. Extra-terrestrial relays: Can rocket stations give world-wide radio coverage[J]. Wireless World, 1945, 10: 305-308.

[2] Walker J G. Satellite constellations [J]. Journal of the British Interplanetary Society, 1984, 37:559-572.

[3] 范剑峰.卫星星座述评[J]. 中国空间科学技术, 1986, 6(6):22-30.

[4] 袁仕耿.星座设计[D]. 北京: 中国空间技术研究院, 1996.

[5] 王瑞.区域覆盖卫星星座优化研究[D]. 北京: 中国空间技术研究院, 1996.

[6] 向开恒.卫星星座的站位保持与控制[D]. 北京: 北京航空航天大学宇航学院, 1999.

[7] 周静.导航星座优化设计研究[D]. 北京: 中国空间技术研究院, 2006.

[8] Ballard A H. Rosette constellations of earth satellites [J]. IEEE Transactions on Aerospace and Electronic Systems, 1980, 16(5): 656-673.

[9] Draim J E. A common-period four-satellite continuous global coverage constellation[J].Journal of Guidance, Control and Dynamics, 1987, 10(5)：492-499.

[10] Draim J E, Bowers H M. Continuous global N-tuple coverage with 2N+2 satellites [J]. AAS Paper, 1989: 1-79.

[11] Walker J G. Some circular orbit patterns providing continuous whole earth coverage [J].Journal of the British Interplanetary Society, 1971, 24: 369-384.

[12] Walker J G. Coverage predictions and selection criteria for satellite constellations [J]. RAE Technical Report 82116, 1982.

[13] Beste D C. Design of satellite constellations for optimal continuous coverage [J]. IEEE Transactions on Aerospace and electronic systems, AES-14, 1978.

[14] Rider L. Optimized polar orbit constellations for redundant earth coverage [J]. The Journal of the Astronautical Sciences, 1985, 33(2): 147-161.

[15] Revnivykh I. Global Navigation Satellite System (GLONASS) Status[R]. https://www.unoosa. org/oosa/en/ourwork/icg/meetings/icg-14/icg-annual-meeting-2019_-presentations.html.

[16] Hayes D, Hahn J. 2019-GALILEO Programme Update[R]. https://www.unoosa.org/oosa/en/ ourwork icg/meetings/icg-14/icg-annual- meeting-2019_-presentations.html.

[17] 杨嘉墀,等. 航天器轨道动力学与控制[M]. 北京: 宇航出版社, 1995.

[18] 肖业伦. 航天器飞行动力学原理[M]. 北京: 宇航出版社, 1995.

[19] 章仁为. 卫星轨道姿态动力学与控制[M]. 北京: 北京航空航天大学出版社, 1998.

[20] 杨元喜. 北斗卫星导航系统的进展、贡献与挑战[J]. 测绘学报, 2010, 39(1): 1-6.

[21] 孙家栋. 北斗卫星导航系统发展之路[J]. 太空探索, 2010, 10: 30-32.

[22] 张守信. GPS 技术与应用[M]. 北京: 国防工业出版社, 2004.

[23] Kaplan E D. GPS 原理与应用[M]. 邱致和, 王万义, 译. 北京:电子工业出版社, 2002.

[24] 张常云. 三星定位原理研究[J]. 航空学报, 2001, 22(2): 175-176.

[25] 苑国良. "北斗一号"系统在抗震救灾中的应用[J]. 中国减灾, 2008, 8: 36-37.

[26] 李恒年. 地球静止卫星轨道与共位控制技术[M]. 北京：国防工业出版社, 2010.

[27] The Inter-Agency Space Debris Coordination Committee.IADC Space Debris Mitigation Guidelines, IADC-02-01[R]. 2007.

[28] The Inter-Agency Space Debris Coordination Committee. Support to the IADC Space Debris Mitigation Guidelines, IADC-04-06[R]. May 2014.

[29] Allan R R, Cook G E.The long-period motion of the plane of a distant circular orbit，Technical note，RAE-TN/SPACE/52[R]. 1963.

[30] Breiter S, Wytrzysczak I, Melendo B. Long-term predictability of orbits around the geosynchronous altitude[J]. Advances in Space Research, 2005, 35:1313-1317.

[31] Bordovitsyna T V, Tomilova I V, Chuvashow I N. The effect of secular resonances on the long-term orbital evolution of uncontrollable objects on satellite radio navigation systems in the MEO region[J].Solar System Research, 2012, 46(5):329-340.

[32] Chao C C. Geosynchronous disposal orbit stability[J]. American Institute of Aeronautics and Astronautics, AIAA-98-4186, 1998.

[33] Zhao C Y. Analysis on the long-term dynamical evolution of the inclined geosynchronous orbits in the Chinese BeiDou navigation system[J]. Advances in Space Research, 2015, 56: 377-387.

[34] Tang J S, Hou X Y, Liu L. Long-term evolution of the inclined geosynchronous orbit in BDS Navigation Satellite System[J]. Advances in Space Research, 2017, 59: 762-774.

[35] Chao C C, Gick R A. Long-term evolution of navigation satellite orbits: GPS/GLONASS/ GALILEO [J]. Advances in Space Research, 2004, 34: 1221-1226.

[36] 周静, 杨慧. 中高轨道卫星离轨参数研究[J]. 航天器工程, 2013, 22(2): 11-16.

[37] Chao C C. An analytical integration of the averaged equations of variation due to sun-moon perturbations and its application[R]. The Aerospace Corporation Technical Report, SD-TR-80-12, 1979.